滑坡堰塞体材料
空间变异特性研究

郭万里 简富献 著

·北京·

内 容 提 要

本书针对滑坡堰塞体材料空间变异性显著的难题，从滑源物质"启动→运移→沉积"的全过程入手，以材料空间变异特征为着力点，采用物理模型试验、运动结构逆向重构技术和空间信息理论量化了滑坡型堰塞体颗粒级配与孔隙比的空间变化规律，概化了长度与宽度剖面的反粒序沉积结构分布，从颗粒流运动与堆积角度揭示了滑坡型堰塞体三维堆积形态和空间变异的形成机制。

本书可供从事土体基本性质及堰塞体研究的科研工作者参考使用，对于涉及土体空间变异性的土石坝等工程也具有重要的参考价值。

图书在版编目（CIP）数据

滑坡堰塞体材料空间变异特性研究 / 郭万里，简富献著. -- 北京：中国水利水电出版社，2024.12.
ISBN 978-7-5226-3040-3

Ⅰ．P642.22

中国国家版本馆CIP数据核字第2025E9K330号

书　　名	**滑坡堰塞体材料空间变异特性研究** HUAPO YANSETI CAILIAO KONGJIAN BIANYI TEXING YANJIU
作　　者	郭万里　简富献　著
出版发行	中国水利水电出版社 （北京市海淀区玉渊潭南路1号D座　100038） 网址：www.waterpub.com.cn E-mail：sales@mwr.gov.cn 电话：（010）68545888（营销中心）
经　　售	北京科水图书销售有限公司 电话：（010）68545874、63202643 全国各地新华书店和相关出版物销售网点
排　　版	中国水利水电出版社微机排版中心
印　　刷	天津嘉恒印务有限公司
规　　格	184mm×260mm　16开本　12.75印张　257千字
版　　次	2024年12月第1版　2024年12月第1次印刷
定　　价	**80.00元**

凡购买我社图书，如有缺页、倒页、脱页的，本社营销中心负责调换

版权所有·侵权必究

前　言

堰塞体是天然土石材料在内外动力地质作用下迅速形成的堆积物横向阻塞过流通道，导致上游壅水而形成的一种天然土石堤坝；受自然地理区位、地形地貌、地质构造及气象水文等综合影响，长江上游地区因滑坡所形成的堰塞体呈易发、多发与频发的态势。形成滑坡堰塞体的土石材料未经压实，物质组成松散、结构堆积松垮，局部存在由大颗粒组成的高渗透区域，其力学和抗渗性能较差，极易发生溃决，对下游沿岸居民生产生活和基础设施构成巨大威胁。因此，揭示滑坡堰塞体堆积特征对研判坝体稳定性、探究其溃决机理均具有重要学术和工程意义。

滑坡堰塞体堆积特征主要体现为外部几何形态与内部颗粒分布两方面，前者用坝高、坝长、坡比和体积等参数量化，后者因散粒材料复杂性而缺乏数据表征，还处于描述概化阶段：将土质、土含大块石、大块石含土和大块石四种物质组成转化为堰塞体内部水平分层结构，用于评估堰塞体的冲刷特性、寿命及稳定性。值得注意的是，堰塞体堆积特征是与其形成过程密切相关，其内部颗粒堆积结构的空间非均匀特征同样被视为竖向与水平非均质堆积特征。由此可见，现有研究多将坝体概化为分层状态，对堰塞体内部特征还局限于定性描述，用不完整的信息来阐述堰塞体的空间堆积特征是不够充分的。

滑坡堰塞体本质是土石颗粒堆积体，级配和孔隙比是影响土体物理力学性质的关键指标，前者可通过钻孔或凿槽取样等方法确定颗粒粒度组成，后者因颗粒相互镶嵌等影响而难以进行量化，尤其是粗粒类材料。但是，堰塞体一旦形成，极易发生溃决，50%存在时间小于10d；加之地形、通信与天气限制，相关测量设备来不及使用，难以通过现场试验采集到坝体内部颗粒级配与孔隙比分布的详细数据。因此，模型试验成为再现滑坡堰塞体形成全过程的重要手段，但目前未能提出切实有效方法来实现坝体有序离散和数据化处理，这造成了非均质材料内部颗粒分布的量化分析缺乏基础数据。

本书共6章，第1章主要总结了滑坡堰塞体材料空间变异性的研究现状；第2章系统提出了一套测量堰塞体材料空间变异性的物理模型试验方法，实现了堰塞体几何重构、外部特征、内部数据的提取与分析；第3章基于物理模型试验具体研究了滑坡堰塞体空间形态特征，并分析了料源级配、滑坡角度、滑动距离等因素对堰塞体堆积特征的影响，构建了堰塞体几何形态量化模型；第4章和第5章分别研究了堰塞体孔隙比、颗粒级配的空间变异特征，并提出了孔隙比和颗粒级配空间变异场的确定方法；第6章结合离散元模拟揭示了滑坡堰塞体材料空间变异性的形成机制，厘清了颗粒流运动-堆积形成堰塞体全过程中的流态特征与能量转化、发展与演化规律。

本书的内容主要选自如下两个基金项目的研究成果，一个是作者郭万里作为研究骨干参与的国家自然科学基金重点项目-长江水科学研究联合基金项目"堰塞体状态相关剪胀理论与坝体溃决演化规律研究"（编号：U2040221）；另一个是作者郭万里作为项目负责人主持的中央级公益性科研院所基本科研业务费专项资金重点项目"滑坡型堰塞体材料三维空间变异场研究与应用"（编号：Y324001）。

本书的出版得到了南京水利科学研究院出版基金的支持，南京水利科学研究院蔡正银教高对于本书的编写给予了大力的支持，南京水利科学研究院李威参与编写了本书的第1章和第6章，图文的编写参阅了大量国内外同行的文献和著作并加以引用。在此，谨致以衷心的感谢。全书由南京水利科学研究院郭万里、简富献组织、修改并定稿。

滑坡堰塞体材料空间变异性的问题，涉及物理模型试验方法、有序离散分块设计、图像采集和数据分析方法等，本书的出版仅为抛砖引玉，希望更多的科研工作者参与到该项研究工作中。由于作者水平有限，书中难免存在不足和疏漏之处，引用文献也可能存在挂一漏万的问题，恳请各位读者不吝斧正。

作　者

2024年8月

于南京清凉山

主 要 符 号 说 明

符 号	说 明	符 号	说 明
x、y、z	笛卡尔坐标系基底	R_c、R_a、RE	计算值、试验值、相对误差
u、v、w	变异函数坐标系基底	H_f	滑源物质边坡高度
ρ_d	干密度	$Z(x)$、$z(x)$	区域化变量及其属性实值
d、d_i、d_{max}	粒径、$<d$ 的质量比 $i\%$、最大粒径	$E[Z(x)]$	区域化变量的期望
P_5	粒径小于 5mm 的含量	$C(0)$	先验方差/基台值
L、L^*	长度及其等效值	$\gamma(h)$、$\gamma(h,\alpha)$	变异函数
V_L	体积	h	间距
η	缩尺系数	α	取样方向
λ	相似比	δ_α、δ_h	取样方向误差、距离误差
t、t^*	时间及其等效值	a	变程
u、u^*	速度及其等效值	C_0	块金常数
a_g、g	加速度/重力加速度	C	拱高
ρ	密度	σ^2	方差
F	作用力	N	点/数据点对个数
$S_{i,j}$	粒组 i 与 j 混合时分选因子	I	各向异性变化率
c_i	粒组 i 的浓度	$\varphi(h,\gamma)$	变异函数的权重系数
c'	黏聚力	$m(x)$	渐变趋势，称为"漂移"
φ、φ'	静态休止角、内摩擦角	λ_i	插值权重系数
σ	主应力	σ_E^2	估计方差
τ	剪应力	V_g	级差指数
C_u	不均匀系数	E_{bd}	重力势能
C_c	曲率系数	E_{kc}	动能
D、D_0	分形维数、初始分形维数	E_{dm}	阻尼耗散能
e	孔隙比	E_{dp}	黏滞耗散能
RC、$RC_{average}$	相对含量、平均相对含量	E_{sp}	滑动摩擦能
H、H^*	最大高度、厚度等效值	E_{rsp}	滚动摩擦能
W_t	堰塞体顶部宽度	E_{st}	接触应变能

续表

符 号	说 明	符 号	说 明
W_b	堰塞体底部宽度	E_{rst}	滚动应变能
β_u	堰塞体上游坡面堆积角	E_p	颗粒有效模量
β_d	堰塞体下游坡面堆积角	κ^*	法向切向刚度比
θ_l	河谷左侧岸坡倾角	α_0	局部阻尼系数
θ_r	河谷右侧岸坡倾角	μ_p	颗粒摩擦系数
θ_s	滑坡倾角	μ_{rp}	颗粒滚动阻力系数
S	滑动距离	β_n	法向黏滞临界阻尼比
w_t	河谷底部河床宽度	β_s	切向黏滞临界阻尼比
w	河谷宽度	E_w	墙体有效模量
L_t	堰塞体顶部长度	μ_w	墙体摩擦系数
L_1	堰塞体顶部左岸坡面长度	μ_{rw}	墙体滚动阻力系数
L_2	堰塞体顶部右岸坡面长度	M_d	黏壶模式
α_l	堰塞体顶部左岸坡面倾角	R_{avg}	不平衡力比
α_r	堰塞体顶部右岸坡面倾角	$\dot{\gamma}$	剪切速率
G_s	颗粒比重	N_{Sav}	Savage 数

目 录

前言

第1章 绪论 ... 1
1.1 研究背景及意义 ... 1
1.2 国内外研究现状分析 ... 4
1.3 研究现状总结 ... 20
1.4 研究内容与技术路线 ... 22

第2章 堰塞料运移与堆积物理模型试验 ... 24
2.1 概述 ... 24
2.2 相似准则 ... 25
2.3 试验材料 ... 31
2.4 装置设计 ... 31
2.5 试验方法 ... 34
2.6 试验流程 ... 39
2.7 试验方案 ... 40
2.8 应用示例 ... 43
2.9 本章小结 ... 50

第3章 堰塞体空间形态特征 ... 51
3.1 概述 ... 51
3.2 颗粒料静态堆积特征 ... 51
3.3 U形河谷堆积特征 ... 53
3.4 V形河谷堆积特征 ... 61
3.5 几何形态量化模型 ... 69
3.6 本章小结 ... 86

第4章 堰塞体孔隙比空间变异特征 ... 88
4.1 概述 ... 88
4.2 空间量化理论 ... 88

4.3	孔隙比空间分布特征	100
4.4	级配对孔隙比空间分布影响	109
4.5	滑坡角对孔隙比空间分布影响	112
4.6	滑距对孔隙比空间分布影响	114
4.7	最大粒径对孔隙比分布影响	117
4.8	本章小结	119

第5章 堰塞体颗粒级配空间变异特征 ··· 121
5.1	概述	121
5.2	颗粒粒组变异特征	121
5.3	颗粒级配空间变异特性	130
5.4	级配对 V_g 变异性影响	136
5.5	滑坡角对 V_g 变异性影响	139
5.6	滑距对 V_g 空间分布影响	141
5.7	最大粒径对 V_g 变异性影响	144
5.8	本章小结	147

第6章 堰塞体空间变异机制 ··· 149
6.1	概述	149
6.2	颗粒流运动堆积模拟	149
6.3	颗粒流运动特性分析	158
6.4	颗粒流河谷堆积分析	169
6.5	堰塞体材料空间变异分析	174
6.6	本章小结	183

参考文献 ··· 185

第 1 章　绪　　论

1.1　研究背景及意义

与堰塞湖相伴而生，堰塞体是由于天然土石材料在内外动力地质作用下迅速形成的堆积物横向阻塞过流通道，上游壅水而形成的一种特殊天然土石堤坝[1-2]。根据动力地质作用来源不同，堰塞体分为滑坡型、冰川及冰型、冰碛型、火山型、河成型、风成型、海成型和有机型八大类[3-4]。板块快速抬升既引起了大规模的斜坡运动，也导致了深陷狭窄山谷的形成；作为动力地质作用产物，沿着或靠近板块活动边缘区域出现堰塞体的频率较高（图1.1）。全球范围内有文献记载的堰塞体案例有1400余处；其中，地震（50.5%）、降雨（39.3%）及融雪（2.4%）是堰塞体动力源的主要诱因[5-6]。据统计，我国地震诱发的堰塞体占比53%[7]。

(a) 唐家山　　　　　　　　　　　　(b) 易贡

(c) 红石岩　　　　　　　　　　　　(d) 白格

图 1.1　典型堰塞体

中国地处板块交会地带，地表起伏巨大，是地质构造最为复杂的地区之一；山地面积占比为70%，是频繁形成堰塞体的国家，图1.2为近现代我国堰塞体案例数的增长趋势。青藏高原东部地处强震活跃带，途经河流下切深度强烈，河床与两侧山体高差显著。受自然地理区位、地形地貌、地质构造及气象水文等综合影响，在各类环境荷载作用下，西南山区更是地质作用强烈、自然灾害高发的区域[8]，极易发生大型滑坡堵江事件，早在1000多年前就有滑坡阻塞长江和疏浚航道的记载[9]。进入21世纪以来，我国长江上游地区地质灾害呈多发、频发态势，形成了大量的堰塞体，引起了各界广泛关注，如2000年西藏易贡发生了巨型山体滑坡，2008年"5·12"汶川地震诱发形成了257处堰塞体[10]，2010年甘肃因突降特大暴雨引发了舟曲特大泥石流，2014年牛栏江红石岩堰塞体[11]，2018年金沙江白格堰塞体[12]及雅鲁藏布江加拉堰塞体[13]等。按边坡破坏模式和滑源物质运动方式，滑坡（41%）、泥石流（22%）、崩塌（17%）、落石及其混合类均可形成堰塞体，前三种也是最为常见类型的（图1.3）[14]。

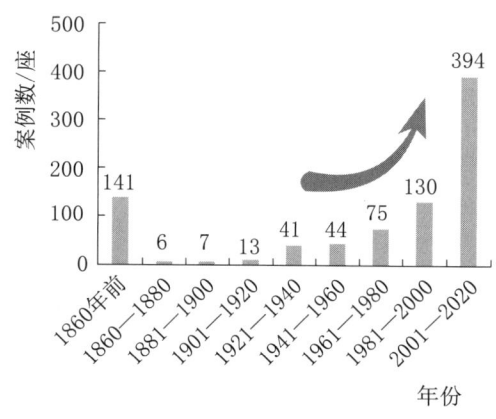
图1.2 中国堰塞体案例统计

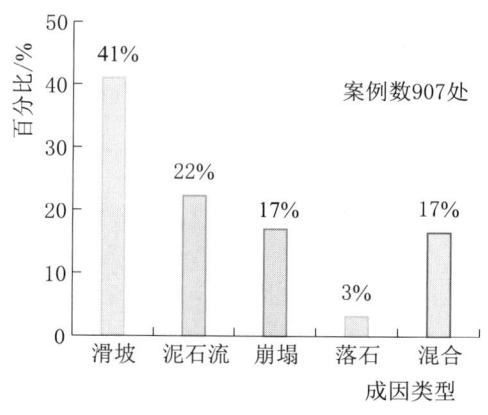
图1.3 堰塞体成因[14]

由于缺乏必要的帷幕、心墙等防渗结构，排水孔、廊道等控制孔压构造和闸门、溢洪道等泄洪设施，堵江后河道水位快速上涨形成堰塞湖。堰塞湖一旦形成，受抬升水压力、持续非稳定渗流与渗透、涌浪、后期地震等作用，堰塞体容易发生溃决，对下游地区在时间和空间上形成灾害链。美国地质调查局Costa和Schuster统计了全球73座堰塞体的寿命，发现85%的堰塞体寿命小于1年[1]（图1.4），溃决模式主要是漫顶、渗透破坏或坝坡失稳[15]；其他学者如Ermini等[4]、Evans等[16]、Peng等[17]、石振明等[7]分别通过对全球205座、187座、204座和276座堰塞体的寿命统计分析，得到了类似结论。溃坝可能造成严重的洪水灾害，破坏沿岸生态环境，改变河床演变规律[18]，对下游居民的生产生活与生命财产、道路桥梁等基础设施构成巨大威胁。因此，在堰塞体形成后亟须采取必要的工程措施搭建泄洪通道来有效降低水位，减轻乃至消除洪水隐患。

虽然溃决可能性相当大，但部分堰塞体形成后结构稳定，使得堰塞湖得以保留，至今仍未溃决，这有利于对堰塞体形成机制与空间结构进行科学性和系统性研究。如位于塔吉克斯坦因 1911 年地震形成的 Usoi 堰塞体，高度约为 600m，体积约为 2200 万 m³，库容约为 170 亿 m³，是目前世界上现存最大的堰塞湖[19]。若不加以重视整治，原本稳定堰塞体同样存在溃坝可能，如 Ram Creek 堰塞体在稳定 13 年后溃决[20]，Rio Barrancas 堰塞体因冰川融水增大在形成 425 年后溃坝[6] 等。

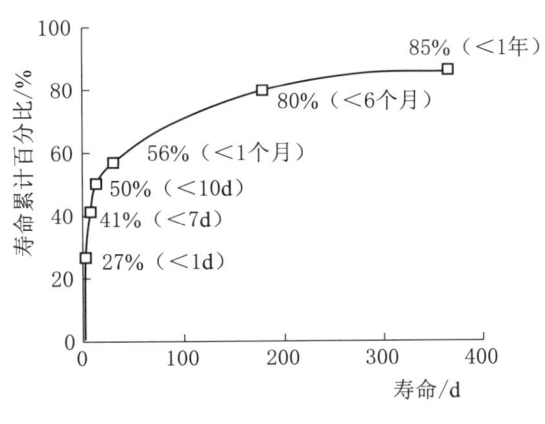

图 1.4　堰塞体寿命[1]

依据土石坝结构设计原则，通过增设溢流通道、防渗体等措施来保障堰塞体长期稳定，达到变害为利的目的。国内外均有典型案例，国外有开发为混凝土坝的瑞士 Klontalersee 堰塞体（1908 年）[3]、拟开发为大坝的塔吉克斯坦 Usoi 堰塞体（1911 年）[19]、修建泄流槽后持续可用的美国 Madison 堰塞体（1959 年）[16]、作为水坝基础的西伯利亚 Zavoj 堰塞体（1963 年）[16]、增设溢洪道的巴基斯坦 Attabad 堰塞体（2010 年）[21] 等；国内有开发为国家风景区的重庆小南海堰塞体（1857 年）、宁夏海原堰塞体（1920 年）等[22]，经综合治理开发为水利工程的四川叠溪堰塞体（1933 年）[23]、云南红石岩堰塞体（2014 年）[24] 等。

与人工土石坝相比，堰塞体在建筑材料上具有相似性，但在地形条件、填筑方式、颗粒级配、密实程度、坝体尺寸、溢流形式与防渗结构等方面两者存在显著差异性[1,7,10,25]。尽管堰塞体上下游坝宽大、坡度缓、水力梯度小，但源自崩滑土石材料沿地形表层运移至山区河谷而快速堆积形成的天然构筑物，堰塞体尚未经历前期固结作用，坝体大多呈物质松散、胶结不良与结构松垮的状态[26]，整体表现出空间构造复杂性，如红石河堰塞体局部很可能存在由大颗粒骨架组成的空隙区域[27]，唐家山堰塞体局部碎裂岩体架空孔隙与整体似层状结构[5] 等。

由于致灾后果的严重性，堰塞体的形成机制及其发展演化规律一直是国内外研究者关注的焦点。作为自然力作用的产物，堰塞体一般由天然宽级配岩土体瞬间形成，其坝体内部结构和外部特征表现出显著的空间变异特征与状态依赖现象。采用现有的模拟理论和计算方法难以合理解决材料分布随机性、结构空间变异性和滑堆过程复杂性等问题，亟待采用更为科学的技术手段开展深化研究，厘清堰塞体形成过程颗粒运动性态演变机制，为揭示堰塞体的内部结构特征和次生地质灾害的发生机制提供现实指导作用，可为评估与解决自然灾害病险情分析理论、指导并制定规划应急处置奠定先决基础。

综上所述，本书的研究意义具体体现在以下两个方面：

（1）学术价值。滑坡型堰塞体本质上是一种散粒堆积体，其突出特征是土体分布存在显著空间变异性，本书拟将其土体的变异概化为颗粒级配和孔隙比的空间非均匀分布，提出考虑料源、滑距、坡角、河谷形态等多因素影响的堰塞体材料空间变异量化模型并揭示其形成机制，具有重要的学术价值。

（2）工程意义。我国滑坡型堰塞体灾害呈多发频发之势，险情快速、有效评估是处置灾害的重要依据。本书对滑坡型堰塞体颗粒级配、孔隙比等基础数据的空间分布开展研究，有望突破堰塞体险情评估因坝体内部基础数据不足而导致结果不确定性大的瓶颈，具有重要的工程意义。

1.2 国内外研究现状分析

1.2.1 研究对象分类

堰塞体的内部结构与外部特征很大程度上取决于其形成过程，依据岩土体物质组成、斜坡运动形式和坝体横河谷断面结构沉积特征，国内外学者将因岩质边坡破坏而形成的堰塞体细分为崩塌型、滑坡型和碎屑流型三种[6,28-29]，见表1.1。

表1.1 岩质边坡破坏所成堰塞体分类及实例

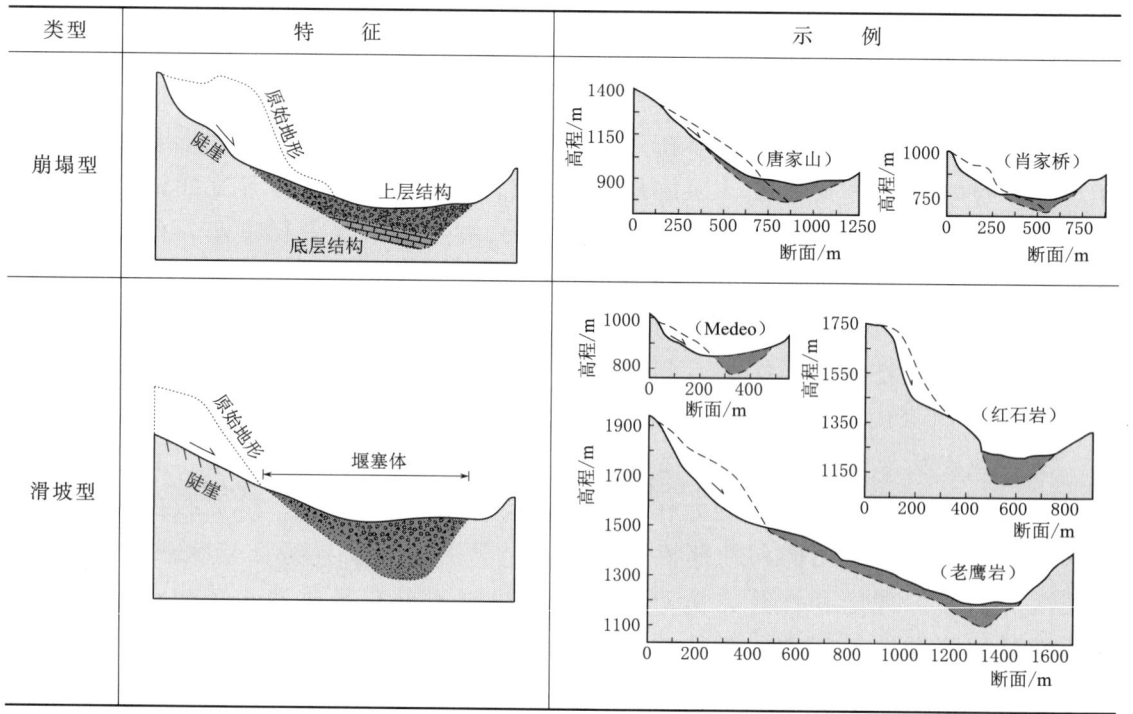

续表

类型	特 征	示 例
碎屑流型	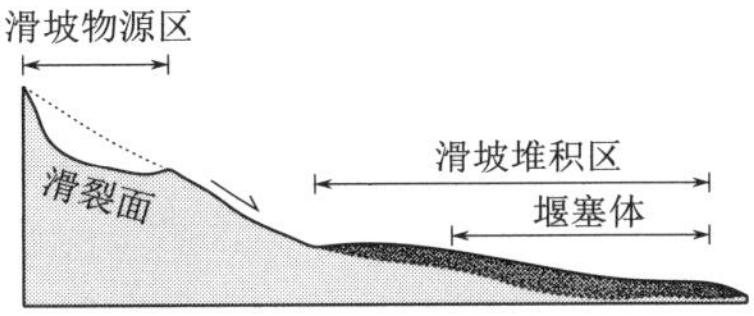 滑坡物源区、滑裂面、滑坡堆积区、堰塞体示意图	东河口、白格、Tortum、易贡 断面示意图

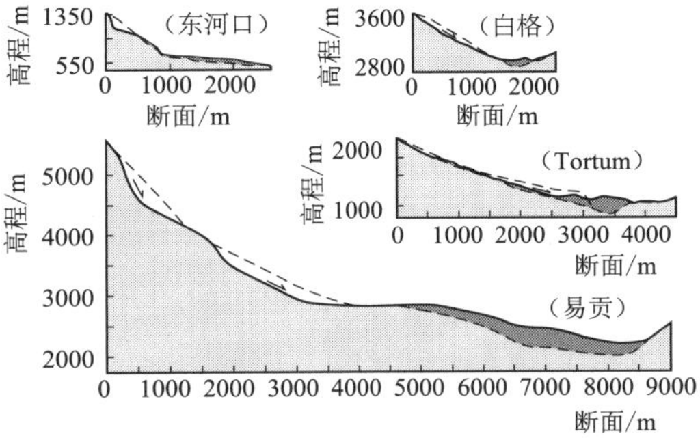

崩塌型堰塞体是由于河谷岸坡体在自然力作用下沿深层滑动面急剧运移至河道所成结构。由于是深层滑动，受地形限制，岩土体滑移过程中无法完全解体；滑入峡谷后，堰塞体内部还能不同程度地保留原有岸坡体结构。肖家桥堰塞体可分为底层的部分完整岩层和上层大漂石或块石的两层结构；唐家山堰塞体可划分为底部破碎岩层、中部大块石层和顶部带有岩石碎片土层的三层结构。

滑坡型堰塞体是被密集节理所切割的岩体受自然营力作用沿地形运移一段距离后堆积阻塞河道所形成的挡水结构体。由于岩土体在运动过程中翻滚、跳跃、碰撞、挤碎和磨蚀等行为，滑坡型堰塞体很大程度上存在由大漂石与块石组成的上部块状甲壳和内部细小颗粒碎片的双层结构，Medeo[16]、红石岩和老鹰岩等堰塞体均为此类型。

碎屑流型堰塞体典型特征是滑源区大量松散细碎的岩土体在外部荷载作用下进行长距离、大径流地运移和流动，呈现类流体特征，其内部流速差异显著、流态紊动强烈和能量交换频繁。若有水体参与，运移距离和流速将大为增加。碎屑流堰塞体稳定程度低，容易受到外界侵蚀，易贡、东河口、白格、Tortum[30]等堰塞体均属于此类。

按照堵江模式不同，堰塞体还可细分为滑入型、爬高型和折返型[31]，如图1.5所示。滑入型堰塞体是崩滑散碎物质以较低速度进入河谷，堵塞河床而形成堆积体；通常过流通道位于远离滑坡侧，此处粗颗粒物质较多，抗冲蚀能力强。爬高型堰塞体是土石料以较快速度滑入河道，并运动至对岸形成爬高区域；一般滑坡侧细颗粒物质较多，且为过流通道。折返型堰塞体是崩滑散粒体以巨大速率快速滑入河道，运移至河道对岸碰撞后仍靠剩余速度折返覆盖至已沉积坝体之上；此时上下部颗粒较细、中部相对较粗，坝体结构及组成较为复杂。

由上述分析可知，碎屑流型堰塞体结构特征不显著，稳定程度较低，形成后易侵蚀，存活时间短、寿命低，对此类堰塞体进行灾害防治与处置时应注重时效性和科学性。崩塌和滑坡型的堰塞体存在沉积结构特征,稳定程度影响因素较多,为研究堰塞湖的孕灾机制、致灾过程及减灾措施提出了更高要求。三种堵江模式的关键因素是物质运动特性和河谷形态特征,重要影响因素是滑源物质组成,这为研究堰塞体堆积形态和空间变异提供了重要依据。

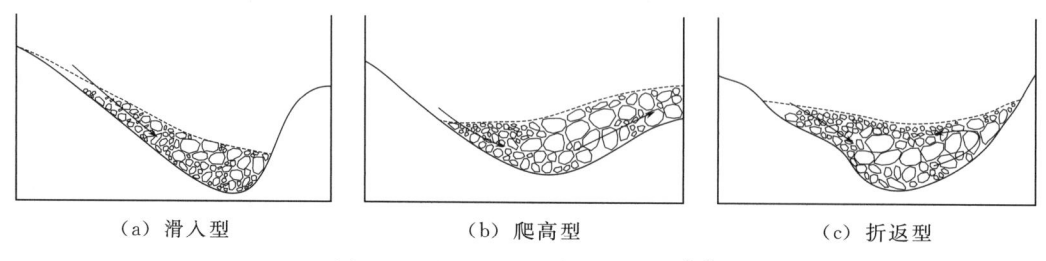

(a) 滑入型　　　　　　(b) 爬高型　　　　　　(c) 折返型

图1.5　滑坡型堰塞体堵江模式[31]

仔细对比分析可知,改变边界条件,滑坡型堰塞体在滑源材料与物质组成、岩土体运动特征和河道沉积结构特征都可演化为崩塌与碎屑流类。因此,本书后续分析将以滑坡型堰塞体作为主要研究对象,从物质成分组成、颗粒流动特征和空间结构特征三方面进行综述研究现状,总结当前研究存在的问题与不足,据此展开滑坡型堰塞体河谷堆积特征与空间变异规律研究。

1.2.2　滑源物性特征

堰塞体物质组成是确定其风险等级的重要指标和依据[1,5,32]。堰塞体材料由粉黏粒（≤0.005mm）到块石（≥200mm）的颗粒物质组成,具有多粒组与宽级配特征,堰塞体空间结构变异性（不同区域间颗粒尺寸与分布的差异性）很大程度上与滑源区物质组成密切相关。因此,堰塞体材料组成测定不仅能反映滑源区物质构成,也是研究其工程特性的重要环节,通常有定性描述和定量测定两种方式。

定性描述能快速掌握堰塞体颗粒构成,为工程应急抢险和灾害预警的预案制定提供指导建议。根据颗粒大小及其相对含量,早期学者[33]将堰塞体分为土质、混合和块石三种类型;Cui等[10]及国内现行行业标准[32]将堰塞体物质组成分为以土质为主、土含大块石、大块石含土和以大块石为主四类[5,32,34-35],部分学者[36-37]将土含大块石和大块石含土合并为混合型。表1.2整理了部分堰塞体物质组成描述及分类。

表1.2　　　　　　　　　堰塞体物质组成描述及分类

名称	形成时间	特征描述	类型	
			四类法	三类法
叠溪	1933年	主要为砾石、粗砂及黏土,集中在0.25~0.5mm和10~20mm粒组	块石含土	混合型
易贡	2000年	主要由砂石夹土构成,砂石占据主体	土质为主	土质型

续表

名称	形成时间	特　征　描　述	类　型	
			四类法	三类法
唐家山[38-39]	2008年	上层砂砾土中淤泥占60%、砂石占30%~35%；中层粒径5~20cm的碎石占5%~10%，下层碎裂岩体由代表粒径小于20cm、粒径1~3m坚硬岩块及更大巨石	土含块石	混合型
唐家湾[40]	2008年	块碎石夹孤石组成，最大粒径3m的孤石含量10%，20~30cm块石占20%，6~8cm碎石占40%，褐黄色粉土含量30%	土含块石	混合型
东河口	2008年	黏土夹块石构成，块石粒径为30~50cm，个别粒径达1.5m	土含块石	混合型
红石河[41]	2008年	黏土夹块石构成，块石粒径为30~50cm	土含块石	混合型
老鹰岩[5]	2008年	孤石和块碎石组成，粒径2~3m孤石占15%~20%，粒径0.6~2m的块碎石占60%~70%，其余砾石土占10%~25%	块石为主	块石型
肖家桥[42]	2008年	上部粒径大于1m的孤石、块石占比5%~10%，0.4~1m的块石占30%~40%，中下部形成了结构稍密—中密的大体积孤石的假岩基构造，整体结构松散、局部存在架空现象	块石含土	块石型
小岗剑[43]	2008年	原岩结构已完全碎裂解体，粒径1~3m孤石占50%，30~60cm块石占比25%，10~20cm碎石占比10%，砾石土填充块石与孤石骨架空隙，孤石主要分布于堰塞体前缘、碎块石主要分布于堆积物后缘	块石含土	块石型
天池	2008年	以砾石、块石占据主体，下卧细石屑，不同线路粒径差异大	土含块石	混合型
石板沟	2008年	以块石为主，绝大多数直径为1~3m	块石为主	块石型
马鞍石	2008年	主要由细粒土夹带石块堆积，孤石较少	土含块石	土质型
罐子铺	2008年	块石含量10%，碎石含量为60%~70%，砾石含量约20%，其余为细粒物质	土含块石	混合型
一把刀	2008年	右岸主要分布着孤石，粒径2~4m约占50%；左岸为块石与碎石，粒径20~50cm的块石占比30%，10~20cm碎石占比10%，其余为细粒物质，填充至孤石、块石与碎石所形成的骨架中	块石为主	块石型
红松一级	2008年	主要由巨型或数十厘米的大块石堆积而成，土含量少	块石为主	块石型
红石岩	2014年	大于30cm的块石约30%，10~30cm为40%，10cm以下的占比20%	块石为主	混合型
白格	2018年	砂砾石夹碎石土，土体含量70%~80%，碎石含量20%~30%	土含块石	土质型
加拉[44]	2018年	粉质土、砂、角砾和碎块石组成，粉质土占比约为30%，砂砾约为30%，碎石为30%	块石含土	混合型
Schiazzano（意大利）	2012年	以粗粒为主，挟带细砂，少量砾石和孤石	土含块石	混合型
Piaggiagrande（意大利）	2014年	块石含量占据主体，挟带部分碎屑细粒	块石含土	混合型

定量测定是系统研究堰塞体颗粒组成结构、掌握堰塞体工程特性的重要途径。Ermini 等[4] 统计 Apennines 北部亚平宁山脉 42 组堰塞体粒径组成数据，发现其颗粒粒径范围为 $1\times10^{-4}\sim1\times10^{4}$ mm，并分析整理了 10 组滑坡型堰塞体颗粒频率后指出堆积体颗粒物频率分布呈明显的双峰特征，如图 1.6 所示；据此将堰塞体物质结构分为基质支撑型和粗粒支撑型两种，并指出中值粒径对粒径分布特征的代表性不显著。这与中国西南山区堆积体粒组含量分布规律相似[45]（图 1.7）。Chang 等[46] 现场原位试验测得东河口堰塞体颗粒频率曲线，粗粒比细粒多。依据分层分块取样，Zhao 等[47] 现场开挖了两个 1.0m 的立方体土样，发现东河口堰塞体颗粒粒径分布呈现出明显的结构变化，且密度在空间上的波动变化大于平均粒径和不均匀系数。单熠博等[48] 把 60mm 和 200mm 分别作为粗粒与细粒、碎石与块石的分界点，将堰塞体物质组成分为土质型、混合型和块石型三类，参考建议为：粗细粒含量大于 70%、碎石和块石含量小于 30% 的为土质型，块石含量大于 70%、粗细和碎石含量小于 30% 为块石型，其余为混合型。

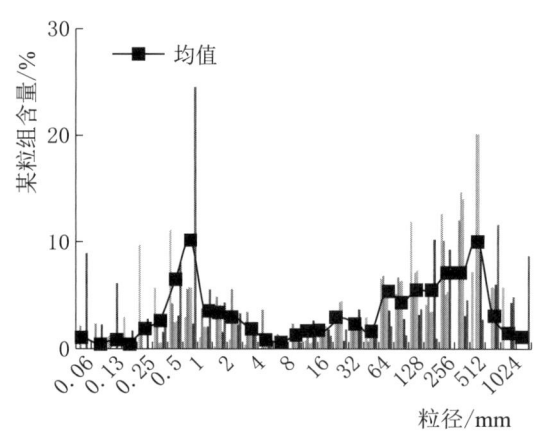
图 1.6 Apennines 堰塞体粒组及含量[4]

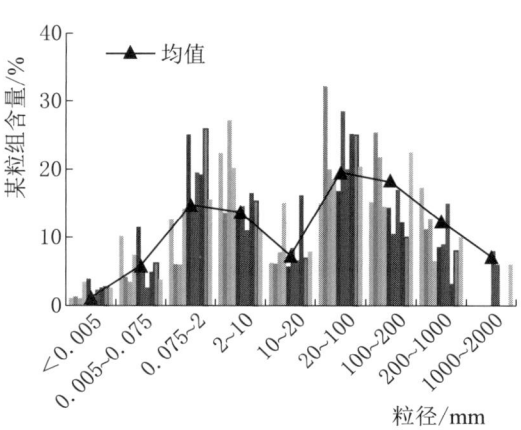
图 1.7 中国西南堆积体粒组及含量[45]

堰塞体颗粒宽级配特征造成颗粒组成的结构多元性，表现出组分复杂性和空间结构变异特征，并对堰塞体的强度、稳定性和抗冲刷能力有本质的影响[49-50]。基于室内试验结果，将粒径分布简化为一条累积曲线或单一参数（如中值粒径或不均匀系数）所建立的量化模型被初步应用于堰塞体破坏的预测和评估[51-52]。

1.2.3 颗粒运动特征

颗粒介质是大量离散固体颗粒聚集体，广泛分布于自然界和工程建设区域。堰塞体可视为一种由岩土体颗粒构成的特殊颗粒介质。鉴于颗粒介质在流动时力学行为的复杂性，国内外学者对此从颗粒分选现象与颗粒运动量化角度进行了研究。

1.2.3.1 分选现象解译

当前，对颗粒流运动过程中分选现象的解译主要有四种：①扩散迁移理论

(Interdiffusion Migration) 认为颗粒流流量动态变化诱发了颗粒形成不同的波动速度，触发的波动压力作用于颗粒，这进一步激发了不同颗粒相互扩散与迁移的行为；②状态转换内理论（Status-transiting Interaction）认为诱发颗粒流分选的主要驱动力是散粒物质内部剪切应力，导致了流体在准静态、液体和气态下转换，产生了颗粒分选现象；③随机波动筛分理论（Random Fluctuating Sieve）认为短时碰撞而非长时间摩擦主导了颗粒间的动量传输；④动力筛分理论（Kinematic Sieving）认为大颗粒在颗粒分选时起主要作用，细颗粒则是被动地掉入大孔隙中。

颗粒介质间隙通常充满空气、水等流体，其流动状态属于多相流[53]。受测试设备和试验条件限制，早期研究假定材料内部动量转移与耗散主要发生在颗粒介质固体相，不考虑粒间流体作用，将颗粒流视为单相流，即干燥颗粒流。最简单的模型是单一粒径的耗散气体，即单个粒子可能以各种方式相互作用，瞬时运动的平移速度和自旋不同于颗粒介质整体的平均运动。研究者采用尺寸均匀的蜡球、光滑圆柱、玻璃球等材料模拟均质快速颗粒流。同轴旋转流变仪将颗粒流转换为轴对称状态，Bagnold[54] 分析了悬浮于混合溶液的蜡球在低剪切速率时颗粒空间分布与剪应变变化规律，认为法向剪应力使得粒子出现"弥散"现象，材料有膨胀趋势。Patton 等[55] 采用玻璃球斜槽明渠流试验测定断面颗粒密度分布，通过动量守恒方程验证了 Bagnold 所提出颗粒流应力有效性。与单一均匀颗粒流相比，两种不同粒径颗粒混合通过料斗流速更快，浓度相等时，流速达到最大值；粒径比越大，流速增加的现象越显著[56]。

在动力场作用下，当出现大剪切速率时，颗粒介质从"准静态"转为"流动状态"。当碎屑物处于快速流动状态时，单个粒子运动速度可分解为整体平均速度与表观随机速度，前者用于描述粒子在碎屑流整体中运动特性，后者表征粒子受外部激励时运动的无规则特性，称之为颗粒温度。用偏离平均速度瞬时差的平方的某种均值来量化颗粒温度，它控制着碎屑流内部颗粒间质量、动量与能量的传递。自然，颗粒间碰撞附带产生颗粒温度，与碰撞初始速度、角度、接触特性等因素相关。另外，当颗粒周围存在局部速度梯度时，在垂直于局部速度梯度方向上将会产生颗粒温度。基于颗粒运动无规则分量，Campbell[57] 将粒子间相互作用转为瞬间碰撞，认为颗粒间动量交换区域主要发生在直径范围内，以此解释低密度与高密度颗粒流存在粒子运动距离差别的内在原因。受颗粒表观随机速度启发，Dolgunin 等[58] 认为二元混合颗粒介质分选动力来自单颗粒速度的波动分量和不均匀颗粒间相互作用，并基于分离动力学阐释二元颗粒流断面中部粒子浓度偏大、上部出现大颗粒概率较大的现象。

随后，Savage[59] 依据张量理论采用量纲分析的方法推导了颗粒运动微观力学特性，依据固体颗粒密度和剪切速率，认为颗粒流中存在密集和稀疏惯性两种微结构。基于此微结构的后续研究切入角度不同，因而在流动特性概化、分选机制成因及理论方法量化方面上存在差别。对于稀疏颗粒流，类比气体动理学，将热力学中温度概念作为颗粒流能量交换、耗散的驱动源，采用"颗粒温度"阐释颗粒流运动机制分析[60]，本真地表征颗粒因碰撞或速度梯度而获得的脉动能量。

在稀疏流颗粒体系中，颗粒流固相浓度相对较小，颗粒间的接触以碰撞为主并且有足够的空间去波动，颗粒介质运动无规则特征较为显著，基于分子热扩散的颗粒温度概念及其动力学理论得到了相应的发展。但在密集颗粒流中，粒间接触摩擦作用占据主导地位，颗粒流分选主要源自动力筛分机制。

动力筛分机制由 Savage 等[61] 分析二元混合物颗粒流断面不同层的颗粒组成时提出（图1.8），主要有随机振动筛分和挤压-排出两种模式。随机振动筛分是一种由重力引起的、与尺寸有关的空隙填充机制，即颗粒流层内粒子随机运动和位置重分布引发了孔隙扩张，层间剪切变形使得小颗粒掉入孔隙的概率大于大颗粒。因此，层内与层间均出现底部为细颗粒、顶部为大颗粒现象。挤压-排出模式描述了单个粒子在所受不平衡接触力作用下将其从所在层挤压到相邻的层中的机制，它不存在尺寸优先，层间转移没有固有的优先方向。Greve 等[62] 指出凹凸线型斜槽中颗粒流运动同样存在分选和反向沉积现象，并指出考虑颗粒分离的深度平均运动模型同样适用于凸型坡面；Pouliquen[63] 利用稀密稳定均匀颗粒流动试验验证了 Savage 结论，并研究了单层颗粒流平均速度随层倾斜度和层厚的密切关系。在获取了诸多滑坡详细地质信息后，王玉峰等[64] 认为由于不同高度上颗粒间碰撞频率、振动波作用强度、颗粒所受上覆压力等因素的变化，造成了颗粒流内部差异性动力，并进一步引起了颗粒动力筛分效应。

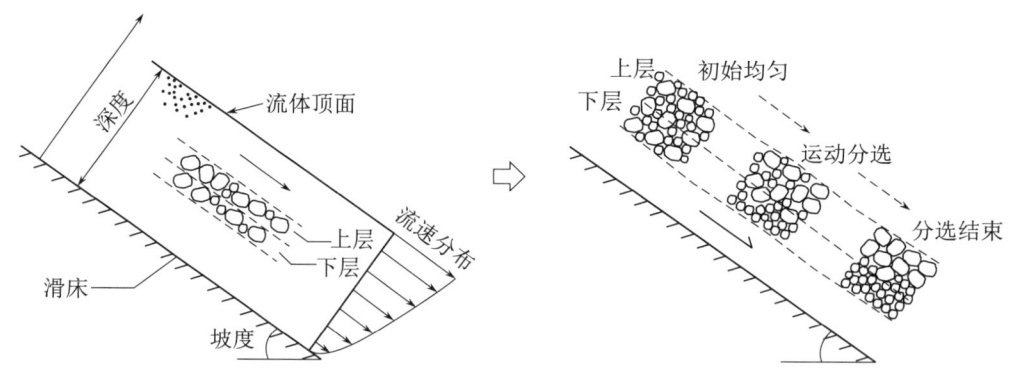

图 1.8 斜面稳定均匀颗粒流分层示意

综上所述，前三种假说与气体分子动力学相类似，内动力源自粒子速度所激发的波动特性，用颗粒碰撞及速度差异所激发的不同振动来阐释了颗粒流分选作用。动力筛分理论较为合理解释了混合均匀多粒组密实的颗粒流在运动过程中大小颗粒分层现象，目前被接受程度较高。在低频振动的粗糙溜槽上，颗粒材料在重力驱动下的快速颗粒流中的分离效果取决于颗粒尺寸和密度，热扩散偏析机制是非均匀颗粒相互作用的主要物理机制[65]。当颗粒流处于高频碰撞或振动条件下时，动力筛分处于主导地位。

在泥石流和滑坡等自然灾害发生发展过程中，颗粒分选受多种因素影响，如颗粒密度、尺寸、重力、剪切速率及其梯度等[66-67]，灾害体内部颗粒介质流态复杂，对其进行科学研究时，遵循从简单到复杂、从特殊到一般的研究思路。

1.2.3.2 运动量化理论

从流体力学及溶质扩散角度，现有研究主要从水动力学理论（介观断面流速分布）、流态转换（细观粒间作用特性）和热流理论（热运动粒子扩散-波动分离）三个方面阐述颗粒介质运动特性的量化理论研究。

（1）基于水动力学理论的S-H模型。基于水动力学理论，将颗粒介质视为具有复杂成分的连续介质，采用N-S（Navier-Stokes）方程描述颗粒流运动过程。由于直接求解N-S方程难度较大，考虑泥石流、滑坡等物质特征，颗粒介质连续流体相关研究主要集中于断面沿深度方向。其中，S-H模型应用较为广泛，是由Savage等[68]引入库仑摩擦准则而建立与非线性浅水波方程相似的颗粒流深度平均运动方程。分析颗粒流单元受力特性（图1.9），基于质量守恒和动量守恒定量，S-H模型为

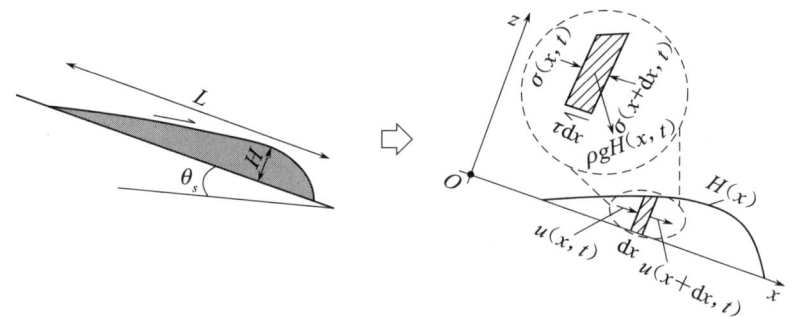

图1.9 颗粒流单元受力特性（σ为正应力，τ为剪应力）

$$\frac{\partial H}{\partial t}+\frac{\partial (Hu)}{\partial x}=0 \tag{1.1}$$

$$\frac{\partial}{\partial t}(Hu)+\frac{\partial}{\partial x}(Hu^2)=gH\sin\theta_s-gH\,\mathrm{sgn}u\tan\delta\cos\theta_s-\frac{1}{2}\frac{\partial}{\partial x}(K_{\mathrm{act/pass}}H^2)\cos\theta_s \tag{1.2}$$

$$K_{\mathrm{act/pass}}=2\sec^2\varphi'[1\mp(1-\cos^2\varphi'/\cos^2\delta)^{0.5}]-1 \tag{1.3}$$

式中：H为滑坡体的厚度；g为重力加速度；u为x轴向滑动速度；δ为床面摩擦角；θ_s为坡面倾角；φ'为滑坡体内摩擦角；sgn为符号函数（$u>0$时$\mathrm{sgn}u=1$，$u=0$时$\mathrm{sgn}u=0$，$u<0$时$\mathrm{sgn}u=-1$）；$K_{\mathrm{act/pass}}$为由库仑破坏准则推导出的主动（被动）土压力系数。

Iverson 等[69]、Pudasaini 等[70]、Fei 等[71] 通过优化假设条件、引入土性物理参数、破坏准则等方式进一步拓展了 S-H 模型适用领域,如比尺试验中颗粒介质原型与模型试验流速和受力相似性[72]、复杂地形条件下颗粒流运动[73] 等。

(2) 基于流态转换的 $\mu(I)$ 模型。颗粒介质运动存在类固、类液和类气三相,其主要特征是存在临界状态剪切屈服准则和对剪切速率的复杂依赖性[74]。Jop 等[75] 认为颗粒流层间流体被限制在两粗糙板间空间内,其剪切应力满足摩擦定律,由摩擦系数决定;类比于宾汉黏塑性流体,定义了一个无量纲参数 I,用于量化颗粒流运动特性,见式 (1.4)。

$$\left.\begin{array}{l} \mu(I) = \mu_S + \dfrac{\mu_2 - \mu_S}{I_0/I + 1} \\ I = |\dot{\gamma}| d / \sqrt{P/\rho_s} \end{array}\right\} \quad (1.4)$$

式中:$\mu(I)$ 为广义摩擦系数;I_0 为试验参数;μ_S 和 μ_2 分别为摩擦系数的临界值和界限值;I 为无量纲化的惯性数;γ 为剪切速率;d 为颗粒直径;ρ_s 为颗粒体的密度;P 为颗粒所受的压力。

广义摩擦系数 $\mu(I)$ 反映了颗粒流的应力与应变速率第二不变量之间的关系,表征了颗粒介质摩擦特性,有力地解释了颗粒流相变转换内在机制[76]。Ren 等[77] 将 $\mu(I)$ 理论引入泥石流运动状态,量化分析运动过程中颗粒流内部应力状态。

(3) 基于热流理论的对流-分选-碰撞模型。Umbanhowar[78] 在基于连续介质的对流-碰撞方程中,增加各个粒组 i 的通量 $\boldsymbol{\Phi}_i$ 于控制偏微分方程中,建立了考虑颗粒分选作用的对流-分选-碰撞方程,其数学函数为

$$\underbrace{\frac{\partial c_i}{\partial t}}_{} + \underbrace{\nabla \cdot (\boldsymbol{u} c_i)}_{\text{对流项}} + \underbrace{\nabla \cdot (\boldsymbol{\Phi}_i)}_{\text{分选项}} = \underbrace{\nabla \cdot (\boldsymbol{D} \nabla c_i)}_{\text{碰撞项}} \quad (1.5)$$

式中:c_i 为第 i 个粒组颗粒浓度;t 为时间;$\boldsymbol{u}$ 为速度场;$\boldsymbol{D}$ 为碰撞扩散张量。

斜槽中快速颗粒流可视为平面应变状态,则 $\boldsymbol{u}$ 分解为沿斜面分量 u 和垂直于斜面分量 ω,碰撞扩散张量 $\boldsymbol{D}$ 可用下式进行计算:

$$\boldsymbol{D} = C \overline{d_i}^2 \dot{\gamma} = C \overline{d_i}^2 \frac{\partial \boldsymbol{u}}{\partial z} \quad (1.6)$$

式中:C 为一个无量纲常数;$\overline{d_i}$ 为粒组 i 的颗粒平均直径。由于粒组 i 的通量 $\boldsymbol{\Phi}_i$ 变化与其他粒组密切相关,因而多个粒组颗粒混合料的控制方程组是耦合的,各个粒组通量 $\boldsymbol{\Phi}_i$ 的确定成为难点。当前连续介质观点认为分选通量与分选速率和浓度呈正相关,其函数关系为

$$\boldsymbol{\Phi}_i = \boldsymbol{u}_p c_i \quad (1.7)$$

式中:$\boldsymbol{u}_p$ 为粒组 i 的分选速度场。

斜槽颗粒流运动的驱动源为重力,因而在垂直于自由表面方向的通量上占据主

导地位。因而，将 $\boldsymbol{u}_\mathrm{p}$ 简化为垂直于自由表面的速率 $\omega_{\mathrm{p},i}$，即为图 1.9 中 z 轴方向。

对于有 N 个粒组的颗粒流，式（1.5）是 $N-1$ 个偏微分方程组，各个组分的浓度满足：

$$\sum_{i=1}^{N-1} c_i + c_N = 1 \tag{1.8}$$

与之相应的，$\omega_{\mathrm{p},i}$ 为其他粒组的影响总和，即

$$\omega_{\mathrm{p},i} = \frac{\partial u}{\partial z} \sum_{j \neq i} S_{i,j} c_j \tag{1.9}$$

式中：$S_{i,j}$ 为粒组 i 和 j 混合的分选尺度因子，双粒组混合时与最小粒径成比例[78]，当材料为多粒组混合时，其值可取为 $0.05(\overline{d_i} + \overline{d_j})$。因此，式（1.5）转化为

$$\frac{\partial c_i}{\partial t} + \frac{\partial (u c_i)}{\partial x} + \frac{\partial (\omega c_i)}{\partial z} + \frac{\partial}{\partial x}\left(\frac{\partial u}{\partial z} \sum_{j \neq i} S_{i,j} c_j\right) = \frac{\partial}{\partial x}\left(D \frac{\partial c_i}{\partial x}\right) + \frac{\partial}{\partial z}\left(D \frac{\partial c_i}{\partial z}\right) \tag{1.10}$$

通过上述偏微分控制方程，采用数值计算分析软件，即可进行颗粒流斜坡运动过程中分选效果的模拟。

基于连续介质的水动力模型将颗粒介质流动视为牛顿流体，采用 N-S 方程量化其流动特征，能较好地反映滑坡体在滑动过程中的形状变化；但是简化内力的做法使得这类模型难以反映真实颗粒流内部应力应变分布。与之相应，依据微观粒间作用的广义摩擦 $\mu(I)$ 模型能够反映颗粒流内部结构演化机理和力学变化规律。该模型源自参数拟合和量纲分析，存在理论上的欠完备性，导致惯性数 I 的取值边界存在争议[79]，因而 $\mu(I)$ 模型多用于密集颗粒流的相关模拟。对流-分选-碰撞模型是基于热力学理论来量化两种粒子的运动特征，并拓展至多种粒子的混合模型，是为数不多能考虑颗粒分选作用的量化模型，理论基础也较为完备，但不可避免地存在因参数多且难以确定取值等不足，距离实际应用还有待深入研究。

在岩土工程中，颗粒介质是形成泥石流、滑坡等常见地质灾害的基本物质基础，频繁地影响着人类环境安全性。初始，岩石风化形成的颗粒碎屑物堆积于地表，通过粒子间摩擦、咬合等结构承受外部荷载，其力学性质与固体相似性质，呈现"准静态"状态。经自然力（地震、降雨等）诱发后，颗粒介质在重力场作用下以流动方式沿不同地形快速运移，处于"快速流动"状态，展现出类似流体特征。因自身固有散粒特性，流动过程中，颗粒流内部产生了体积分数与剪切速率的差异性，具有不同尺寸、密度等材料性质的颗粒在运动模式与边界限制各有不同，导致大颗粒往往聚集于颗粒流表层、小颗粒则集中偏向下部运动。这改变了颗粒流断面速度分布，出现了颗粒分选现象。当动能完全耗散时，颗粒流重新转为"准静态"。从成因机制角度，颗粒介质运动与分选效应控制着碎屑流堆积体

1.2.4 空间结构特征

1.2.4.1 切入角度

在岩土工程中，材料分布的非均匀性是普遍存在的[80]；受限于技术发展，对地质体空间结构的探查仍在深化。当前，对散粒体材料空间结构特征的识别与切入角度主要有定性分析、无损检测、物理模型试验、数值模拟计算、图像重构和随机场理论6种。

（1）定性分析。经验概化法是野外调查常用一种方法，操作简单，需依托大量工程实践，属于定性研究方法，Coli等[81]踏勘土石混合体断面出露信息判断内部块石形态与空间分布。Mei等[82]将土质、土含大块石、大块石含土和大块石四种类型转化为内部水平分层结构，并将其应用于评估堰塞体的冲刷特性、寿命及稳定性。Shi等[83]指出唐家山堰塞体是保留了原始结构特征的三层水平结构，各层粒径级配曲线存在差异性。石振明等[27]将红石河堰塞体概化为自然堆积，进行有限元分析时仅将其进行简单水平分层，在坝体下游人为设置一处空洞区域，对散粒体、非均质材料缺乏充分剖析。

考虑形成过程因素影响，堰塞体结构空间非均匀特征同样被概化为竖向与水平非均质结构特征[84]，并用以进行溃决机制、风险评估和应急处置的研究，如图1.10所示。这对于堰塞体堆积结构作出了较大的改变，更符合自然形成的特征。

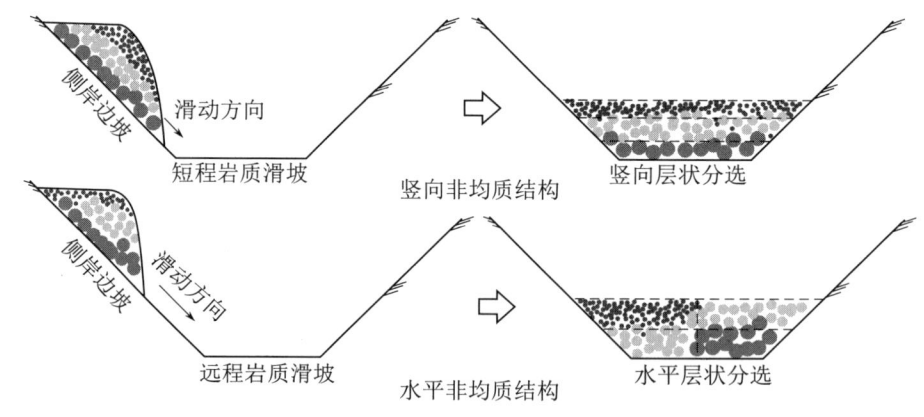

图1.10 堰塞体水平与竖向结构[84]

（2）无损检测。无损检测主要依靠颗粒材料对波速、振动和电流等物理场的敏感程度进行堰塞体材料物性识别与概化，为堰塞体稳定程度量化和相关工程改造提供参考，如图1.11所示。

当前无损检测主要有人工源、被动源面波、钻孔弹性波、大地电磁、附加质量、钻孔摄像、声学、地震折射和竖井三维激光等方法，如在红石岩堰塞体改建

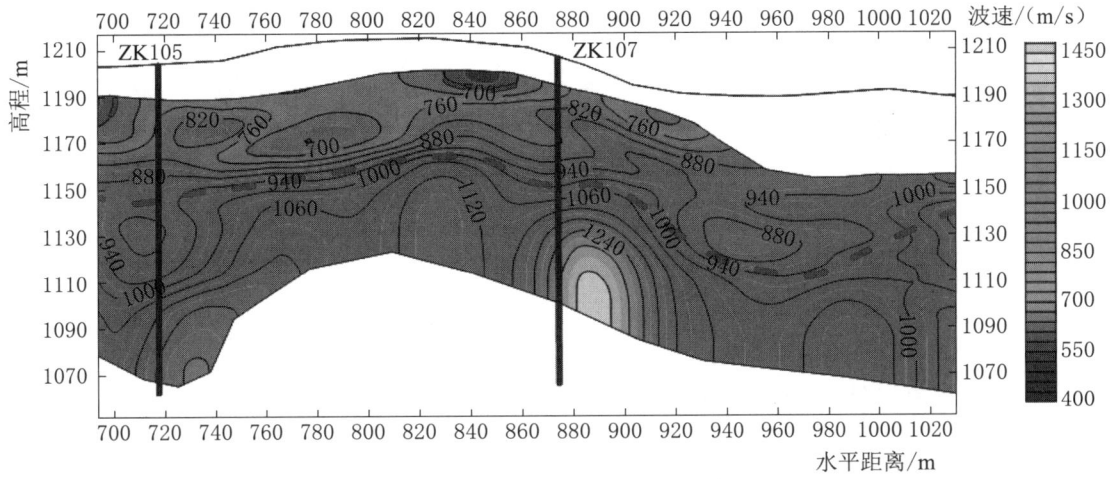

图 1.11 红石岩堰塞体剖面面波波速分布（单位：m/s）

为永久挡水建筑物过程中采用了弹性面波进行了坝体波速场测定，为工程建设论证提供了重要资料。此方法对堰塞体结构破损较小，操作方便，但不可避免地存在探测深度和精度失证，难以进行材料空间结构变异特征的细化分析，如颗粒级配组成等。

（3）物理模型试验。对于重力驱动的颗粒流运动，堰塞体沉积形式受滑源物质结构分布、地形边界限制和内部动能耗散的共同作用控制。

滑源物质结构分布，Xie 等[85]将初始滑源物质结构概化为水平、斜交和垂直三类层状，并通过粗、中和细颗粒进行分层填筑；物理试验结果表明，堰塞体竖直向颗粒分布特征与初始状态密切相关，初始与地层斜交状态的结构在堰塞体中得以保留。

地形边界条件方面，王忠福等[86]指出颗粒尺寸对碎屑流运动速度、距离及摩擦因数、堆积体宽度及厚度均有影响；郝明辉等[87]依据室内模型试验结果指出细颗粒含量、粗细颗粒比和滑动路径糙率是影响碎屑流分选的主要因素，粗细颗粒运动模式的差异性导致了堆积体中上覆大颗粒、下垫小颗粒的反粒序沉积结构。Scheidl 等[88]设计了半圆形转弯试验斜槽装置，发现堆积体倾斜角与粗粒含量密切相关，并据此阐述了真实地形中颗粒流运动特性。Wu 等[89]通过室内 U 形河谷模型试验指出滑动面和河床的倾角对堰塞体堆积高度和顺河长度的影响；Li 等[90]研究了 V 形河谷内堰塞体形成过程，并建立了相关几何形态预测模拟。Zhou 等[91]依据矩形、T 形和 V 形的试验结果讨论了颗粒级配、滑动路径宽度、河谷形状对堰塞体表面粒径分布、上下游坡度及堆积宽度的影响。李坤等[92]巧妙地将堆积体在垂直方向分层、并沿堆积路径前、中、后 3 处设置取样点，用以探究反粒序沉积结构的形成机制，如图 1.12 所示。

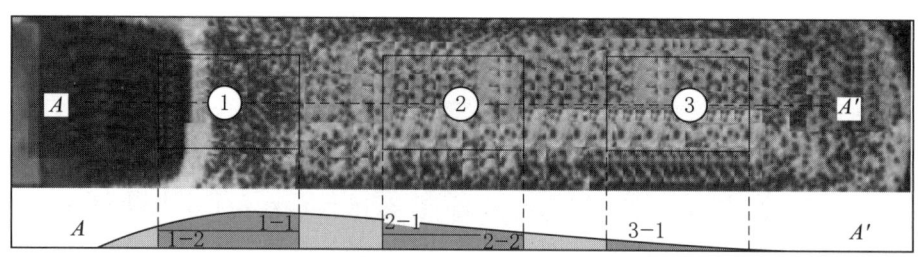

图 1.12　堆积体分块取样位置[92]

能量耗散角度，胡晓波等[93]从动能、摩擦能和碰撞耗能角度探讨了凹面、坡脚和阶梯三种类型地形对碎屑流运动距离的影响，王玉峰等[94]依据滑坡真实三维地形开展了碎屑流运动与堆积的物理模型试验，发现碎屑流的"分流-汇流"流态和"X"型共轭堆积脊形态是颗粒碰撞、重力场和地形共同影响的结果。周月等[95]在箱型滑槽内设置了两级陡坎，用以模拟不均匀地形条件，并指出颗粒体对陡坎冲击能耗占比较小，但改变了颗粒流态，促使了摩擦能耗的增加，且随粒径的减小而变得更为显著。

（4）数值模拟计算。随着计算软件技术的迅速发展，数值模拟计算将理论应用于工程实际，并拓展了研究边界。

因侧重点不同，数值模拟计算主要有两类：一类是基于连续介质理论的物质点法（MPM）和光滑粒子流（SPH）等；另一类是基于非连续介质的非连续变形法（DDA）、离散单元法（DEM）和块体单元法等。Zhou 等[96]采用干颗粒流（DEM）模拟了不同滑动长度、坡面角度下颗粒运动和沉积。徐小蓉[97]将颗粒流$\mu(I)$模型嵌入 MPM 中，用以模拟三维地形中颗粒流动过程，并讨论了流动厚度、速度、能量耗散速率以及最终形态。

由于堰塞料从滑源启动-斜面运动-河谷堆积过程属于大变形和大位移问题，基于连续介质的模拟方法具有模拟范围广、计算速率快和效率优的优势，对微观力学作用的反映不够充分；基于离散介质的模拟方法是从微观机制展开，不可避免地存在计算量和建模尺度限制。

（5）图像重构。图像重构法依托于 CT 扫描技术发展的二维与三维结构定量描述方法，需要前期固化试样、断层制作、切片扫描等预处理程序，再进行断层扫描与原型重构，并建立相关理论模型对宏观物理力学性质进行论述与解译。蔡正银等[98]将图像重构用于土体裂隙的三维重构，得到了裂隙的骨架化分布特征和空间结构形态。受限于图像采集仪器限制，此方法往往用于具有小尺寸、易切片的被测体进行特定区域或目标的重构分析，无法实现对动态过程的连续性和时效性观测[99]。

（6）随机场理论。随机场理论依托于随机场理论确定空间分布函数，并进行随机自动生成内部结构。王宇等[100]认为源自随机分布缺陷发展演化为内部裂纹，尤其是土石界面；裂纹产生、扩展、聚集与贯通等过程是导致土石堆积体渐进破坏的根本原因，材料性质与岩石、混凝土相似。Fakhimi[101]采用有限元部件中穿插离散并相互作用的球体模拟土体空间结构特征模拟，两者在空间位置仍为独立分隔状态。杨鸽等[102]采用蒙特卡洛法对测定粗粒土物理力学性质参数随机反应，认为孔隙比、干密度、不均匀系数和平均粒径在对数形式下呈正态分布。艾啸韬等[103]依据元胞自动机演化规则描述宽级配下具有粒径分级特征堆积体颗粒尺寸垂直分层效应的空间架构。

近年来，在地下工程的研究中逐渐注重关于岩土力学参数随机场的概率分布和空间变异性的分析[104]。为了有效推断岩土参数概率分布，进而获得切合工程实际的岩土参数概率模型，岩土工程中通常采用一定的概率模型来描述岩土参数的不确定性，研究的方法主要有经典分布拟合法、最大信息熵法、多项式逼近法、Bayes方法、最大似然（ML）方法、马尔科夫链蒙特卡洛（MCMC）方法。简言之，关于材料的空间变异性，经典统计学只考虑数值大小，并不考虑数据的空间位置关系；目前关注点集中于理论层面的概率模型研究方法，而结合实际工程的研究报道还较少。

1.2.4.2 量化理论

1. 分形理论

分形理论从单一分形维数指标向多重分形特征发展[109-110]。散粒体材料在不同测量尺度下具有自相似分形特征，与分形理论相契合；但单一分形维数难以描述土壤、土石混合料与堰塞体等具有强烈非均质与非连续性介质空间变异性[105]，如在双对数坐标系下粒径级配曲线呈直线分布表明土体存在统计自相似性，若呈折线或者曲线则为多重分形特征或混沌现象[106]。Bi等[107]将天然颗粒物材料粒径级配曲线分为凹形、凸形、组合型及间隙型4类，前两类直接用分形理论进行数学化，后两类在确定粗细颗粒分界点后采用前两类进行组合求解；粗细颗粒分别采用不同分形维数，这表明了天然土体存在多重分形特征。分段线性化方式拓展了单一分形模型应用领域，但这不可避免存在确定分段界限的人为主观性。微观角度上颗粒形状、表面粗糙度及强度影响堰塞体宏观力学特性，源自链式材料疲劳强度的Weibull概率分布模型[108]能刻画散粒体材料颗粒级配构成，见式（1.11）。

$$P = a - be^{-c\left(\frac{d}{d_{\max}}\right)^n} \quad (1.11)$$

式中：a、b、c和n为参数；d为颗粒粒径；$d_{\max}$为颗粒最大粒径。

多重分形理论被用于描述土体的空间变异性[109]。通过谱函数采用多个标度指数来描述不同局域条件演化过程中分形结构，探究不同层次所导致结构行为与特征,并借助统计物理学的方法讨论特征参量概率测度的分布规律[110]。朱晟等[111]以土石坝的颗粒级配的空间变异性为切入点,基于两河口堆石坝 1/3 坝高以下的级配检测资料提出了级配分形维数的空间概率分布,是对材料空间变异性在工程中落地应用的有益尝试。

2. 体积差异理论

Pereira 等[112]依据转动圆筒两种组分颗粒体混合特征,从组分体积差异角度定义了分选系数来描述二维平面内颗粒分布差异性,即

$$\Phi_{\alpha\beta} = \frac{1}{V_{\alpha\beta}} \sum_{i=1}^{N_{cell}} [V_\alpha(i) - V_\beta(i)]^2 V(i) \tag{1.12}$$

式中:$\Phi_{\alpha\beta}$ 为物质 α 和 β 混合物的分选系数;N_{cell} 为研究区域被划分的网格数目;$V(i)$ 为第 i 个网格的体积;$V_{\alpha\beta}$ 为研究区域内颗粒总体积。

当每个网格内两种组分均相等时,$\Phi_{\alpha\beta}$ 为 0;若所有网格内仅有一种组分时,$\Phi_{\alpha\beta}$ 为 1。

3. 相关距离理论

Vanmarcke[113]认为标准差 σ 反映了土性剖面内不同位置处的变异性特征;与之相应,可用其量化空间范围 h 内不同点 x 之间的平均变异性程度 $Y_h(x)$,称之为方差折减函数 $\Gamma^2(h)$,即

$$\Gamma^2(h) = \frac{D^2[Y_h(x)]}{\sigma^2} = \frac{Var[Y_h(x)]}{\sigma^2} \tag{1.13}$$

$\Gamma^2(h)$ 表征了空间距离 h 内土体平均变异程度相对于点 x 特征方差 σ^2 的衰减程度。在一维空间内,根据随机变量的数字特征和相关性[114],式(1.13)可简化为

$$\lim_{h\to\infty} h\Gamma^2(h) = 2\lim_{h\to\infty}\int_0^h \left(1-\frac{\Delta x}{h}\right)\rho(\Delta x)\mathrm{d}(\Delta x) = l_u \tag{1.14}$$

式中:Δx 为计算点对的距离;$\rho(\Delta x)$ 为相关函数;l_u 为空间范围内计算区域的相关距离。

当 h 趋于无穷大时,式(1.14)将简化为

$$\Gamma^2(h) \approx \begin{cases} 1, & h > l_u \\ \dfrac{l_u}{h}, & h \leqslant l_u \end{cases} \tag{1.15}$$

当土性点位于空间范围之外(即超过相关距离)时,其与研究范围内点之间的变异程度取为常数 1;当土性点位于空间范围内时,其变异程度与两者间距离成反相关。采用递推空间法或相关函数法等进行相关距离的求解[115]。相关距离不仅阐明了空间点对之间距离相关的概念及其意义,还是在实际工程中"点特性"向"线平均特性"转换与应用的重要依据与桥梁。

4. 变异函数理论

Matheron[116]将区域化变量与空间实函数相结合,用于表征地质体相关参量的空间结构性和随机性特征。以三维坐标 x_1、x_2 和 x_3 为自变量的随机函数 $Z(x_1,x_2,x_3,\omega)$ 称为区域化变量,记为 $Z(x)$,用变异函数理论[117]求解计算 $Z(x)$。在实际使用时,通常认为区域化变量 $Z(x)$ 满足二阶平稳假设和内蕴假设条件。以一维空间为例,假设空间点 x 仅在一维 x 轴取值,距点 x 为 h 的位置处存在另一空间点 $(x+h)$,称 $(x,x+h)$ 为一个数据点对。将 $Z(x)$ 在数据点对 $(x,x+h)$ 处差值的方差之半称为 $Z(x)$ 在 x 方向上的变异函数 $\gamma(x,h)$,记为 $\gamma(h)$;根据假设条件,两点之间的方差只与距离 h 相关,则

$$\gamma(h)=\frac{1}{2}E[Z(x)-Z(x+h)]^2 \tag{1.16}$$

二维或三维空间的变异函数计算方法是以一维为基础,并考虑材料各向同性或异性和结构套合进行计算[118]。现以堰塞体材料孔隙比 e 为例,说明如何利用变异函数量化地质体区域化变量的空间变异特性。

(1) 区域化变量确定。因堰塞体 e 随空间位置而变化,将其选定为区域化变量 $Z_e(x)$。因此,空间中任一某点 $Z_e(x)$ 在 x 处的 e 值可用式 (1.17) 表示。

$$Z_e(x)=m_e+\sigma_e^2(x)+\varepsilon_e(x) \tag{1.17}$$

式中:m_e 为 $Z_e(x)$ 的期望,取常数;$\sigma_e^2(x)$ 为表征 $Z_e(x)$ 结构特征的随机变化项,表示其随机性;$\varepsilon_e(x)$ 为高斯噪声项,量化估计值与实际值的偏离程度。

(2) 求解测点数据对间距 h 与 $\gamma^*(h)$ 的分布。设 $Z_e(x_i)$ [$i=1,2,\cdots,N(h)$] 是中心以 x 的待估区段 V_G 内一组已知空间坐标和 e 值的离散样本数据点。根据测点值计算 $\gamma(h)$ 的估计量 $\gamma^*(h)$,见式 (1.18);用变异函数模型对 $\gamma^*(h)$ 做回归分析拟合,选定误差最小模型。岩土工程中常用理论模型包括线性、球状、指数和高斯等。为保证模拟精度,需建立合理的变异函数理论模型。根据 $\gamma^*(h)-h$ 分布,得到基台值、块金常数、变程和拱高等变异参数值。

$$\gamma^*(h)=\frac{1}{2N(h)}\sum_{i=1}^{N(h)}[Z_e(x_i)-Z_e(x_i+h)]^2 \tag{1.18}$$

式中:$N(h)$ 为间距 h 所分割试验数据点对的数目。

(3) 插值权重求解。对于中心为 x 的待估计区段 V_G,其 e 的估计量为 $Z_e(x)$。构造求解函数,利用估计方差最优、无偏估计条件,得到 Kriging 方程组,见式 (1.19)。求解 Kriging 方程组,得到插值权重系数 λ_i 值。

$$\begin{cases}\sum_{j=1}^{N(h)}\lambda_j C(e_i,e_j)-\mu=C(e_i,e)\\ \sum_{i=1}^{N(h)}\lambda_i=1\end{cases},i=1,2,\cdots,N(h) \tag{1.19}$$

式中：λ_i 为插值权重系数；μ 为拉格朗日乘子；$C(e_i, e_j)$、$C(e_i, e_j)$ 分别为待估区域 V_G 内孔隙比 e 的所有点对、点与待测点的协方差函数值。

（4）区域化变量空间插值。利用式（1.18）进行空间点 x 处 $Z_e(x)$ 的空间插值，即

$$Z_e(x) = \sum_{i=1}^{N(h)} \lambda_i Z_e(x_i) \tag{1.20}$$

在实际应用变异函数理论量化孔隙比 e 的空间变异特征时，需先用经验模型进行试算与比对；在此基础上结合物理模型试验数据，改进或提出更符合堰塞体规律的经验性变异函数模型。

与孔隙比做法相似，堰塞体材料级配的空间变异规律仍可以采用类似方式进行量化。但颗粒级配属于多粒组成分混合材料，需要采用多重分形或多元信息统计分析等量化理论对其进行降维处理。

综述现有研究方法与理论可知，堰塞体空间结构特征与其形成过程中滑源物质结构组成、颗粒流动特征、河道边界条件等因素密切相关，如唐家山、红石岩、小林村和大光包等堰塞体。当前，从野外地质调查与检测、室内物理相似模型试验、数值仿真模拟以及概率统计等角度切入堰塞体空间结构特征研究，用分形维数、组分体积差异、相关函数和变异函数等数学物理理论进行量化分析。随机尺度表征堰塞体空间点之间同一性的相关程度，是衡量材料性质空间变异特征的一个重要指标[119]；对于地质体，将物性参数在空间上的变化视为地质区域化变量结构性与随机性的综合体现，由有限测点的数据外延到整体特性[120]。堰塞体空间结构特征对堰塞体生命周期中的岩土和水文地质特性影响显著，并控制着整个坝体稳定性和抗侵蚀性。

1.3 研究现状总结

作为自然力作用的产物，堰塞体一般瞬间形成，由天然宽级配土石料构成，表现出显著的形成过程相关性和空间结构变异性。由于堰塞体复杂的外部形态、内部材料和结构特征，大多将其视为均质或简单分层，而对非均质材料缺乏充分研究[2,27]。当前，现场实勘、室内试验及理论计算都难以将滑源物质复杂性、滑移过程相关性和沉积结构变异性相结合，堰塞体的形成全过程所致材料空间结构变异性的机制揭示和程度量化研究工作远不充分，尚有以下问题值得深入研究：

（1）由于很难及时获得现场监测数据，模型试验成为再现滑坡-颗粒运动及堆积过程的重要手段之一；但目前模型试验研究未能全过程考虑滑坡物质组成、流体运动特征及河谷形态等堰塞体形成的关键要素，对堰塞体的堆积特征、材料分

布规律还局限于定性描述。

以材料级配为例，在相同的地形路径（如斜坡的倾斜度和山谷的地形），通常将多个取样点平均级配作出初始状态而被用于各类物理模型试验。但是，不同空间位置的滑坡滑源区颗粒尺寸由于岩石退化的分化而自然不同；加之，受运动过程中颗粒分离、颗粒破碎等影响，多个取样点平均线的级配与滑源区初始级配并非一致。在这些方法中，源于有限个采样点的平均颗粒级曲线被普遍作为初始室内试验依据，堰塞体的粒径分布空间变化的真实性被自动忽略。

利用沉积学和地貌学，当前主要通过外部信息或有限钻探样本所获取滑坡型堰塞体堆积特征。受寿命短、偏远和恶劣天气等条件限制，难以及时搜集到能反映内部结构特征的重要资料，用不完整的信息来概化堰塞体的空间结构特征是不够充分的。

（2）颗粒分选机制及能耗规律是颗粒流运动特性发展演化的直接体现，更是影响堰塞体粒径分布空间变化的关键因素；但运用整体性思维，还需深入探讨将颗粒流在斜坡和河谷中运动特性与堰塞体材料空间结构非均匀性之间的联系。

当前，利用两种不同尺寸混合物从颗粒流态、粒径分布、剖面流速、剪切速率、剪切应力等角度进行重力驱动颗粒流特征研究。与单或双组分模式不同，堰塞体材料具有多粒组、宽级配特征及低凝聚力的特点，多种粒径混合加剧了颗粒流运动时颗粒分离现象和能量耗散，这进一步激发了山谷沉积过程中堰塞体材料结构空间分布特征的分化。有待将两者进行整体系统化研究，精细化溯源分析堰塞体空间结构变异特性。

（3）滑坡型堰塞体在三维空间尺度下的材料变异性是既有事实，但是如何定量描述材料空间变异性尚处于起步阶段。

岩土体材料的空间变异特性，从宏观层面来讲，主要表现在强度、变形和渗透等性质的空间不均匀性。除岩性外，对材料宏观性质起决定性作用的因素主要是级配和孔隙比。堰塞体是土石材料随机堆积而成，其粒径跨度、结构的空间差异等远高于人工设计、碾压密实的土石坝材料，相关规律无法直接应用。

作为自然形成的地质体，相关距离理论和变异函数理论给予指导线路。不可忽视的是，受限于研究切入角度和基础资料完整性，难以将级配与孔隙比作为区域化变量进行堰塞体材料空间结构与随机性量化分析。

基于上述分析，有必要围绕堰塞体的滑源材料物质组成、岩土体运动特征开展深入研究，具有重要的学术价值、工程价值和现实意义。从滑源物质结构组成入手，以颗粒流斜面运动特征为着力点，探明不同级配条件的颗粒流分选机制与能耗规律；以三维逆向建模方法和模型试验结果为依据，查清堰塞体河谷沉积结构特征，揭示其材料空间非均匀化规律；以颗粒级配和孔隙比的空间分布规律为目标，依据区域化变量变异函数理论，提出堰塞体沉积结构空间变异性的量化方

1.4 研究内容与技术路线

1.4.1 主要研究内容

秉承试验与理论相结合、多学科交叉融合的思想，基于比尺相似理论、材料缩尺理论、计算机视觉理论和空间信息理论，围绕滑坡型堰塞体材料的空间变异特性这一核心问题，从空间复杂几何堆积体外部形态特征和内部结构分布的数据化、堆积体孔隙比和级配的空间变异的场量化和堰塞体堆积形态与空间变异形成机制的过程化三个方面研究。

（1）空间复杂几何堆积体外部形态特征和内部结构分布的数据化。以典型滑坡型堰塞体为例，依据模型试验比尺相似准则，开展滑坡-颗粒流堵江成坝的大尺度物理模型试验。引入 SFM 运动结构逆向重建技术，获取表面形态和断面轮廓的外部特征，得到内部分割块体的体积和形心空间坐标信息。

选定级配、滑动距离、斜面坡度和最大粒径为变量，依据三维逆向重构建模方法和模型试验结果，剖析堰塞体顺河向及横河向的表观堆积特征和外部形态，并建立几何形态特征量化模型。

（2）堆积体孔隙比和级配的空间变异的场量化。依据变异函数理论，以堰塞体颗粒级配和孔隙比作为区域化变量，分析其空间结构性和随机性特征，确定合理变异函数形式，从顺河向、横河向和垂直向探讨堰塞体级配与孔隙比在空间点的分布规律。基于泛 Kriging 理论，将孔隙比和级配"点特征"拓展至"空间特征"，促成滑坡型堰塞体材料孔隙比和级配空间变异特征的场量化。

（3）堰塞体堆积形态与空间变异形成机制的过程化。充分挖掘物理模型试验中图像与视频资料，提出滑坡型堰塞体空间变异特征成因的溯源分析框架；采用离散元方法再现试验过程，厘清颗粒流运动特征与能量转化、发展与演化规律；依据模型试验和数值模拟结果，构建滑坡型堰塞沉积结构，揭示滑坡型堰塞体材料内部构造和三维空间变异性特征的形成机制。

1.4.2 研究技术路线

研究具体思路主要为：①焦研究问题进行国内外相关文献综述；②分解研究问题，并进行室内物理模型试验、数值模拟分析；③以 SFM 技术、区域化变量为工具深入剖析研究问题；④建立量化模型场化研究问题，并结合试验和模拟结果提出相关成因机制。为此，制定了研究技术路线，如图 1.13 所示。

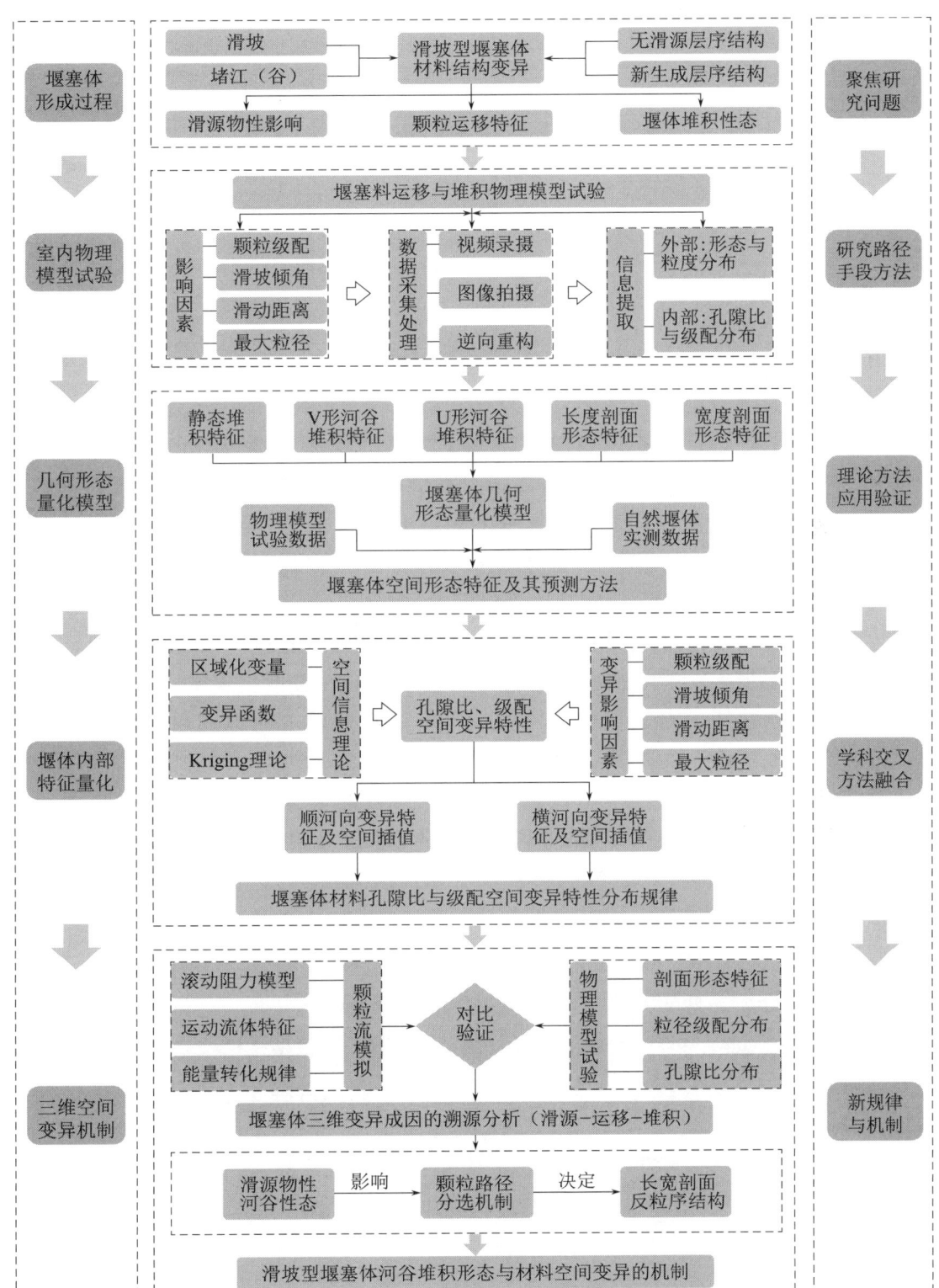

图 1.13 研究技术路线

第 2 章　堰塞料运移与堆积物理模型试验

2.1　概述

滑坡型堰塞体多发生于高山峡谷，滑源物质受重力作用沿运动路径呈流态化运动现象。这与颗粒组成、流体介质及运动路径等因素密不可分。受环境、交通和地形等条件限制，往往难以及时获得大量完整的现场监测资料；因而，比尺模型试验成为重要的研究手段[121]。通常，河谷形状和两侧边坡状态是影响堰塞体形成过程的两个控制因素。对于深而狭窄的山谷，用V形谷、U形谷或箱形谷形状来描述；边坡状态指岩土物理力学性质和坡体形态。在比尺模型试验中，很难考虑影响颗粒滑坡-运动-堆积的所有因素[122-123]。因此，从简单因素入手，适宜地简化边界条件，将堰塞体形成过程概化至室内物理模型试验中，再现颗粒材料运动及堆积过程，逐步揭示滑坡颗粒流的斜面运动特性与河谷堆积规律。

本章基于颗粒运动力学特性相似关系，以红石岩滑坡所形成堰塞体为概化对象，依据现场地形信息，将其概化为三维散体颗粒运动斜面，并制作相应物理模型试验装置。通过室内物理模型试验，开展无黏性理想干颗粒流沿单一斜面运动与堆积特征研究的物理模拟试验，获取堰塞体长度、宽度和高度等外部几何形态特征（图 2.1）和内部材料结构空间分布信息，探究滑坡-颗粒流堵江成坝的空间变异特性及形成机制。

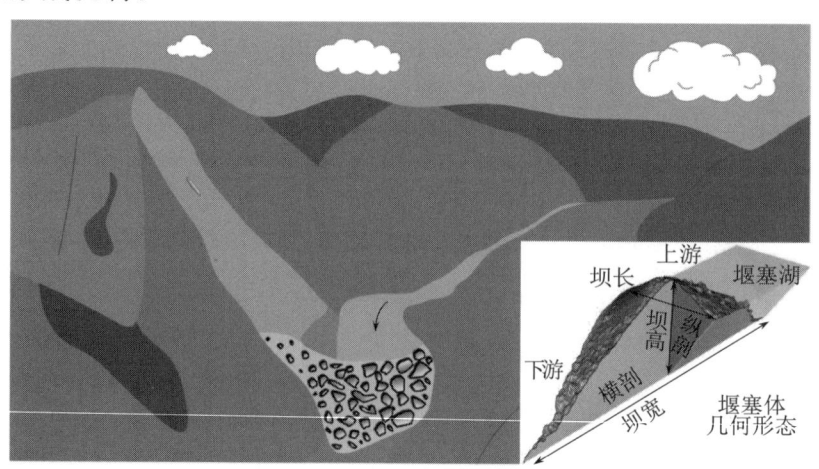

图 2.1　堰塞体几何形态示意图

为了便于堰塞料试验前后级配分布演化规律对比，假定颗粒流颗粒在运动过程中不与斜坡面发生刮产或犁切效应（即斜面为刚性体），颗粒整体密度保持不变，即无颗粒断裂与破碎现象发生，与葛云峰等[124]假设条件相一致。

2.2 相似准则

在模拟地球物理现象的室内物理试验设计中，模型在影响试验结果的主要物理量和几何特征两方面应与原型满足相似关系。不考虑颗粒破碎条件下，堰塞体空间变异试验的模型设计应考虑颗粒流的运动特征和分选特征（图 2.2）；通过分析微单元，从材料缩尺相似、几何运动相似和动力分选相似建立模型试验相似准则。为了便于描述和区分，将原型中物理量用下标的"ps"表示、模型用"ms"表示；两者之间的相似常数用 λ 表示，其下标为与之相应的物理量。

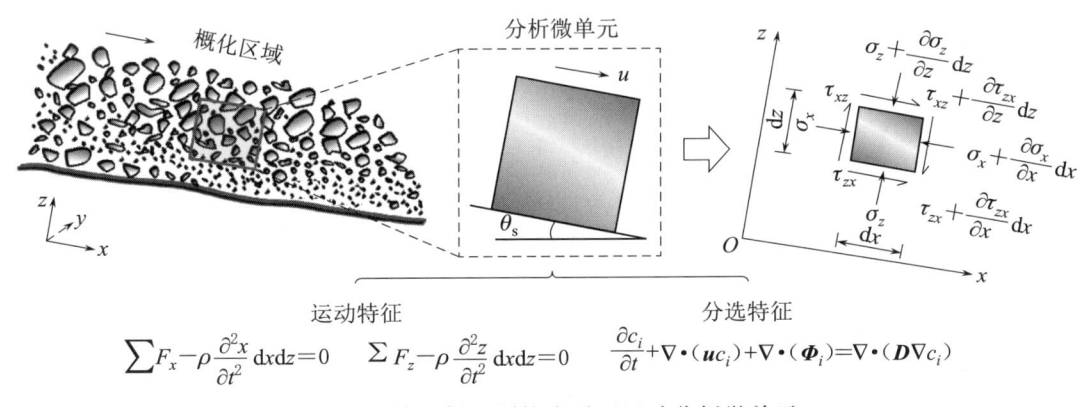

图 2.2 单一斜面颗粒流平面运动分析微单元

2.2.1 材料缩尺相似

室内物理模型试验难以直接采用堰塞体材料的原型级配曲线，需对其进行级配缩尺处理。现行相关规范[125]采用的缩尺方法有剔除、等量替代、相似级配和混合法 4 种，不同缩尺方法对缩尺后材料干密度（ρ_d）存在影响。史彦文[126]采用相似级配法处理砂卵石和堆石料，发现粗粒料最大干密度（ρ_{dmax}）与最大粒径（d_{max}）的相似模数存在半对数线性关系。朱俊高等[127]采用 4 种缩尺方法，以 4 种不同的最大粒径进行相对密度试验，指出最大与最小干密度（ρ_{dmax}、ρ_{dmin}）均随 d_{max} 的增大而增大，相同 d_{max} 下相似级配法缩尺后土料 ρ_d 最大，等量替代法最小。朱晟等[128]通过现场大尺寸密度桶试验，发现不同 d_{max} 的级配下 ρ_d 均存在极大值。郭庆国等[129]认为超粒径土 ρ_{dmax}-d_{max} 与 ρ_{dmin}-d_{max} 关系相似。

不同缩尺方法所得颗粒分布具有几何非线性和复杂性[130]。剔除法简单方便，但不适用于超粒径占比超过 10% 情形；等量替代法保证了细粒 P_5（≤5mm）不变,但增加了土料均匀性;相似级配保留了原级配颗粒料几何形状相似性,但增加了细粒含量;混合法是等量替代与相似级配的综合使用。总体上,缩尺后土体粒间分布宜与原型级配保持相似的空间排布,即 ρ_d 的差异性不宜过大。

选择红石岩堰塞体典型级配曲线[131],设定 d_{max} 为 60mm,通过 3 种不同的级配缩尺方法得到了不同粒径缩尺系数 η 的颗粒级配曲线,并进行了 ρ_{dmax} 和 ρ_{dmin} 测定试验(图 2.3),以确定对宽级配堰塞体材料相适宜的缩尺方法。

在图 2.3(b)中,堰塞体土料 ρ_{dmax} 为 2.06~2.23g/cm³、ρ_{dmin} 为 1.50~1.65g/cm³,两者均随 P_5 的增加而逐渐增加、并趋于稳定;当 P_5 在 10%~20% 之间时,细粒含量变化对极值 ρ_d 影响明显;当 P_5 超过 30% 后,堰塞体材料极值 ρ_d 变化不明显。现场取样实测数据[114]表明,红石岩堰塞体 ρ_d 为 1.66~2.28g/cm³。据细粒含量与干密度间的关系可知,通过相似级配法缩尺处理,红石岩堰塞体材料不同粒径颗粒间的填充关系与现场原型级配的填充关系最大程度地保持一致。

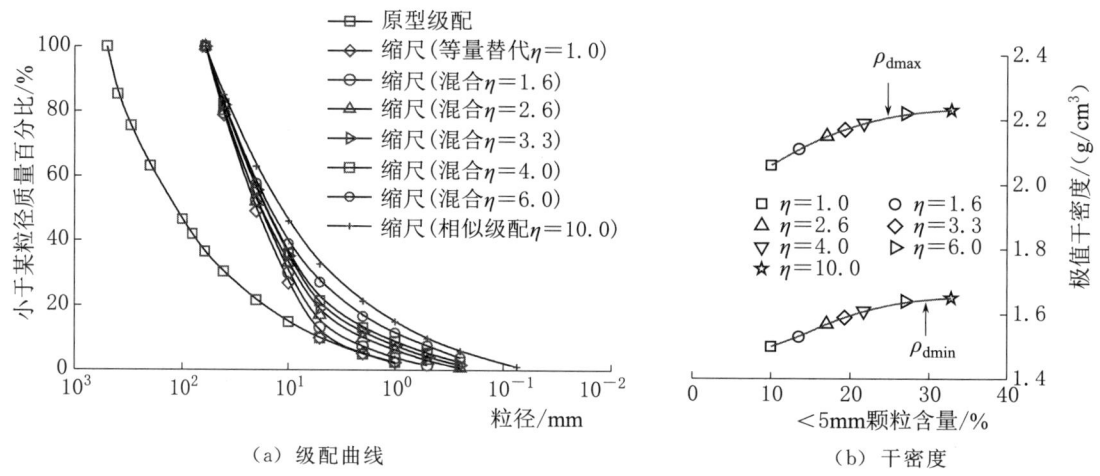

图 2.3 堰塞料级缩尺配曲线及相应极值干密度分布

2.2.2 几何运动相似

几何相似是指模型与原型的几何形状存在比例关系,主要涉及的物理量有长度 L、面积 A_L 和体积 V_L,见式(2.1)。就几何相似而言,通常选定长度 L 作为基本物理量,进而使得模型与原型的 A_L 与 V_L 的相似比保持一致。因颗粒粒径 d 受试验仪器尺寸限制,不能采用长度缩尺,需符合材料缩尺相关理论,则其相似比常数为 $\lambda_d = \eta$。

$$\lambda_L = \frac{L_{ps}}{L_{ms}}, \lambda_{A_L} = \frac{A_{L\,ps}}{A_{L\,ms}} = \frac{L_{ps}^2}{L_{ms}^2} = \lambda_L^2, \lambda_{V_L} = \frac{V_{L\,ps}}{V_{L\,ms}} = \frac{L_{ps}^3}{L_{ms}^3} = \lambda_L^3 \quad (2.1)$$

运动相似是指模型与原型的速度场、加速度场存在比例关系,主要物理量有

时间 t、速度 u 和加速度 a_g，其数学表达式见式（2.2）。就运动相似而言，只需保证任意时刻的 λ_u 和 λ_{a_g} 相似比常数恒定，则能够模型与原型中 L 与 t 的比尺不变，从而达到了运动相似的目的。

$$\lambda_t = \frac{t_{\text{ps}}}{t_{\text{ms}}}, \lambda_v = \frac{u_{\text{ps}}}{u_{\text{ms}}} = \frac{L_{\text{ps}}/t_{\text{ps}}}{L_{\text{ms}}/t_{\text{ms}}} = \lambda_L \lambda_t^{-1}, \lambda_{a_g} = \frac{a_{g\,\text{ps}}}{a_{g\,\text{ms}}} = \frac{u_{\text{ps}}/t_{\text{ps}}}{u_{\text{ms}}/t_{\text{ms}}} = \lambda_L \lambda_t^{-2} \quad (2.2)$$

2.2.3 动力分选相似

动力相似是指原型与模型受到的各种作用力场存在比例关系，主要物理量有密度 ρ 与作用力 F，其相似关系见式（2.3）。从动理学角度，只需保证任意时刻对应点处模型与原型受到作用力场的相似比 λ_F 保持恒定，则能够使得两者的动力存在相似性。

$$\lambda_\rho = \frac{\rho_{\text{ps}}}{\rho_{\text{ms}}}, \lambda_F = \frac{F_{\text{ps}}}{F_{\text{ms}}} = \frac{\rho_{\text{ps}} V_{\text{ps}} a_{g\,\text{ps}}}{\rho_{\text{ms}} V_{\text{ms}} a_{g\,\text{ms}}} = \lambda_\rho \lambda_L^2 \lambda_v^2 \quad (2.3)$$

分选相似是指原型与模型的分选速率和程度存在比例关系，主要物理量有颗粒组分的分选尺度因子 $S_{i,j}$ 和浓度 c_i[78]，其相似关系的数学方程见式（2.4）。颗粒分选的影响因素比较多，对于干燥堰塞料颗粒流而言，级配宽度和粒组数是关键影响因素，采用相似级配法保障了原型与模型在颗粒空间位置关系的相对性。结合几何、运动与动力相似，则模型能够反映出原型颗粒流运移过程中分选效应。

$$\lambda_{S_{i,j}} = \frac{S_{i,j\,\text{ps}}}{S_{i,j\,\text{ms}}}, \lambda_{c_i} = \frac{c_{i\,\text{ps}}}{c_{i\,\text{ms}}} \quad (2.4)$$

除此之外，对于堰塞料的黏聚力 c'、主应力 σ、剪应力 τ 和内摩擦角 φ' 的比尺关系也应满足相似性，即

$$\left.\begin{array}{l} \sigma_{\text{ps}} = \lambda_\sigma \sigma_{\text{ms}}, \tau_{\text{ps}} = \lambda_\tau \tau_{\text{ms}} \\ c'_{\text{ps}} = \lambda_c c'_{\text{ms}}, \varphi'_{\text{ps}} = \lambda_\varphi \varphi'_{\text{ms}} \end{array}\right\} \quad (2.5)$$

上述为原型与模型中相关物理量的相似关系。若模型满足材料缩尺相似、几何运动相似和动力分选相似，则堰塞料的运动状态存在相似性[132]。分析微单元结构（图2.2）的受力和运移特性满足运动特征方程和分选特征方程[78,133-134]，见式（2.6）。

$$\left.\begin{array}{l} \sum F_x - \rho \dfrac{\partial^2 x}{\partial t} \mathrm{d}x \mathrm{d}z = 0 \\ \sum F_z - \rho \dfrac{\partial^2 z}{\partial t} \mathrm{d}x \mathrm{d}z = 0 \\ (\sigma_x - \sigma_z)^2 + 4\tau_{yz}^2 = \sin^2(\varphi')[\sigma_x + \sigma_z + 2c'\cot(\varphi')]^2 \\ \dfrac{\partial c_i}{\partial t} + \nabla \cdot (\boldsymbol{u} c_i) + \nabla \cdot (\boldsymbol{\Phi}_i) = \nabla \cdot (\boldsymbol{D} \nabla c_i) \end{array}\right\} \quad (2.6)$$

在堰塞料颗粒流以有限斜槽流为主体，其内部存在大量的碰撞与摩擦作用，不同粒组间整体以扩散和碰撞为主，考虑到微分方程分析难度，忽略方程中对流项[78,135]；通过受力分析和拓展，将式（2.6）转化为重力驱动流体的微分方程，即

$$\left.\begin{aligned}
&g_x - \frac{1}{\rho}\left(\frac{\partial \sigma_x}{\partial x} + \frac{\partial \tau_{xz}}{\partial z}\right) = \frac{\partial u_x}{\partial t} + u_x\frac{\partial u_x}{\partial y} + u_x\frac{\partial u_x}{\partial z} \\
&g_z - \frac{1}{\rho}\left(\frac{\partial \sigma_z}{\partial z} + \frac{\partial \tau_{xz}}{\partial x}\right) = \frac{\partial u_z}{\partial t} + u_z\frac{\partial u_z}{\partial x} + u_z\frac{\partial u_z}{\partial z} \\
&(\sigma_x - \sigma_z)^2 + 4\tau_{yz}^2 = \sin^2(\varphi')\left[\sigma_x + \sigma_z + 2c'\cot(\varphi')\right]^2 \\
&\frac{\partial c_i}{\partial t} + \frac{\partial}{\partial x}\left(\frac{\partial u}{\partial z}\sum_{j\neq i}S_{i,j}c_j\right) = \frac{\partial}{\partial x}\left(D\frac{\partial c_i}{\partial x}\right) + \frac{\partial}{\partial z}\left(D\frac{\partial c_i}{\partial z}\right)
\end{aligned}\right\} \quad (2.7)$$

将式（2.7）分别用原型和模型的方式表示，见式（2.8）和（2.9）。

$$\left.\begin{aligned}
&g_{x\,\mathrm{ps}} - \frac{1}{\rho_{\mathrm{ps}}}\left(\frac{\partial \sigma_{x\,\mathrm{ps}}}{\partial x} + \frac{\partial \tau_{xz\,\mathrm{ps}}}{\partial z}\right) = \frac{\partial u_{x\,\mathrm{ps}}}{\partial t_{\mathrm{ps}}} + u_{x\,\mathrm{ps}}\frac{\partial u_{x\,\mathrm{ps}}}{\partial x} + u_{x\,\mathrm{ps}}\frac{\partial u_{x\,\mathrm{ps}}}{\partial z} \\
&g_{z\,\mathrm{ps}} - \frac{1}{\rho_{\mathrm{ps}}}\left(\frac{\partial \sigma_{z\,\mathrm{ps}}}{\partial z} + \frac{\partial \tau_{xz\,\mathrm{ps}}}{\partial x}\right) = \frac{\partial u_{z\,\mathrm{ps}}}{\partial t_{\mathrm{ps}}} + u_{z\,\mathrm{ps}}\frac{\partial u_{z\,\mathrm{ps}}}{\partial x} + u_{z\,\mathrm{ps}}\frac{\partial u_{z\,\mathrm{ps}}}{\partial z} \\
&(\sigma_{x\,\mathrm{ps}} - \sigma_{z\,\mathrm{ps}})^2 + 4\tau_{xz\,\mathrm{ps}}^2 = \sin^2(\varphi'_{\mathrm{ps}})\left[\sigma_{x\,\mathrm{ps}} + \sigma_{z\,\mathrm{ps}} + 2c'_{\mathrm{ps}}\cot(\varphi'_{\mathrm{ps}})\right]^2 \\
&\frac{\partial c_{i\,\mathrm{ps}}}{\partial t_{\mathrm{ps}}} + \frac{\partial}{\partial x}\left(\frac{\partial u_{\mathrm{ps}}}{\partial z}\sum_{j\neq i}S_{i,j\,\mathrm{ps}}c_{j\,\mathrm{ps}}\right) = \frac{\partial}{\partial x}\left(D_{\mathrm{ps}}\frac{\partial c_{i\,\mathrm{ps}}}{\partial x}\right) + \frac{\partial}{\partial z}\left(D_{\mathrm{ps}}\frac{\partial c_{i\,\mathrm{ps}}}{\partial z}\right)
\end{aligned}\right\} \quad (2.8)$$

$$\left.\begin{aligned}
&g_{x\,\mathrm{ms}} - \frac{1}{\rho_{\mathrm{ms}}}\left(\frac{\partial \sigma_{x\,\mathrm{ms}}}{\partial x} + \frac{\partial \tau_{xz\,\mathrm{ms}}}{\partial z}\right) = \frac{\partial u_{x\,\mathrm{ms}}}{\partial t_{\mathrm{ms}}} + u_{x\,\mathrm{ms}}\frac{\partial u_{x\,\mathrm{ms}}}{\partial x} + u_{x\,\mathrm{ms}}\frac{\partial u_{x\,\mathrm{ms}}}{\partial z} \\
&g_{z\,\mathrm{ms}} - \frac{1}{\rho_{\mathrm{ms}}}\left(\frac{\partial \sigma_{z\,\mathrm{ms}}}{\partial z} + \frac{\partial \tau_{xz\,\mathrm{ms}}}{\partial x}\right) = \frac{\partial u_{z\,\mathrm{ms}}}{\partial t_{\mathrm{ms}}} + u_{z\,\mathrm{ms}}\frac{\partial u_{z\,\mathrm{ms}}}{\partial x} + u_{z\,\mathrm{ms}}\frac{\partial u_{z\,\mathrm{ms}}}{\partial z} \\
&(\sigma_{x\,\mathrm{ms}} - \sigma_{z\,\mathrm{ms}})^2 + 4\tau_{mz\,\mathrm{ps}}^2 = \sin^2(\varphi'_{\mathrm{ms}})\left[\sigma_{x\,\mathrm{ms}} + \sigma_{z\,\mathrm{ms}} + 2c'_{\mathrm{ms}}\cot(\varphi'_{\mathrm{ms}})\right]^2 \\
&\frac{\partial c_{i\,\mathrm{ms}}}{\partial t_{\mathrm{ms}}} + \frac{\partial}{\partial x}\left(\frac{\partial u_{\mathrm{ms}}}{\partial z}\sum_{j\neq i}S_{i,j\,\mathrm{ms}}c_{j\,\mathrm{ms}}\right) = \frac{\partial}{\partial x}\left(D_{\mathrm{ms}}\frac{\partial c_{i\,\mathrm{ms}}}{\partial x}\right) + \frac{\partial}{\partial z}\left(D_{\mathrm{ms}}\frac{\partial c_{i\,\mathrm{ms}}}{\partial z}\right)
\end{aligned}\right\} \quad (2.9)$$

式中：$g_{x\,\mathrm{ps}}$、$g_{z\,\mathrm{ps}}$、$g_{x\,\mathrm{ms}}$ 和 $g_{z\,\mathrm{ms}}$ 分别为原型和模型中重力加速度（或体力场）沿 x 轴和 z 轴方向上的分量。

转换变量，将式（2.1）～式（2.5）中原型的各个物理量分别用模型与相似常数的乘积表示，并将表示结果代入式（2.8），得到了式（2.10）。

$$\left.\begin{array}{l}\lambda_g g_{x\text{ ms}}-\dfrac{\lambda_\sigma}{\lambda_\rho\lambda_L}\dfrac{1}{\rho_{\text{ms}}}\left(\dfrac{\partial\sigma_{x\text{ ms}}}{\partial x}+\dfrac{\partial\tau_{xz\text{ ms}}}{\partial z}\right)=\dfrac{\lambda_u}{\lambda_t}\dfrac{\partial u_{x\text{ ms}}}{\partial t_{\text{ms}}}+\dfrac{\lambda_u^2}{\lambda_L}\left(u_{x\text{ ms}}\dfrac{\partial u_{x\text{ ms}}}{\partial x}+u_{x\text{ ms}}\dfrac{\partial u_{x\text{ ms}}}{\partial z}\right)\\[6pt] \lambda_g g_{z\text{ ms}}-\dfrac{\lambda_\sigma}{\lambda_\rho\lambda_L}\dfrac{1}{\rho_{\text{ms}}}\left(\dfrac{\partial\sigma_{z\text{ ms}}}{\partial z}+\dfrac{\partial\tau_{xz\text{ ms}}}{\partial y}\right)=\dfrac{\lambda_u}{\lambda_t}\dfrac{\partial u_{z\text{ ms}}}{\partial t_{\text{ms}}}+\dfrac{\lambda_u^2}{\lambda_L}\left(u_{z\text{ ms}}\dfrac{\partial u_{z\text{ ms}}}{\partial x}+u_{z\text{ ms}}\dfrac{\partial u_{z\text{ ms}}}{\partial z}\right)\\[6pt] \lambda_\sigma^2(\sigma_{x\text{ ms}}-\sigma_{z\text{ ps}})^2+4\lambda_\sigma^2\tau_{xz\text{ ms}}^2=\lambda_\sigma^2\sin^2(\lambda_{\varphi'}\varphi'_{\text{ms}})\left[\sigma_{x\text{ ms}}+\sigma_{z\text{ ms}}-2\dfrac{\lambda_c}{\lambda_\sigma}c'_{\text{ms}}\cot(\lambda_{\varphi'}\varphi'_{\text{ms}})\right]^2\\[6pt] \dfrac{\lambda_{c_i}}{\lambda_t}\dfrac{\partial c_{i\text{ ms}}}{\partial t_{\text{ms}}}+\dfrac{\lambda_u\lambda_{c_i}\lambda_{S_{i,j}}}{\lambda_L^2}\dfrac{\partial}{\partial x}\left(\dfrac{\partial u_{\text{ms}}}{\partial z}\sum_{j\ne i}S_{i,j\text{ ms}}c_{j\text{ ms}}\right)=\dfrac{\eta^2\lambda_{c_i}}{\lambda_L^2}\left[\dfrac{\partial}{\partial x}\left(D_{\text{ms}}\dfrac{\partial c_{i\text{ ms}}}{\partial x}\right)+\dfrac{\partial}{\partial z}\left(D_{\text{ms}}\dfrac{\partial c_{i\text{ ms}}}{\partial z}\right)\right]\end{array}\right\}$$
(2.10)

对比分析式（2.9）和式（2.10）可知，在同一相似比条件下，两式对同一物理过程的描述理应完全一致，则由相似常数组成的系数应完全相等，即

$$\left.\begin{array}{l}\dfrac{\lambda_\sigma}{\lambda_g\lambda_\rho\lambda_L}=1,\quad\dfrac{\lambda_u^2}{\lambda_g\lambda_t}=1,\quad\dfrac{\lambda_u^2}{\lambda_g\lambda_L}=1,\quad\dfrac{\lambda_u\lambda_{S_{i,j}}\lambda_t}{\lambda_L^2}=1\\[6pt] \dfrac{\lambda_\tau}{\lambda_\sigma}=1,\qquad\dfrac{\lambda_{c'}}{\lambda_\sigma}=1,\qquad\lambda_{\varphi'}=1,\qquad\dfrac{\eta^2\lambda_u\lambda_t}{\lambda_L^2}=1\end{array}\right\}$$
(2.11)

基本量纲的合理选择是量纲分析和相似比推演的重要环节[136]，考虑现实条件的可操作性和合理性，选择长度 L、密度 ρ 和重力加速度 g 作为基本量纲，将其代入式（2.11），整理可得式（2.12）的相似条件。相关主要物理量的相似比关系见表 2.1。

$$\left.\begin{array}{l}\lambda_\sigma=\lambda_\tau=\lambda_{c'}=\lambda_\rho\lambda_L\lambda_g\\[4pt] \lambda_u=\lambda_t=\lambda_L^{0.5}\lambda_g\\[4pt] \lambda_{S_{i,j}}=\eta=\lambda_L\lambda_g^{-2}\\[4pt] \lambda_{\varphi'}=1\end{array}\right\}$$
(2.12)

在模型试验设计时，加速度场是重要基本参量[137]。若能进行超重力场试验，则相似比尺将会同比改变[94]，如：即使采用相同密度材料，400g 的土工离心机可使模型几何相似常数 λ_L 缩小 400 倍。受试验条件、原型尺寸过大等限制，尚不能进行超重力场的试验，仅能选择 1g 重力场进行试验；因此，在根据试验场地与仪器设备等条件确定后初步拟定长度相似比，如 1∶100；若想保持应力相似常数 λ_σ 相似，则密度相似常数 λ_ρ 需扩大 100 倍，见表 2.1。这对于岩石材料而言，几乎是找不到类似超重度材料。

表 2.1　　　　　　　　　　物理模型试验主要物理量相似比

物理量	量纲	无量纲 π 项	相似比	理论计算值	本书试验设计值
L	$[L]$	控制量	λ_L	1∶100	1∶100
ρ	$[ML^{-3}]$	控制量	λ_ρ	100∶1	1∶1

续表

物理量	量纲	无量纲 π 项	相似比	理论计算值	本书试验设计值
g	$[LT^{-2}]$	控制量	λ_g	1:1	1:1
c'	$[ML^{-1}T^{-2}]$	$\pi\tau=\rho Lg$	$\lambda_\rho \lambda_L \lambda_g$	1:1	1:100
d	$[L]$	$\pi_H=L$	λ_L	1:100	1:100
$S_{i,j}$	$[L]$	$\pi S_{i,j}=L$	$\lambda_L \lambda_g^{-2}$	1:1	1:1
φ'	$[M^0L^0T^0]$	1	1	1:1	1:1
τ	$[ML^{-1}T^{-2}]$	$\pi_\tau=\rho Lg$	$\lambda_\rho \lambda_L \lambda_g$	1:1	1:100
u	$[LT^{-1}]$	$\pi_u=L^{0.5}g^{0.5}$	$(\lambda_L \lambda_g)^{0.5}$	1:1	1:10

转换思维，聚焦着力点：堰塞体材料空间变异特征及其成因机制。主要关注点有：

（1）堰塞体空间变异特征与颗粒流动力学机制关系。现有物理模型试验[87,94,123]表明，1g试验条件能够模拟非高速滑坡时颗粒粒径分选现象，但对于高速、远程、高位滑坡还需更为细致考虑其运动过程中的动理学机制[138]。

对于非河谷状态，颗粒流沉积动力主要源自内外摩擦作用，而堰塞体的沉积边界为河床、谷坡等空间；此时，需模型材料与原型材料堆积坡角相同或相似，才能反演颗粒流堆积过程。

（2）材料强度刚度对堰塞料滑动过程中颗粒行为的影响。若材料刚度较小，则颗粒料在整个运动过程中会存在显著的压缩性，影响颗粒的运动特性；为了消除因颗粒尺寸缩小所致团聚效应，宜选择很小黏聚力的材料。在做滑坡类模型试验时，为了使散体材料的内摩擦角的 $\lambda_\varphi=1$，通常选择与现场条件相同或相近的颗粒料作为试验所用滑源物料，保证材料内摩擦角相等。

采用相似级配缩尺后，颗粒料中存在一定量细微粒组，出于消除黏聚力影响和便于信息采集考虑，将小于0.5mm颗粒用0.5～1mm粒组代替，为强度比尺提供部分补偿。

（3）几何边界条件的确定。根据试验条件，确定模型几何尺寸，以满足几何相似条件，从而达到堰塞料运动与堆积过程的边界近似相似。

综上所述，受限于试验条件，在缩尺模型中很难全部考虑滑坡-颗粒流动力学特性影响的所有因素。原型与模型在材料缩尺粒径、几何条件与内摩擦角均相似的前提下，以能否反映颗粒流运动分选现象和河谷堆积形态作为标准，验证模型试验结果可靠性。因此，选择与原型相近的散体材料作为试验用料，同时满足原型和模型材料的内摩擦角、几何尺寸、颗粒空间排布三者相似，从而达到小尺度滑坡型堰塞体形成过程的近似相似，以研究其河谷堆积形态和空间变异特征。

2.3 试验材料

根据天池、红石岩和东河口等堰塞体勘察资料,颗粒尺寸从 10^{-2}mm 至 10^3mm,室内中很难进行如此宽级配土体试验。为了能保持颗粒间相对填充关系,采用相似级配法对超粒径颗粒进行缩尺处理。受限于试验仪器的尺寸,设定最大颗粒尺寸 d_{max} 为 60mm。同时,由于试验在自然干燥状态下进行,为了避免试验过程中细颗粒以灰尘的形式损失、减弱对摄影测量与观测的影响以及便于数值模拟仿真计算等,将小于 0.5mm 的细颗粒全部用 0.5~1.0mm 代替。

考虑到红石岩堰塞体岩性为白云质灰岩或砂岩,试验中有破碎,难以控制试验前后级配特征。因此,选用与原有材料颗粒比重相近、具有高压碎应力特性的弱风化花岗岩(颗粒比重 G_s 为 2.81)作为试验所用颗粒料母岩,可将单个颗粒在整个试验过程中视为不产生破碎行为。母岩经过动力破碎、筛分和自然风干后,按粒径分为 0.5~1mm、1~2mm、2~5mm、5~10mm、10~20mm、20~40mm 和 40~60mm 粒组存储,7 个粒组的部分颗粒如图 2.4 所示。

图 2.4 不同粒组试验土颗粒

2.4 装置设计

所设计的堰塞体空间变异性测定试验装置呈倒 T 形,总长度为 6.0m、宽为 2.6m、高为 5.0m,以不同的滑距、坡角与河谷形态为基础,由滑坡运动模拟和河谷沉积模拟两模块、通过中部连接铰组成的试验系统,可用于堰塞体颗粒料的装填、斜坡运动机制、河谷沉积形态与特征的全过程研究。为了便于后续分析,设定右手坐标系 XYZ，如图 2.5 所示；局部大样图及相关结构尺寸如图 2.6 所示，装置实物如图 2.7 所示。

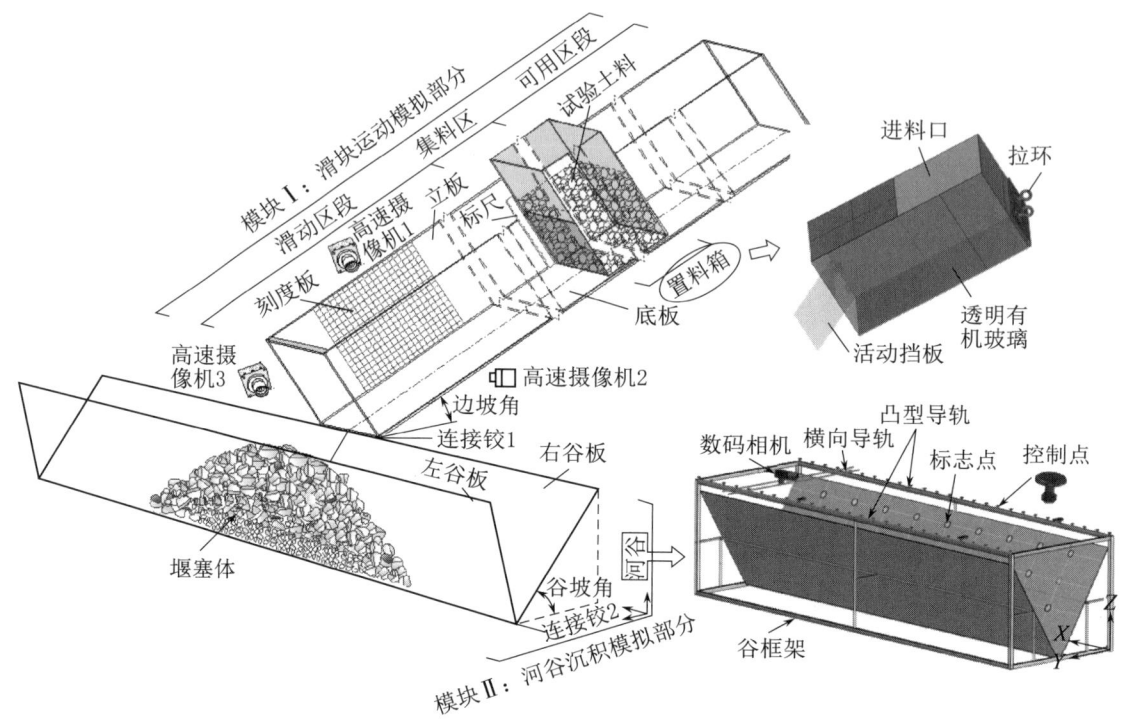

图 2.5　试验装置整体布置图

滑坡运动模拟部分（模块Ⅰ）的主体结构为长 510cm、高 40cm、宽 50cm 的箱形槽，由不锈钢角钢焊接成两个长 2.5m 的镂空框架通过螺栓锚固而成。箱形槽由两块长 205cm、宽 50cm、厚 2cm 的纤维实木板拼接作为底板；两侧立板是由四块长 205cm、宽 40cm、厚 0.8cm 的透明有机玻璃板搭接而成。按照用途不同，模块Ⅰ被划分为滑动区段、集料区和可用区段三部分。

（1）滑动区段。颗粒料滑动区段为颗粒料在斜坡运移的主要通道，是颗粒流运动特征的主要观测区域，其斜面长度可根据试验目的进行配设。区段上方空间内设置高速摄像机 1 拍摄点，便于捕捉颗粒体在斜坡运动过程中的状态。单侧立板设置有 3cm 间隔方格的刻度板，另一侧立板外为高速摄像机 2 拍摄点。

（2）集料区。集料区主要为置料箱提供放置空间。置料箱长 0.7m、宽 0.4m、高 0.6m，并粘贴有标尺；左侧为活动挡板，开口尺寸为置料箱一半，为箱内土体滑出提供通道；上方为预留宽 0.4m、长 0.35m 的进料口，便于试验者装入土料；前侧为透明有机玻璃板，用于试验过程中观测土样启动；右侧下部焊接有拉环，通过钢质链条与箱型槽相连。置料箱是外部制作、整体放置于滑坡箱型槽内，通过端部拉环、收紧螺栓、钢质链条和万向接链环与箱型槽框架顶端相连，可在斜面内上下移动。因此，整个模块可根据试验目的模拟不同滑动距离（滑距）的滑坡。连接铰1的设计，使得模块Ⅰ可绕铰在YZ平面内转动，使得装置还能用于模拟不同边坡倾角的滑坡。

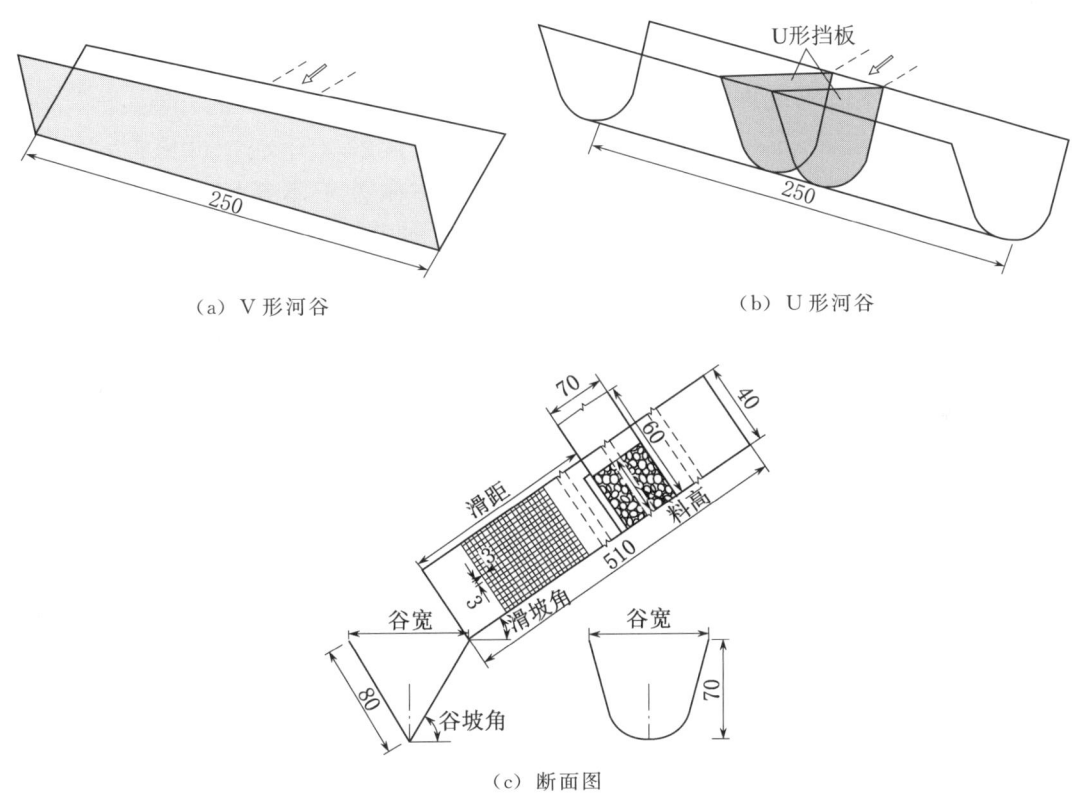

图 2.6 河谷形式及装置断面图（单位：cm）

（a）正视图

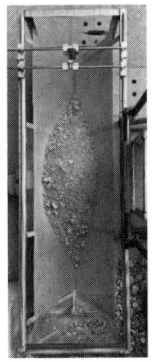
（b）俯视图

图 2.7 物理模型试验装置实物图

河谷沉积部分（模块Ⅱ）中设计了V形和U形两种形态河谷。

（1）U形河谷。U形河谷是采用四块半径为15cm、长125cm、0.5cm厚的1/4圆弧板通过连接铰2连接，便于进行开度调节。为了能更细致理解滑坡堰塞体堆积形态内部特征，根据U形河谷形状，采用透明有机玻璃板制作了两块U形挡板；若试验中设置有U形挡板时，滑动土体仅在YZ平面内运动，可将此状态视为模拟平面状态下堰塞体沉积过程；若不设置U形挡板时，则将其视为模拟三维空间状态下堰塞体形成过程。

（2）V形河谷。V形河谷是左、右谷板通过连接铰2相连，可根据试验目的设定河谷夹角，右侧板顶部与模块Ⅰ底板相接，整体置于不锈钢谷框架中，并在其上方空间设置了高速摄像机点位3，用于颗粒流河谷堆积过程的信息采集。在左右谷板上横河向间隔25cm、沿谷坡向间隔20cm的交点处设置标志点，为图像拍摄进行特征点定位给予参照作用。

谷框架顶部在顺河向固定配置了两根钢质凸型导轨，并以间隔5cm设置了控制点坐标，便于后期三维运动结构逆向建模的坐标定位；横河向两根横向导轨通过卡槽与凸型导轨相互连接，可沿顺河向方向自由滑动。采用数码相机进行堆积形态的图像采集，机身通过滑动卡槽螺丝置于横向导轨上，可沿导轨在水平面内滑动拍摄。

2.5 试验方法

2.5.1 分区分块取样

1. U形河谷

考虑到材料空间结构分布，U形河谷设计了3类分区取样方式（图2.8）和2种河谷状态。取样方式Ⅰ类和Ⅱ类为在U形河谷中斜坡两个侧板延伸面的位置设置挡板，Ⅲ类不设置挡板。

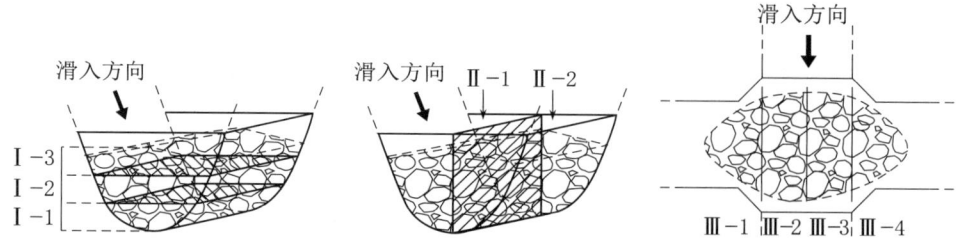

图2.8 U形河谷堰塞体分割取样方法

第Ⅰ类方式将堆积体从U形河谷底部竖直向上按高度10cm间距分为下层（Ⅰ-1）、中层（Ⅰ-2）和上层（Ⅰ-3），用于研究堰塞体水平方向颗粒级配分布。

第Ⅱ类以 U 形河谷中轴线纵剖面分成近侧（Ⅱ-1）和远侧（Ⅱ-2），用于研究 U 形河谷横剖面上的颗粒粒径分布。

第Ⅲ类以 U 形河谷中心横剖面、设挡板位置为界分为左侧（Ⅲ-1 和Ⅲ-2）和右侧（Ⅲ-3 和Ⅲ-4），用于研究无挡板条件下堰塞体材料沿河道方向上颗粒粒径分布。

2. V 形河谷

V 形河谷堰塞体分区较为复杂，以其横剖面（图 2.9）为例进行说明，图 2.10 为堰塞体分割取样过程中的部分图片。

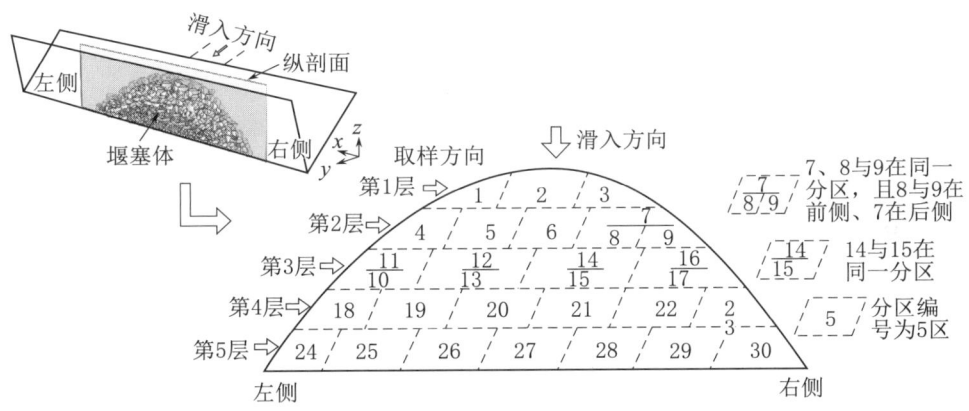

图 2.9　V 形河谷堰塞体分块次序

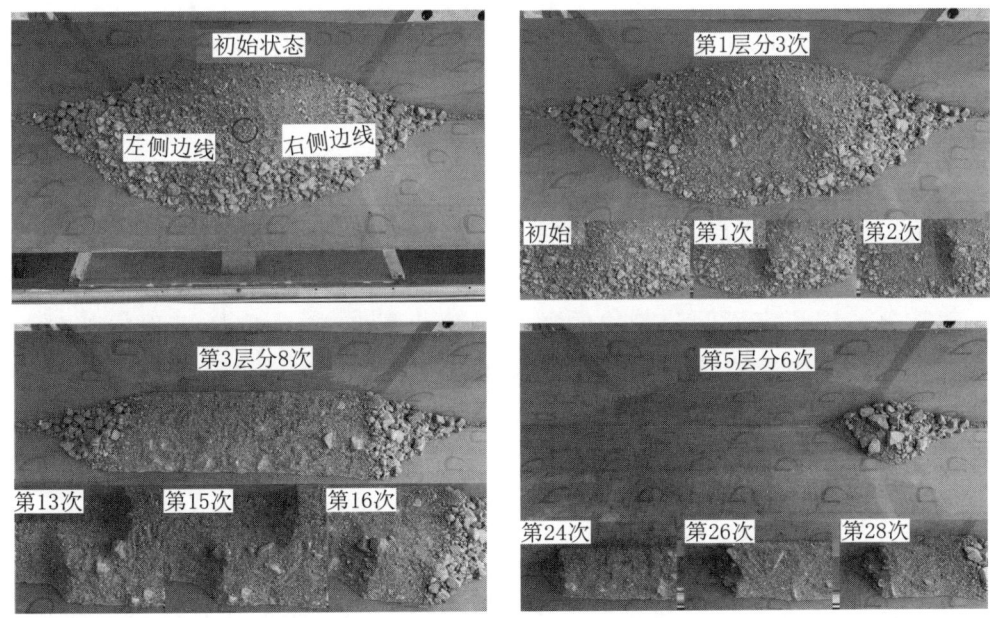

图 2.10　V 形河谷堰塞体分区取样示意

试验场地中试验者是面对滑入方向，为了便于取样操作和拍摄，设定取样方向均为从左侧至右侧、从上方至下方。经过多次反复尝试,多次观测堆积形态特征,提出了较为合理、可行和便于操作的分区依据,总体要求与详细操作如下:

(1) 对于150kg颗粒料所形成的堆积体,从上至下总体规划为4~5层。
(2) 控制单次分割块体取样的质量为4~8kg、总取样数目在25~30次为宜。
(3) 根据堆积体形态特征,合理设计单次取样的体积形状,保持以长方体、棱体为宜,尽可能保证取样界面与新生成界面的平整性和规则性。

在堰塞体上部(第1层、第2层或第3层)沿y方向的长度较大,则可进行前后差异分割,如第7次与第8次和第9次分割占据同一纵剖面位置;分割方式应结合堆积体形态、科学合理地规划分割方式。

2.5.2 大颗粒归属判定

因传统钻孔、卡槽等方式均对砾石土料产生不可忽视的扰动,试验采用长12cm、宽6cm的不锈钢小铲依次自上而下、从左到右的顺序对堰塞体进行分割。试验土料最大颗粒的粒径为60mm;对滑坡堰塞体砾石土料进行分割取样时,不可避免地要确定一些与分割界面相交的大颗粒(粒径大于20mm)归属问题。进行多次反复试验后,提出了可操作性强的判定流程,具体步骤如下:

(1) 对分割界面以上的堆积体采用小体积、多次方式取出土颗粒,并预留2cm左右保护层厚度。
(2) 在保护层内缓慢地取出大颗粒周围土颗粒。若存在大颗粒时,则自然地保留大颗粒空间位置;然后,采用轻微拨动方式初步判定大颗粒的外露体积与嵌入体积相对大小。如果外露主体为较多,则将其移除;若嵌入体积较多,则保留。
(3) 若上述方法不能判定某颗粒属性,则需保留此界面上的交错颗粒,直到保护层被完全取出。
(4) 再次用前三步骤判定保留下的大颗粒属性,如果还不确定其归属,则直接将不确定属性的大颗粒划归为下一层。

所有试验组分割均采用上述方法进行坝体分区分割取样,并用击振式筛分机进行振动筛分,以测定不同分割块的颗粒级配。图2.11为取样过程中部分判定流程,其中,(a)图中虚线圆圈为确定保留颗粒(属于下一层),点划线圆圈为确定取出颗粒,实线圆圈为需要进行二次判定颗粒,(b)中虚线圆圈为移除颗粒后新增需要判定的颗粒。

2.5.3 表面结构重建

运动结构重构(Structure From Motion,SFM)是一种能够从多张图像或视频序列中识别相机位姿和恢复重建场景的三维结构的图像识别与逆向建模技术。该技术具有对操作者的依赖性小、低成本、用户友好的特点,广泛应用于增强现实、机器人和自动驾驶等领域[139],其使用流程如图2.12所示。

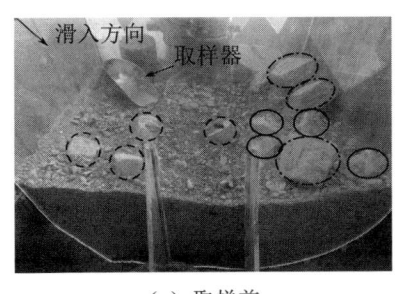 

(a) 取样前　　　　　　　　　(b) 取样后

图 2.11　大颗粒归属判定

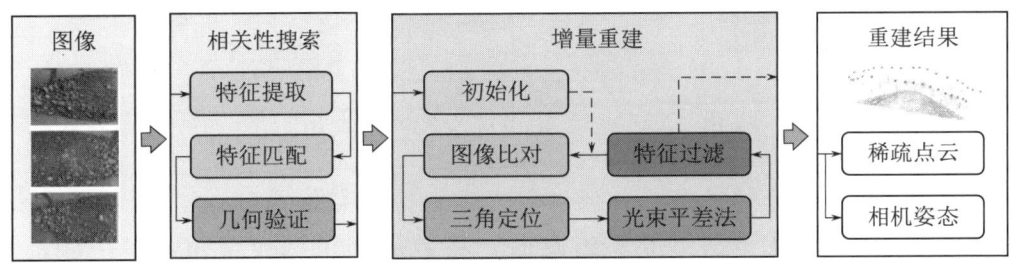

图 2.12　SFM 技术使用流程

SFM 技术属于单目视觉重建方法。首先，需要在图像中提取特征点集，并在连续若干张图像中进行特征匹配，以此来恢复相机的空间位置信息；再利用三角定位测量原理、姿态估计和光束平差（bundle adjustment）优化算法进行增量式重建，随之生成重建对象的稀疏点云。稀疏点云仅能显示重建的结构粗略轮廓，难以再现细部结构特征。基于 SFM 的稀疏点云，采用多目立体视觉技术（Multi-View Stereo，MVS）在已知相机参数条件下进行多视角深度图估计、优化和融合，并生成三维稠密点云模型，还原重建结构的细部结构特征。因此，当前主流三维重构技术都将两个融合配套使用，称之为基于 MVS 的 SFM 技术，以达到空间结构重构精细化的效果。

本书采用将 MVS 和 SFM 融为一体的开源软件 Colmap 进行堰塞体表面轮廓重构，其主体架构如图 2.13 所示。后文所述 SFM 方法均指基于 MVS 的 SFM 技术。

在进行堆积图像拍摄时，优先设定了重建空间的坐标系原点及方向、拍摄坐标控制点和谷坡标志点。图像采集注意事项和试验步骤如下：

（1）在凸型导轨首端处安装横向导轨，将数码相机固定于靠近凸型导轨侧的横向导轨上，调整数码相机拍摄角度、画质、光圈等参数。预先拍摄一些图像，查看环境是否有镜面反射、光线是否过强或不足，以便及时调整。

（2）移动横向导轨至控制点处并锁定，打开数码相机，拍摄堰塞体表面图像，调整镜头方向继续拍摄，从相对相似角度对单个控制点拍摄 2～4 张。根据所用相机视角宽度，合理安排控制点数目，让同一控制点出现在至少 3 张图片中，所拍

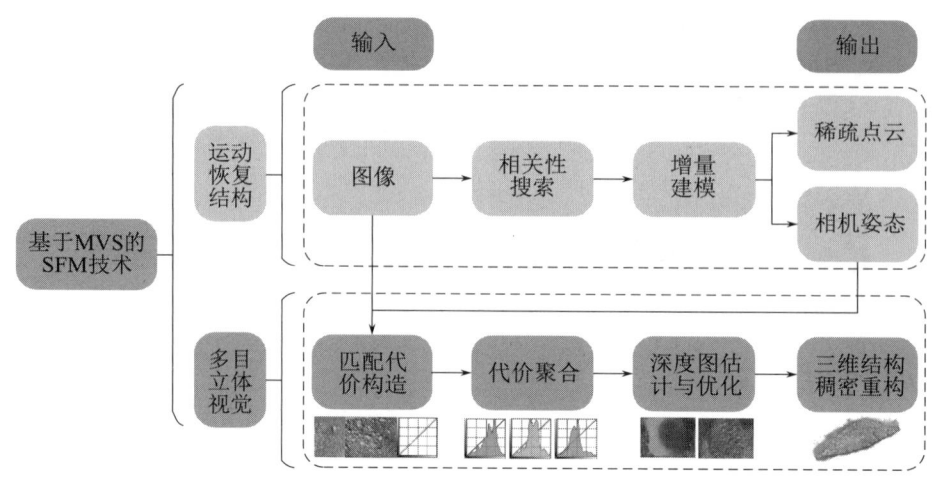

图 2.13　基于 MVS 的 SFM 技术架构

摄相邻图像间重叠部分尽量多，并至少包含 5 个标志点位置。

（3）当横向导轨滑至凸型导轨末端时，将数码相机调换至靠近另一侧凸型导轨，并将其固定于横向导轨，随之滑动横向导轨按步骤（2）继续拍摄图像。

（4）将所有图像传输到计算机，筛选画质、光线、清晰度较好的图像作为单个控制点位置处逆向重建所需的源图像。

（5）图像准备完毕后，使用内置 SFM 技术重建的 Colmap 软件从图像中所提取的特征点对，并逆向构建出堰塞体完整的三维表面。

2.5.4　孔隙比测定

对于不规则散粒堆积体，不同分区材料的颗粒级配可采用振动筛分法进行测定，但孔隙比的量化是非常难以进行的事项[140]。根据土体三相物质组成，孔隙比的量测可以转换为对堆积体体积参量的求解。

（1）U 形河谷。对于设置挡板状态下 U 形河谷堆积体，参考土工试验中注水法进行测定其不规则堆积体体积（图 2.14），具体作法如下：

1）在紧贴堆积体表面轻铺设一层塑料柔性膜，利用挡板的侧向约束形成了一个凹形空间，并向凹形空间内缓慢注入水体。

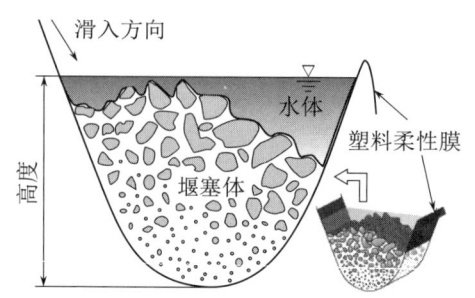

图 2.14　注水法量测体积

2）为减小水体质量对堆积体的压密作用，所注入的水体应尽量少。控制标准为水体淹没堆积体并在 U 形挡板内形成一个水平面。

3）测定水平面至河谷的高度。记录水平面至谷底的高度，再移除水体、并量测移除水体的体积。利用 U 形河谷和挡板的设计尺寸参数,即可求解水体和所测堆积体总体积,减去水体的体积剩余值即为堆积体的体积;利用土体物质三相组成,即可求解所求堆积体的孔隙比。相应,所取出分割试样体积或孔隙比的求解也是采用上述方式。

(2) V 形河谷。V 形河谷堰塞体体积采用 SFM 方法确定,具体做法如下:

1) 初始状态,利用数码相机按 SFM 重构方法要求进行拍摄表面图像,据此进行结构的室内三维逆向建模处理,建立堰塞体初始表面轮廓模型。

2) 依据分块的次序,确定取样范围,利用小钢铲等小扰动工具取出分区内既定颗粒;若遇到大颗粒,则按大颗粒归属判定。待分区内所有颗粒取出后装入编号袋中进行质量与级配的测定,随后将进行第 1 次取样后堆积体表面图像的拍摄。

3) 依据所拍摄图像资料,再次利用 SFM 方法进行第 1 次取样后的表面轮廓模型;用初始与第 1 次取样后的表面轮廓模型进行合并处理,将得到第 1 次取样堆积体的几何信息,如体积和形心坐标等。

4) 根据分割体积、取样质量和颗粒比重等参量,利用土体物质三相组成,计算出该空间位置处堰塞体孔隙比。

5) 重复上述步骤,实现了对堰塞体分块离散的目的,并测定所有分区颗粒集合的孔隙比、级配组成、质量和几何坐标等重要数据信息。

2.6 试验流程

试验流程具体如下:

(1) 配制试样。经过多次尝试与调配,试验中以 50kg 作为参考进行单次配样的量。依据设计级配曲线,用精度为 0.001kg 的电子秤取各粒组所需的颗粒重量,置于钢质大托盘中。待称重完所有粒组颗粒后,将混合料用铁铲多次翻转;充分混合后将其均匀分成 4 份,依次装填至置料箱。

(2) 试验调试。试验前仔细核查脚手架连接,确保整体装置处于稳固和非活动状态。将斜坡凹形槽通过顶部固定手拉葫芦调整至水平方向,在所设定滑距处放入置料箱,关闭活动挡板,固定箱体位置,防止其在凹形槽内左右移动。随后,将配制好的混合料按份多次转移、松铺至置料箱内。根据混合料体积,在装样过程中按 z 方向上中下三层、y 方向前中后三排和 x 方向左右两列的空间位置分别放置带数字的黄色、淡蓝和红色立方体,其边长为 20mm 且密度与试验土颗粒相差不显著,用以作为试验中颗粒启动、运移和堆积过程拍摄标志识别(图 2.15)。混合料装填、松铺后轻微整平顶面,完成试验装样。

通过顶端拉环,采用钢制链条与收紧螺栓将置料箱锁定在预设的滑距位置,

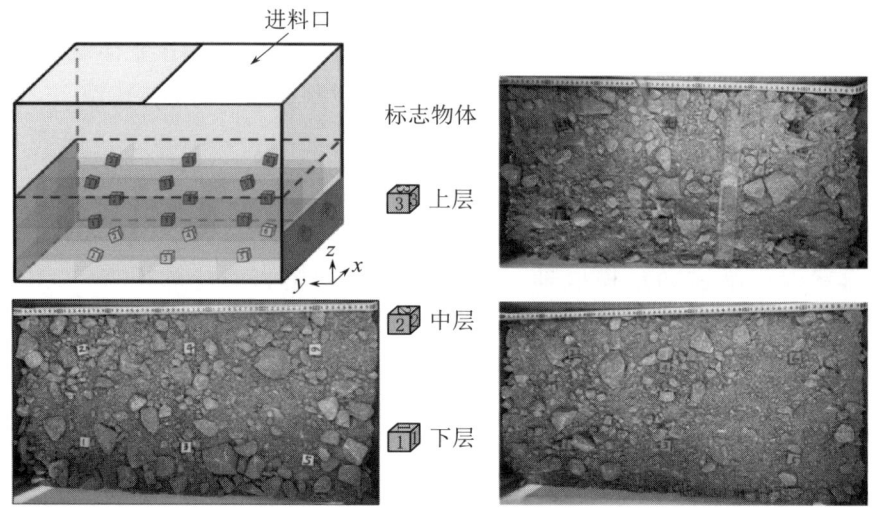

图 2.15 试样内标志立方体空间位置

使用手拉葫芦按试验方案将斜槽缓慢提升至试验角度。在平行斜面的箱型槽顶面铺设米尺,架设摄像机,并调整拍摄角度和画面;调整谷框架位置,使其紧靠滑坡运动模块。

(3) 颗粒滑动。待准备事项完成后,保持摄像机处于工作状态;随后,人工打开置料箱下侧开关,诱发颗粒料沿箱型槽快速运动、滑移至河谷空间,并形成堰塞体。待整个颗粒流完成堆积且稳定后,关闭摄像机,将箱型槽缓慢降至水平。

(4) 拍照与取样。通过卡槽连接布设横向导轨,并配置数码相机;依据设定控制点位和 SFM 方法,按照拍摄角度、位置、光线及数量等要求进行堰塞体表面图像采集。表面图像信息采集完毕后,按分块取样方法对堆积体分割取样。对单次取出颗粒料,装入带有取样编号的塑料袋,并做好取样次序和次数等相关记录。

重复上述步骤,直至堆积体被全部分区离散、分割取出。

(5) 颗粒筛分。采用顶击式电动筛分机对所取出的颗粒料按次序进行颗粒筛分测定。对每份预筛试样进行筛前称总重、筛后按粒组记录质量的处理,对比筛分前后质量损失率。若单次损失率大于 1%,则此份试样相关试验结果将不作为有效数据;若整体质量损失率大于 2%,则此次试验结果无效,将重新进行该次试验。

(6) 试验整理。试验完成后整理试验场地、数据记录和图像视频资料等,将每次试验取样过程按编号分类按序归类,并配备相关说明,便于后期使用。

2.7 试验方案

物理模型试验中考虑影响堰塞体滑动-堆积过程的主要因素有滑源性质、滑坡条件和河谷形态 3 类,结合试验装置阐释影响因子及其水平的选取依据。

2.7.1 滑源性质

滑源性质细分为 3 个因子,即滑源体积(因素 A)、级配(因素 B)和最大粒径(因素 C);其中,充分的滑源物质是堵江成坝的关键条件。对于因素 A,通过多次调试,50kg 混合料分 4 次装入置料箱后试样高度约为 10cm,150kg 试样的装填高度统一控制在 30cm。因此,试验中以 150kg 填筑高度 30cm、总体积 $8.4\times10^4\text{cm}^3$ 作为基准进行滑源物料制备,则初始平均密度为 1.786g/cm^3、孔隙比为 0.570。因此,方量由低到高设计了 4 种水平:$2.6\times10^4\text{cm}^3$、$2.8\times10^4\text{cm}^3$、$5.6\times10^4\text{cm}^3$ 和 $8.4\times10^4\text{cm}^3$,以 $8.4\times10^4\text{cm}^3$ 为主。

根据典型堰塞体现场实测粒径级配的平均线,利用相似级配法缩尺超粒径颗粒至最大粒径为 60mm,再利用分形理论 $[P=(d/d_{\max})^{3-D}]$ 对级配进行定量表示,从 7 个粒组中设计了级配 1~4 四种不同颗粒级配的土料,分为砾石组 5~60mm 和砂粒组 0.5~5mm 两个粒径范围。考虑到四种设计曲线中砾石组占比最小(设计级配 4)为 58%,小于 70%;调整颗粒组成,增加了设计级配曲线 5(砂粒组含量为 70%)用以描述细粒含量高的土质型堰塞体材料。

对于因素 C,依据土工试验规范,采用相似级配法对设计级配 4 进行超粒径缩尺处理,得到了最大粒径分别为 40mm(级配 6)和 20mm(级配 7)的级配曲线。试验土料颗粒级配曲线如图 2.16 所示,相应物理参数见表 2.2。

从不均匀系数 C_u 和曲率系数 C_c 可知,设计级配 1 和 2 为级配均匀且连续类型,级配 3、4 和 6 为级配连续但不均匀类型,级配 5 和 7 为级配不均匀且不连续类型,初始分形维数 D_0 依次为 2.34、2.54、2.62、2.75、2.76、2.82 和 2.78。

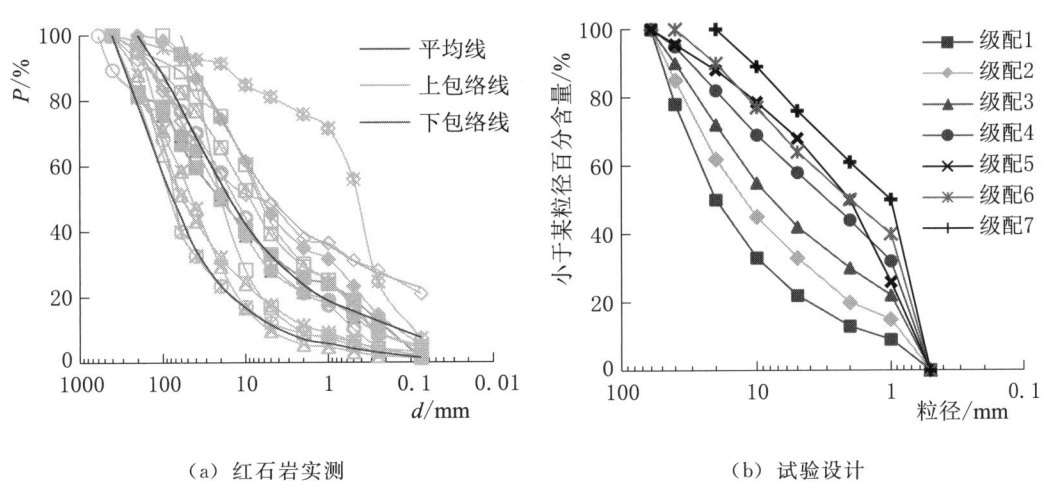

(a) 红石岩实测　　　　　　　　(b) 试验设计

图 2.16　堰塞体颗粒级配曲线

表 2.2　　　　　　　　　　　设计级配土料物理参数

编号	级配特征/mm					不均匀系数 C_u	曲率系数 C_c	分形维数 D_0
	d_{10}	d_{30}	d_{50}	d_{60}	d_{90}			
1	1.40	8.82	18.86	25.64	50.45	18.31	1.88	2.34
2	0.83	4.00	12.55	19.01	44.60	22.90	1.01	2.54
3	0.80	2.71	8.12	12.23	39.47	15.45	0.74	2.62
4	0.62	0.93	3.00	5.87	31.43	9.47	0.24	2.75
5	0.66	1.12	2.00	3.25	24.08	4.92	0.58	2.82
6	0.59	0.82	2.00	3.85	20.00	6.53	0.30	2.76
7	0.57	0.75	1.00	1.90	10.90	3.33	0.52	2.78

注　d_i 表示小于该粒径的土壤颗粒的质量占土壤颗粒总质量的 $i\%$；d_{10}、d_{50} 和 d_{60} 分别为有效粒径、中值粒径和控制粒径。

2.7.2　滑坡条件

滑坡条件具体分为滑坡角度（因素 C）和滑坡距离（因素 D）2 个因子。滑坡角度设置了 5 种水平，分别为 27°、32°、36°、45°和 52°；滑坡距离可以通过置料箱的位置进行调节，同样设计 5 种水平，即 0.9m、1.2m、2.7m、3.6m 和 4.2m。

2.7.3　河谷形态

河谷形态是影响堰塞体沉积特征直接因素。由于存活时间短、钻探设备难送达、环境条件恶劣等限制，现实环境中难以及时获得堰塞体内部颗粒分布的详细资料。客观上，自然界很少出现颗粒状物质被严格限制在二维平面状态运动并最终形成堰塞体。无论是室内试验还是野外现场调查，难以实现对堰塞体进行弱扰动状态的开挖并形成垂直开挖面的做法。

转换思路，进行物理模型试验时可在河谷中设置透明的限制挡板。此时，颗粒流经过斜面运动后保留了速度和动量等运动属性，透明挡板仅仅消除了颗粒流沉积时沿河谷扩散的运动行为。这种做法可以获取弱扰动状态下的堰塞体材料横河向断面信息，对确定滑坡型堰塞体的内部结构和外部特征仍然很有意义。因此，利用模型试验装置特性，调整与改变河谷形态（二维或三维 U 形河谷、V 形河谷），采用定性与定量相结合的方式开展不同河谷形态对堰塞体材料横剖面颗粒分布规律和空间上堆积特征的研究。

考虑边界条件复杂性和后续空间变异量化难度，依据所设计的试验仪器，将干颗粒流边界条件区分为：

（1）根据试验需求，U 形河谷可变为二维平面（有挡板，定量）和三维空间（无挡板，定性与定量性结合）两种形态。

（2）V 形河谷不作改变，两岸谷坡角为 60°，呈对称状态，为三维空间状态（定量）。

依据上述影响因素的因子及其水平的设定,采用控制变量法进行试验方案设计,总计23组;若某组结果差异大,则需进行重复试验。详细试验设计方案见表2.3。

表2.3　　　　　　　　堰塞料滑动-成坝物理模型试验方案

组数	编号	级配	滑坡角 /(°)	滑距 /m	方量 /×10⁴cm³	最大粒径 /mm	河谷形态	因　素	研究分类
1	1	1	32	1.2	2.6	60	U形	二维平面* （取样方式Ⅰ和Ⅱ） （设挡板）	定性定量
1	2	3	32	1.2	2.6	60	U形	二维平面* （取样方式Ⅰ和Ⅱ） （设挡板）	定性定量
1	3	5	32	1.2	2.6	60	U形	二维平面* （取样方式Ⅰ和Ⅱ） （设挡板）	定性定量
2	4	1	32	1.2	2.6	60	U形	三维空间 （取样方式Ⅲ） （无挡板）	定性定量
2	5	3	32	1.2	2.6	60	U形	三维空间 （取样方式Ⅲ） （无挡板）	定性定量
2	6	5	32	1.2	2.6	60	U形	三维空间 （取样方式Ⅲ） （无挡板）	定性定量
3	7	1	36	4.2	8.4	60	V形	颗粒级配	定量
3	8	2	36	4.2	8.4	60	V形	颗粒级配	定量
3	9	3	36	4.2	8.4	60	V形	颗粒级配	定量
3	10	4	36	4.2	8.4	60	V形	颗粒级配	定量
4	11	4	27	4.2	8.4	60	V形	滑坡角度	定量
4	12	4	45	4.2	8.4	60	V形	滑坡角度	定量
4	13	4	52	4.2	8.4	60	V形	滑坡角度	定量
5	14	4	36	0.9	8.4	60	V形	滑动距离	定量
5	15	4	36	2.7	8.4	60	V形	滑动距离	定量
5	16	4	36	3.6	8.4	60	V形	滑动距离	定量
6	17	4	36	4.2	2.8	60	V形	滑源体积	定量
6	18	4	36	4.2	5.6	60	V形	滑源体积	定量
7	19	6	36	4.2	8.4	40	V形	最大粒径	定量
7	20	7	36	4.2	8.4	20	V形	最大粒径	定量

* 根据取样方式Ⅰ和Ⅱ进行相同条件的物理模型试验。

2.8　应用示例

以试验编号第15号为例,主要参数为级配4、滑坡角36°、滑距2.7m,详细阐述堰塞体分割块的体积及空间坐标的提取过程和结果,并论证结果准确性。

2.8.1　坝体重构

堰塞体结构重建可分为图像信息采集、点云及网格生成、分割体逐块重建、网格组装和空间体逆向重建5个步骤,其中图像信息采集已经在物理模型试验中完成,剩下4个步骤为室内工作,相应的流程如图2.17所示。

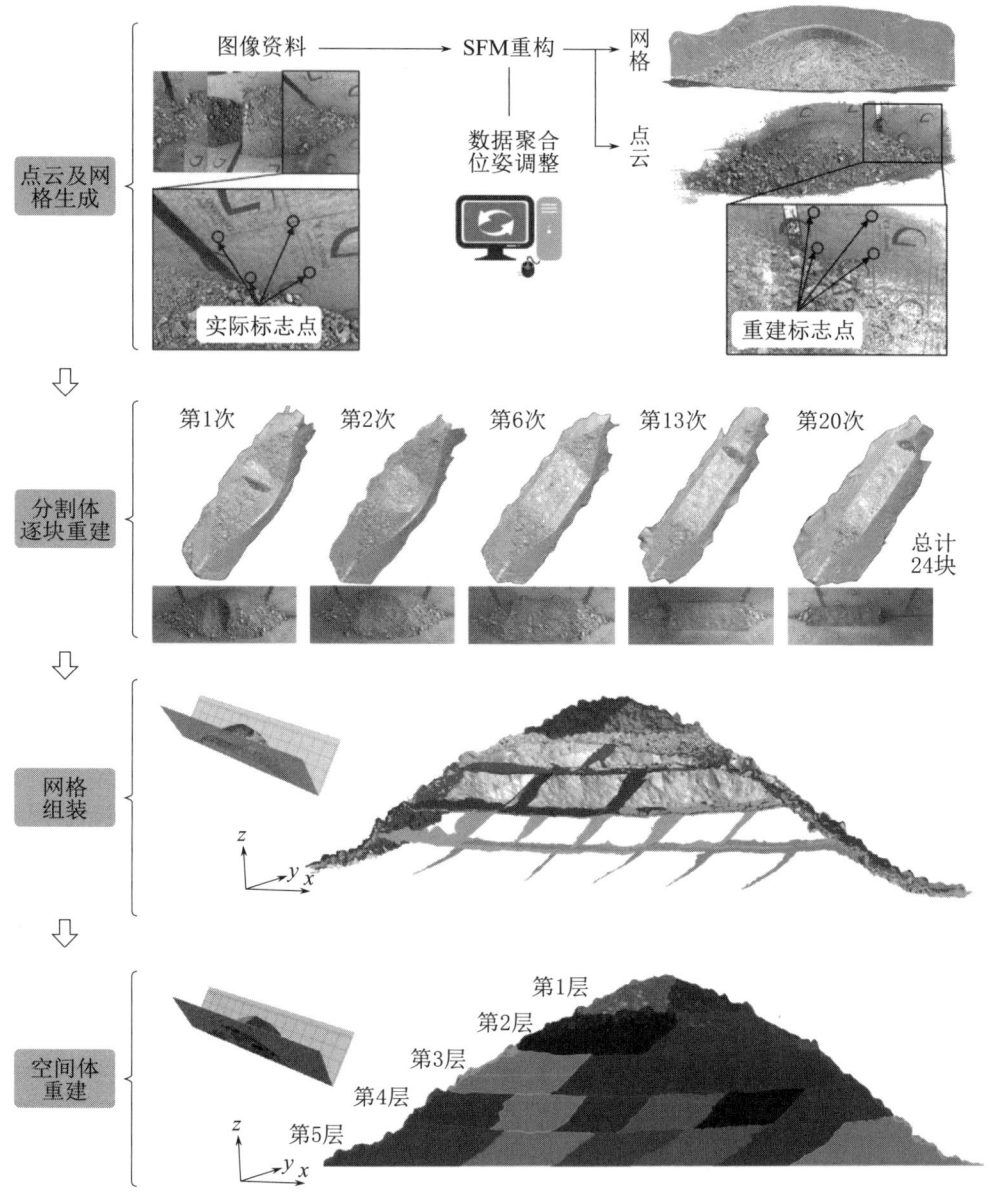

图 2.17 SFM 方法量化堰塞体体积流程

（1）图像信息采集。堰塞体形成后，根据 SFM 方法在不同控制点连续拍摄堆积体表面图像信息，随后按分块取样方法进行坝体分割，每次取样后都将进行表面图像采集。先拍摄，后分割坝体，直到完成最后一次取样。试验中对第 15 号堰塞体进行了 24 次分割离散，获取总计 830 张图像。

（2）点云及网格生成。将获取带有标志点坐标信息的图像信息按次序排列，依次导入 Colmap 进行稀疏及稠密建模。经过多源数据聚合和坐标位姿调整后，将得到第 1 次取样前后进行深度融合的点云及其 Delauney 三角形网格。

(3) 分割体逐块重建。经过初始点云及网格重建后,为保障重建结果更加精准,通常将 2~5 张初始图像置于后续的网格重建过程。通过在后续点云和网格重建过程,将得到不同取样次数前后分隔体表面点云和网格。

(4) 网格组装。根据 24 次分割图像重建得到包括河谷在内的 25 个带有坐标信息的点云及网格数据,利用网格处理软件(如 Meshlab、Rhino 和 Hypermesh 等)可对点云和网格进行编辑和组装,形成堰塞体空间分割面。

(5) 空间体逆向重建。利用组装好的网格文件,通过分割面复制与组合,生成空间实体。每个封闭实体即为堰塞体不同分割块体,用软件即可求取块体的体积及形心坐标值。

初始,堰塞体处于未扰动状态,其图像信息最大程度保留了物理试验模型几何特征和空间位置信息;因此,将初次拍摄图像作为此次试验堰塞体初始状态。在分割初期应可能多地拍摄,随着取样次数增加,可适当地减少图像张数,以增加重构效率。

在第 1 次进行重建表面特征后,获取了 23 个标志点空间坐标位置信息,将其与真实坐标进行对比,见表 2.4。从表 2.4 可知,重建坐标在 x、y 和 z 方向偏差的标准差分别为 0.515cm、0.331cm 和 0.474cm;与堆积体长 181.58cm、宽 43.19cm 和高 49.79cm 相比,此标准偏差在可接受范围内。

表 2.4　　　　　　　　　试验装置中预设标志点坐标对比

编号	实际坐标/cm			重建坐标/cm			偏差/cm		
	x	y	z	x	y	z	dx	dy	dz
1	47	12.11	36.99	47.320	12.214	36.812	0.320	0.108	−0.176
2	47	19.67	24.62	46.469	19.617	24.703	−0.531	−0.052	0.086
3	47	27.23	12.25	46.147	27.224	12.261	−0.853	−0.009	0.015
4	62	12.11	36.99	62.382	12.189	36.853	0.382	0.083	−0.135
5	62	19.67	24.62	61.880	19.831	24.354	−0.120	0.161	−0.263
6	62	27.23	12.25	61.287	27.696	11.488	−0.713	0.464	−0.758
7	77	12.11	36.99	77.437	12.620	36.549	0.437	0.513	−0.439
8	77	19.67	24.62	77.002	20.182	24.279	0.002	0.513	−0.338
9	92	12.11	36.99	92.373	12.573	36.226	0.373	0.466	−0.763
10	107	12.11	36.99	107.441	12.651	36.699	0.441	0.544	−0.290
11	122	12.11	36.99	122.775	12.560	36.847	0.775	0.454	−0.142
12	137	12.11	36.99	137.704	12.626	36.839	0.704	0.519	−0.149
13	152	12.11	36.99	152.530	12.444	36.437	0.530	0.337	−0.552
14	182	19.67	24.62	182.679	19.336	25.164	0.679	−0.334	0.546

续表

编号	实际坐标/cm			重建坐标/cm			偏差/cm		
	x	y	z	x	y	z	dx	dy	dz
15	212	27.23	12.25	212.844	26.548	12.690	0.844	−0.685	0.444
16	47	42.77	12.25	46.382	43.518	12.474	−0.618	0.751	0.228
17	62	50.33	24.62	62.048	51.093	25.065	0.048	0.763	0.448
18	62	42.77	12.25	61.431	43.196	12.947	−0.569	0.429	0.701
19	77	57.89	36.99	77.655	58.327	37.697	0.655	0.433	0.708
20	77	50.33	24.62	77.091	50.886	25.026	0.091	0.556	0.409
21	107	57.89	36.99	107.732	58.281	37.623	0.732	0.388	0.634
22	122	57.89	36.99	122.570	58.243	37.560	0.570	0.349	0.572
23	212	42.77	12.25	212.403	43.244	13.026	0.403	0.477	0.780
标准差							0.515	0.331	0.474

此外，整理V形河谷中14组体积逆向重建的设计值与试验值，见表2.5。从两者比值可知，除第11号（1.13）偏大和第18号（0.87）偏小外，其他12组的比值介于0.94~1.09，整体较为稳定；这进一步说明逆向重建方法和结果均较为合理。

表2.5　　　　　　　　　堰塞体体积设计值与试验值对比

编号	设计值/×10^4 cm^3	试验值/×10^4 cm^3	比值	编号	设计值/×10^4 cm^3	试验值/×10^4 cm^3	比值
7	8.4	7.92	0.94	14	8.4	8.35	0.99
8	8.4	8.19	0.97	15	8.4	8.77	1.04
9	8.4	8.44	1.00	16	8.4	8.86	1.06
10	8.4	8.53	1.02	17	5.6	5.83	1.04
11	8.4	9.52	1.13	18	2.8	2.44	0.87
12	8.4	8.29	0.99	19	8.4	8.80	1.05
13	8.4	8.33	0.99	20	8.4	9.12	1.09

2.8.2　数据提取

堰塞体数据提取主要有表面轮廓特征和内部坝体取样次序两个环节。根据重构堰塞体模型，利用重建表面网格，得到颗粒分布、横剖和纵剖形态等表面轮廓特征，如图2.18所示。

结合物理模型试验中坝体取样次序，确定各分割块体的体积及其形心三维坐标。与此相应，根据现场所测得各块体质量，利用土体三相物质组成计算出块体孔隙比，将其作为形心位置的参量源数据；最后，依据振动筛分结果，确定各块体的颗粒粒径级配组成。

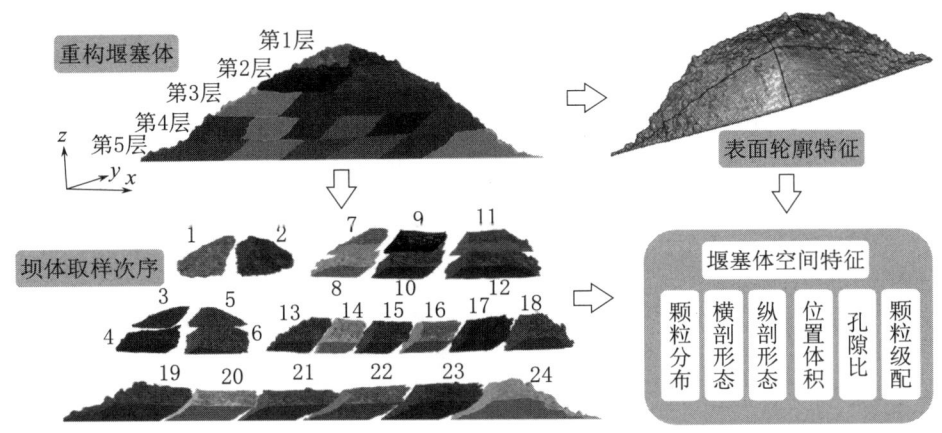

图 2.18 堰塞体结构特征数据提取

2.8.3 外部特征

利用计算机视觉理论 SFM 方法对第 15 号堰塞体外部特征进行了三维结构恢复重建,得到了其外部特征空间位置信息(图 2.19)。利用此空间场,提取堰塞体长度、宽度、高度、坡度、中心纵向剖面、横河向剖面等几何特征(图 2.20),为几何形态量化模型的建立提供原始数据;更进一步,将其作为内部结构分析的边界条件,深化分析堰塞体材料空间变异特征。

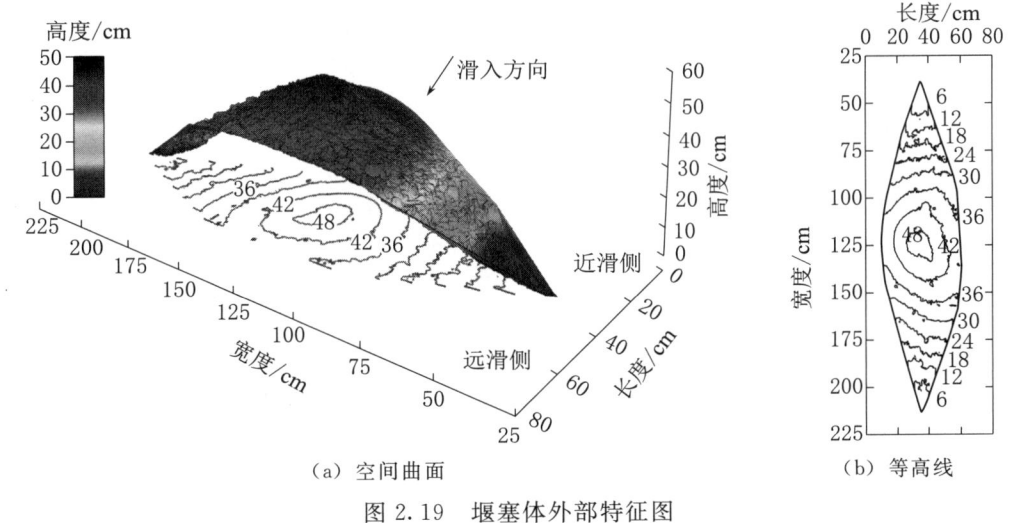

(a) 空间曲面   (b) 等高线

图 2.19 堰塞体外部特征图

鉴于 V 形河谷的断面特征,堰塞体高度是重要参数,以最高点为基准,分别提取顺河向中心纵剖面和横河向最高横剖面的断面信息;近滑侧和远滑侧的断面特征均是堰塞体与 V 形河谷交线在河谷中心纵剖面上的水平投影线,即提取和展示高程信息。

从图 2.20 可知,第 15 号堰塞体最大坝高位于河谷中心位置处,最高位置纵剖面与中心纵剖面近乎重合,且沿长度方向上也为呈对称分布;近滑侧与远滑侧的轮廓形状相似。横河向断面近似关于河谷中心纵剖面对称。采用线性函数分别拟合长度和宽度方向的数据,得到断面轮廓的线性概化线;从拟合效果和相关系数可知,第 15 号堰塞体的表面形态在长度和宽度方向均可用线性函数进行量化分析。

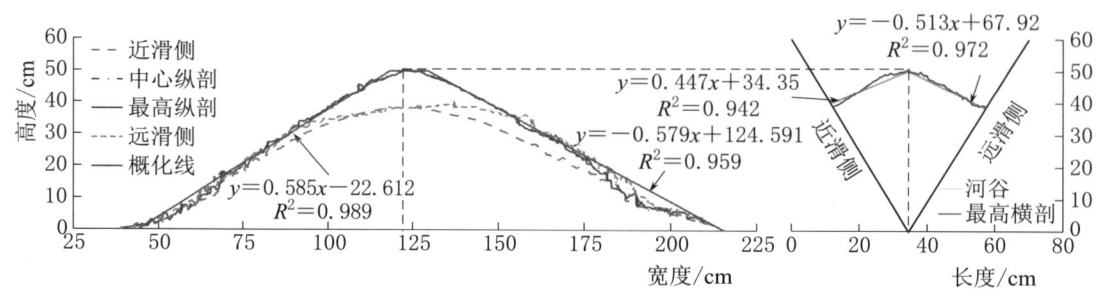

图 2.20 堰塞体特征断面图

2.8.4 内部结构

堰塞体结构三维重建后,获取了不同分块的体积和体积形心点空间坐标信息,在模型试验过程中测定了分割块体的质量及相应的颗粒级配组成。因此,体积形心点是包含坐标信息、孔隙比和级配特征在内的高维数据。利用最大断面及所在横断面与河谷作为边界,绘制了分割块体体积形心点的孔隙比分布,如图 2.21 所示。

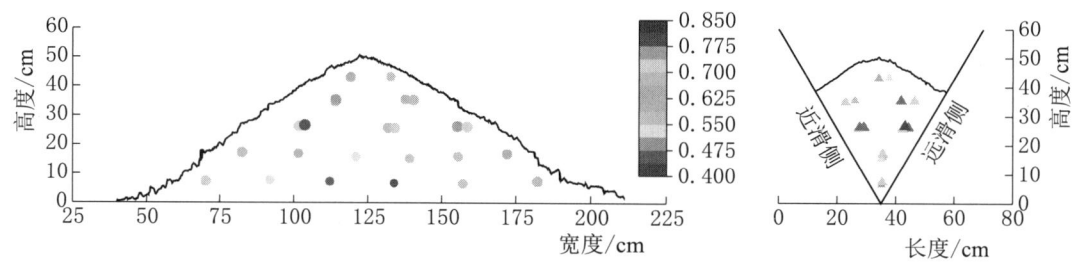

图 2.21 堰塞体内部孔隙比分布

在图 2.21 中,在高度方向上,堰塞体孔隙比随高度增加而减小,坝高 1/3 处孔隙比与初始状态(0.570)相接近。在长度方向上,坝体内部孔隙比小于外部边界;在宽度方向上,近滑侧孔隙比稍小于远滑侧。由此可知,堰塞体材料孔隙比在空间上的分布存在差异性,呈现典型的空间变异特征。

通过振动筛分,获取了不同取样次序分割块体的颗粒级配,如图 2.22 所示。从图 2.22 可知,在第 1 层(顶层)中,第 1 次取样的颗粒级配曲线位于第 2 次的下方,两者呈平行状态;这表明两者颗粒料在不同粒组范围内的含量相一致。

对于第 2 层,取样次数 3 的颗粒级配曲线靠近次数 5,4 靠近 6;这与其空间位置分布密切相关,即:3 和 5 位于近滑侧,4 和 6 位于远滑侧,远滑侧的颗粒组成整体上要比近滑侧更为粗化。这种分布规律同样出现在第 3 层、第 4 层及第 5 层中。

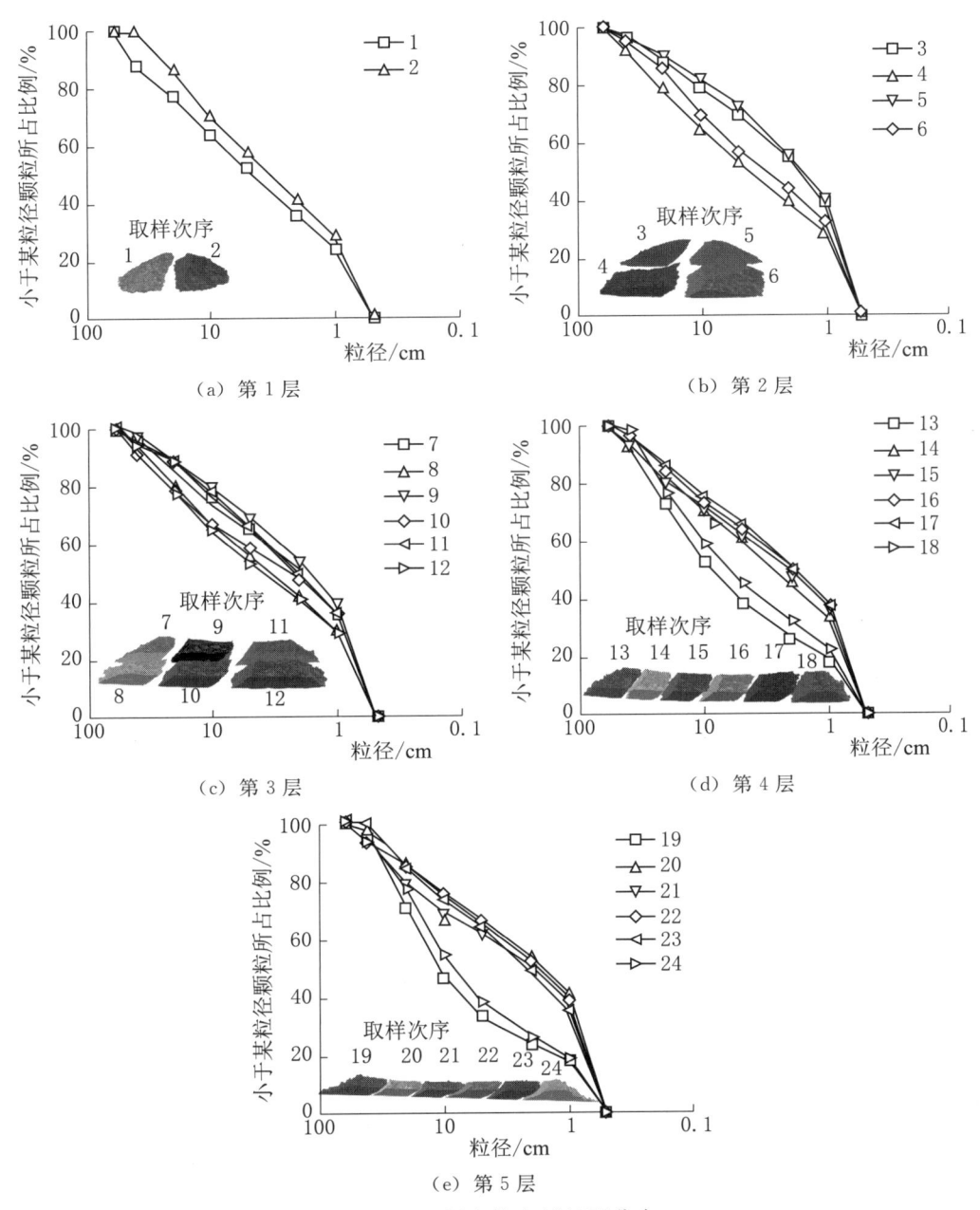

图 2.22 堰塞体内部级配分布

在第 3 层中，近滑侧且位于取样次数 7 和 11 之间的第 9 次分割体的颗粒级配曲线位于整层的上方，这表明堰塞体颗粒材料从近滑源处向四周成散射状粗化分布。

对于堰塞体下部的第 4 层和第 5 层而言，两侧颗粒级配曲线（第 19 次和第 24 次）显著位于其他取样次数的下侧，且中间位置的颗粒级配分布较为紧密；这表明堰塞体下部两侧颗粒组成显著比中部更不均匀，级配差异性比中间更为显著。

2.9 本章小结

以红石岩堰塞体为概化对象,依据颗粒流在运动过程中力学相似和材料缩尺理论,设计了考虑堰塞体斜面运动-河谷堆积的物理模型试验装置;考虑室内试验粗粒料取样存在显著扰动,确定了取样流程和方法;提取了堰塞体形成过程中级配、坡度、滑距、方量、最大粒径和河谷形态 6 个主要因素,并将其划分为滑源物料性质、斜坡滑动条件和河谷形态三类,分 7 组设计了总计 23 个案例的试验方案。

为解决不规则堆积物孔隙比测定的复杂性和困难性,引入计算机视觉理论的 SFM 运动结构逆向重构技术,并融合分块取样方法,将其用于量化和提取堰塞体的外部特征、内部分割块体的体积和形心空间坐标信息。

最后,以第 15 号堰塞体的三维结构重建为例,详细阐述了 SFM 方法的应用流程和注意事项,获取了包括表面特征和断面信息的外部特征,得到了分割块体的空间量化参数;结合试验实测质量和颗粒级配,阐述了滑坡型堰塞体孔隙比和颗粒级配的空间分布特征。

第 3 章 堰塞体空间形态特征

3.1 概述

堰塞体三维空间堆积特征对研判坝体稳定性和探究溃决机理有着重要影响，尤其是横河谷长度截面最低点决定了泄流通道的初始缺口位置，并进一步影响溃口侵蚀模式的发展演化规律。作为颗粒滑动-堆积而成的地质体，堰塞体空间几何形状受滑坡滑源性质、地形地貌、河谷形态等因素影响。

在滑坡、溃坝等地质灾害预测预警中，通过现场调查或者地理信息技术（高分辨机载激光雷达、遥感航空摄影技术），获取滑坡前后地形地貌数据信息，对潜在滑坡物源方量、滑动下垫面地形地貌特征和河谷堆积边界有了宏观认知。基于数理统计方法和遥感技术（如 InSAR 或 3S 等），采用高度、宽度等参量对堰塞体几何形态特征进行统计概率描述，如 Fan 等[141]发现堰塞体体积与河流宽度呈线性关系，并给出了基于统计特征的拟合函数。在诸多溃坝物理试验与数值模拟中，大多倾向于事先拟定参量值后进行相关科学问题的深入分析。

当天气不佳、湖水淹没或者道路通行不畅时，采用现有技术难以及时获取堰塞体几何形态参量[10,89-90]。为建立滑坡型堰塞体高度、宽度、长度、坡面倾斜度和坡长等参量的预测，室内物理模型试验是再现堰塞体形成过程的重要途径。作为常见地质灾害之一，还需剖析堰塞体形成过程，引入必要的物理量来量化堰塞体几何形态特征，并建立相关计算模型，为堰塞体灾害评估及预案提供依据。

3.2 颗粒料静态堆积特征

静态休止角是散状颗粒材料在最疏松状态所能保持的最大自然倾角，是颗粒集合体考虑岩性、颗粒形状和粒径等影响的内在属性在宏观尺度的直观体现。按照 Lai 等[142]使用的方法，用无底圆桶体进行无黏性颗粒料静态堆积试验。

将高度 40cm、直径 20cm 的无底圆桶体 PVC 管置于透明白板。依据设计级配 1、2、3 和 4，向 PVC 管内缓慢填筑 30cm 高的柱体试样，静置 15 min 后以约 2cm/s 的速率竖直向上匀速缓慢提升无底圆桶，使得土颗粒通过滑移、滚动和摩擦等在白板上形成圆锥体。待所有颗粒处于稳定状态时，利用直尺测定静态堆积体的高度和底部圆锥直径数据，以换算出斜率。为消除空间视角误差，同样采用 SFM 技术进行三维逆向重构，获取堆积体不同方向的断面曲线，并计算出圆锥体母线斜率。整理试验数据，在同一坐标下绘制堆积体结构重建轮廓，并与试验测量数据对比。根据三维重构模型，利用网格处理软件，提取模型中心轴横纵方向上剖面线，并在同一坐标系下绘制断面轮廓，如图 3.1 所示。

从试验图像和重构模型（图 3.1）可知，三维重构模型能真实反映堆积表面轮廓信息，通过多个断面叠加，削弱了表面大颗粒对测量视线遮挡，提高了测量精度。堆积表面轮廓的光滑程度按设计级配 1～4 的顺序降低，这也是粗粒含量不同所致；粗颗粒含量越大，堆积表面轮廓棱角越显著。依据试验数据和三维重构结果，取其均值作为堰塞料堆积体静态休止角 φ 值，并绘制了其与级配特征粒径 d_{30} 和 d_{50} 的分布，如图 3.2 所示。

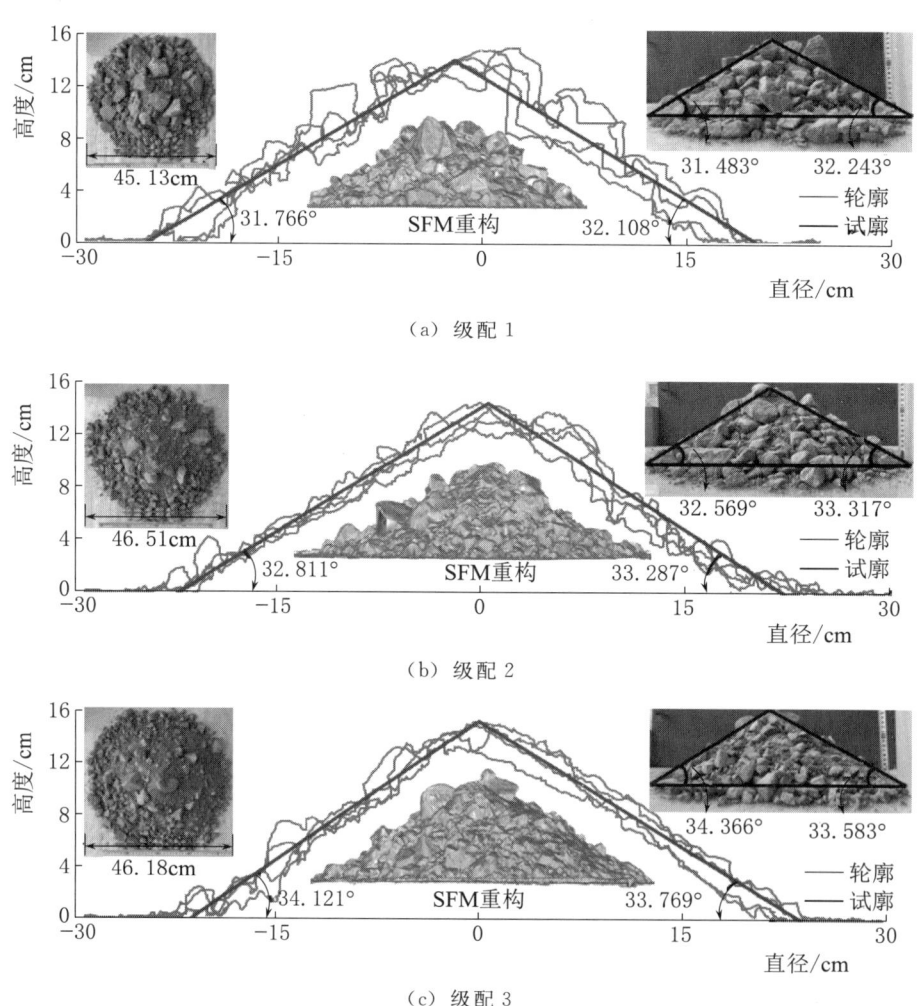

(a) 级配 1

(b) 级配 2

(c) 级配 3

图 3.1（一） 堰塞料静态休止角测定

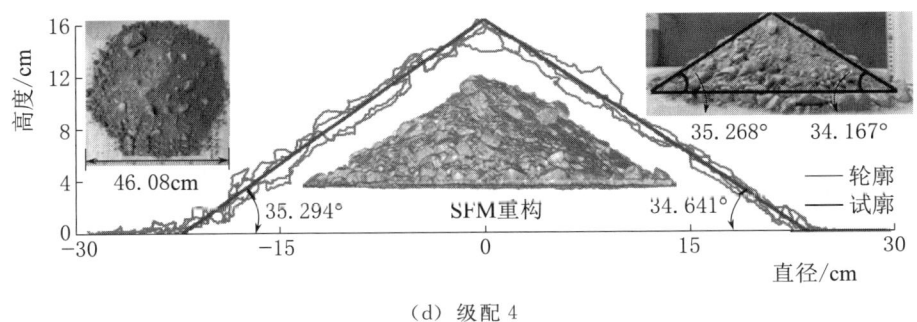

（d）级配 4

图 3.1（二）　堰塞料静态休止角测定

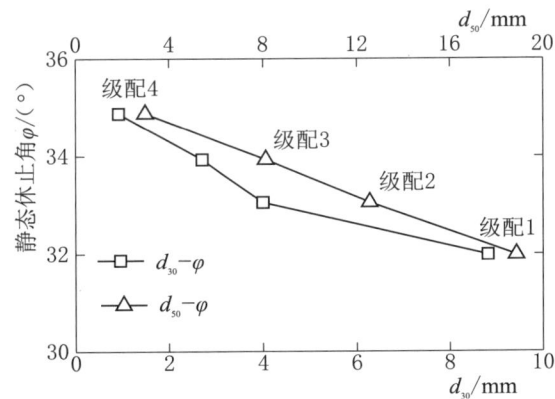

图 3.2　颗粒料静态休止角 φ 随 d_{30}、d_{50} 分布

对于设计级配 1～4，无底圆桶体试验中颗粒料静态休止角随 d_{30}（或 d_{50}）增大而减小。在弱扰动状态下，堆积体堆积高度与颗粒表面摩擦特性和颗粒间咬合效应密切相关；由于小颗粒紧密分布于大颗粒周围，且尺寸小易翻转与滚动，弱化了颗粒间堆积时粒间咬合作用，级配 1 静态休止角小于细粒含量较高的级配 4。

3.3　U 形河谷堆积特征

3.3.1　表观堆积特征

尽管图像资料所展示的是唯像信息，但却直观地反映了堰塞体沉积完成后颗粒空间分布的定性规律。图 3.3 是三种级配颗粒料运动-堆积试验完成后从侧面和俯视角度拍摄堰塞体堆积形态的部分照片。图 3.3 中，（a）从左侧视角拍摄，（b）和（c）从俯视视角拍摄；与之相应，图 3.4 是其侧视断面轮廓和俯视堆积轮廓。

3.3.1.1　二维状态

从横河向（y 方向-长度）滑动剖面上的颗粒分布 [图 3.3（a）] 可知，各取样区域中小颗粒依据Ⅰ-1、Ⅰ-2和Ⅰ-3的顺序减小,大颗粒呈相反分布。Ⅱ-2内的大颗粒数量显著多于Ⅱ-1,则大空隙出现在远滑坡侧的概率高于近滑坡侧;相应地,堆积体表面光滑度呈现出与颗粒分布特征相反规律[图3.3(b)]。另外,级配5远滑坡侧陡峭度显著大于级配1,这可能是由于此级配土料小于5mm的细颗粒含量较多(70%),致使颗粒料具有较大的天然休止角,因而滑入河谷后形成了较陡堆积坡面[143]。

(a) 二维侧视图

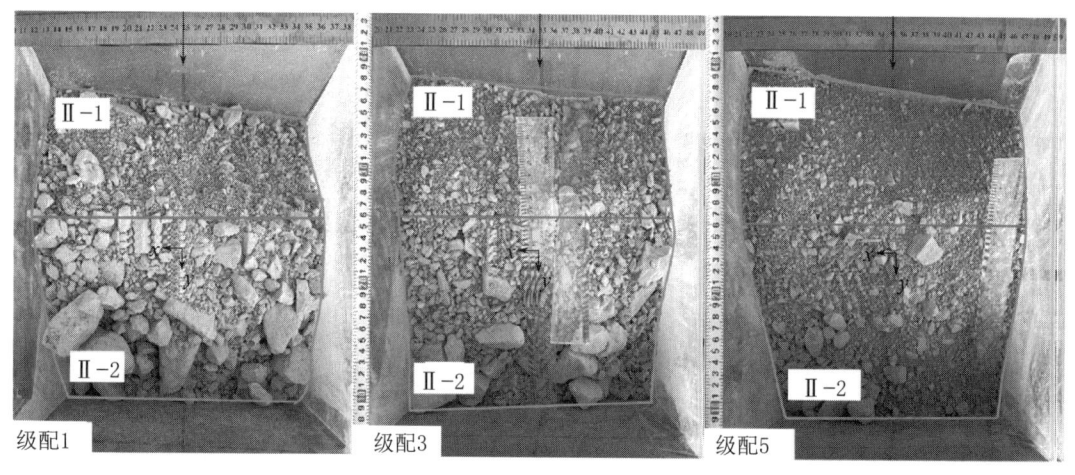

(b) 二维俯视图

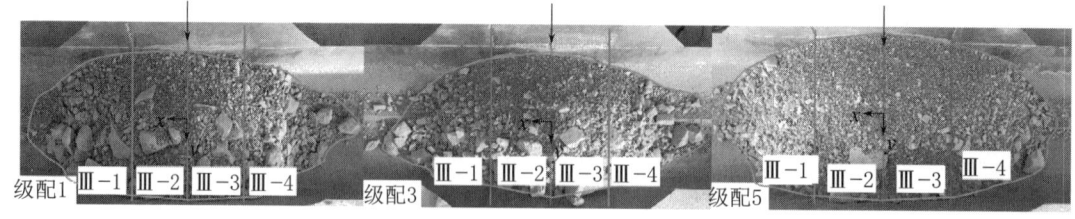

(c) 三维俯视图

图3.3 U形河谷堰塞体堆积形态

从剖面结构分析中可以得出,颗粒分布特征主要为:①相同横河向位置时颗粒粒径在垂直方向随高度增加而增大,相同垂直位置时颗粒粒径在水平方向随水平距离增加而增大,且垂直方向显著程度大于水平方向;②坝体大孔隙与颗粒尺寸分布呈正相关分布,在上部且远离土料滑入区域出现概率较大;③滑坡体表面轮廓呈上凸状,最高点位于中部偏左侧[图 3.4（a）]。

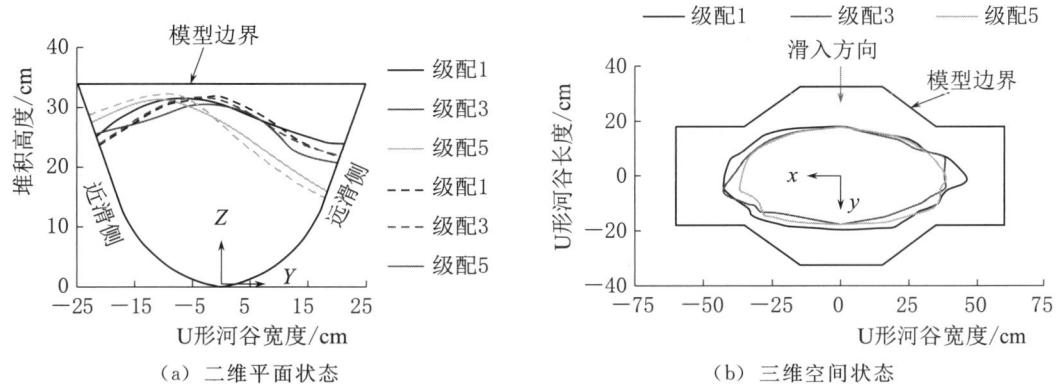

图 3.4　U 形河谷堰塞体外部轮廓

3.3.1.2　三维状态

图 3.3（c）中,三维状态下堰塞体在横河向堆积特征与二维平面状态存在相似性,如大小颗粒分布、表面光滑度等。在顺河向（x 方向-宽度）上,堆积体颗粒级配分布近似为关于 y 方向呈对称状态,即Ⅲ-1 及Ⅲ-2 部分的颗粒分布特征分别与Ⅲ-4 和Ⅲ-3 部分相似;同时,Ⅲ-1 部分的粗颗粒比例高于Ⅲ-2 部分。这表明,大颗粒的含量越高,堰塞体在横河向的分散程度就越大,用以保持自然休止角的坡度。在三维空间状态下小颗粒相对集中分布于近滑侧,但大颗粒却主要分散于小颗粒周围,即远离滑入口。

从上述分析可知,堰塞体材料的初始颗粒级配对堰塞体的内部结构和外部特征均有重要影响。对外部特征而言,无论在二维还是三维状态下,粗粒含量越高,堆积体沿 U 形谷的扩散程度和在远滑坡侧的架空现象越大。因此,在不考虑颗粒动态破碎效应下,颗粒流经滑动-堆积过程形成堰塞体后,粒径级配空间分布的差异性与滑源物质初始粗颗粒含量密切相关。

3.3.2　孔隙比分区特征

图 3.5 为Ⅰ类和Ⅱ类两种取样方式下堰塞体不同部位孔隙率的分布和变化幅度。由于不设置 U 形挡板时堰塞体形态复杂,且存在"Headcut"现象（堆积体因滑动堆积角小于自然休止角而造成坝体顶部难以形成圆锥而出现切头现象）,改进注水法同样难以操作,未进行堆积体孔隙比测定。

设计级配 1 和 3 的孔隙比变化特征存在相类似的分布,即:Ⅰ-3 部分超过 0.57,Ⅰ-1 部分则小于 0.57。设计级配 3 中Ⅰ-2、Ⅱ-1 和Ⅱ-2 部分的孔隙比都接近于初始孔隙比,整体平均孔隙比为 0.58,比初始状态增加了 1.75%。设计级配 1 的分布与级配 3 相似,但各个部分的变化幅度更为剧烈;整体平均孔隙比为

0.62，增加了 8.77%。

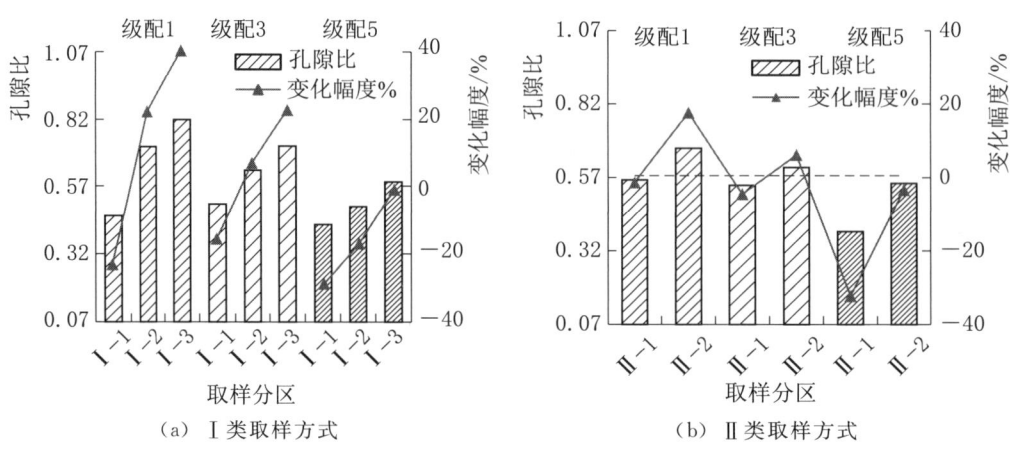

图 3.5 U 形河谷堰塞体孔隙分布

对于设计级配 5 而言，孔隙比按Ⅰ-1、Ⅰ-2 和Ⅰ-3 的取样顺序增加；同时，Ⅱ-1 部分的孔隙比小于Ⅱ-2。所有分块的孔隙比都不同程度地低于初始孔隙比（0.57），整个坝体平均孔隙比为 0.47，比初始状态降低了 17.54%。这主要有两个方面的原因：一方面是由于设计级配中大颗粒的含量较小，减小了堰塞体形成大孔隙可能性，降低了整体架空程度；另一方面是与初始状态下松铺制样相比，颗粒流经斜面运动至河谷堆积过程属于振动沉积状态，一定程度上存在振动致密的作用。

从上述分析可知，堰塞体孔隙空间分布同样与初始滑源物质中粗颗粒密切相关。堆积体下部孔隙率不同程度地小于上部，靠近滑坡侧的孔隙率小于远离滑坡侧。初始条件中粗颗粒含量越高，堰塞体孔隙率垂直分布差异性越大，整体密实程度越低。因此，堰塞体孔隙比同样表现出空间变异性，且受初始级配影响显著。

3.3.3 粒组相对含量

由于制样与装样时均匀混合，置料箱中颗粒料不存在颗粒级配空间分布差异性，将其作为堰塞体级配空间变异量化分析的参考。颗粒粒组含量表征了颗粒级配分布的尺寸维度信息，直接反映了取样分区不同尺寸颗粒相对含量大小。为消除初始级配差异性，采用相对含量（Relative Content，RC）分析堰塞体材料在不同粒组间的分布规律。RC 计算方式为试验后含量/试验前含量［见式（3.1）］，数值与 1 进行比较；若大于 1，则表明试验后该粒组的颗粒含量增加；若小于 1，则为减少。图 3.6 是按Ⅰ、Ⅱ和Ⅲ取样方式分区取样后筛分所得不同粒组的颗粒相对含量分布。

$$RC = \frac{\text{试验后某粒组含量}}{\text{试验前某粒组含量}} \tag{3.1}$$

在图 3.6 (a) 中，对于Ⅰ-1区域内设计级配1、3和5，RC值大于1的粒组区间分别为 0.5~20mm、0.5~10mm 和 0.5~5mm。Ⅰ-2区域内级配1和3细颗粒稍微减小，粗颗粒轻微增加，整体上变化微弱，与初始值相接近；级配5在20~60mm范围内 RC 为 1.36 和 1.69，颗粒含量增加较为突出，其他粒度区间变化不显著。Ⅰ-3区域颗粒增加的颗粒粒径：级配1和3在20~40和40~60mm粒组内的 RC 值分别为 1.30、1.70 和 1.50、1.21，显著大于1，级配5的 RC 值在粒径 5~40mm 内为 1.11、1.16 和 1.28，其余粒组区间 RC 值均小于1；与级配3和5的 0.73~0.98 相比，级配1的 RC 值在 0.5~20mm 范围内为 0.34~0.74，粒组含量变化最为剧烈。

图 3.6 (b) 中，Ⅱ-1与Ⅱ-2区域内 RC 值呈相反的分布规律。Ⅱ-1区域颗粒含量增加的粒组区间有：级配1是 0.5~10mm、级配3和5为粒径 0.5~5mm，其余粒度区间 RC 值均小于1。另外，级配1、3和5均在 40~60mm 区间 RC 值变化幅度最剧烈，Ⅱ-1区域为显著减小，Ⅱ-2区域为显著增大。

图 3.6 (c) 中，在区域Ⅲ-1与Ⅲ-4的 RC 值变化规律相似，0.5~40mm 范围内粒径越大，相对含量越高，但 40~60mm 时减小；Ⅲ-2与Ⅲ-3的 RC 值在1附近波动，整体上变化幅度不显著。另外，对于 10~20mm 的 RC 值，区域Ⅲ-1

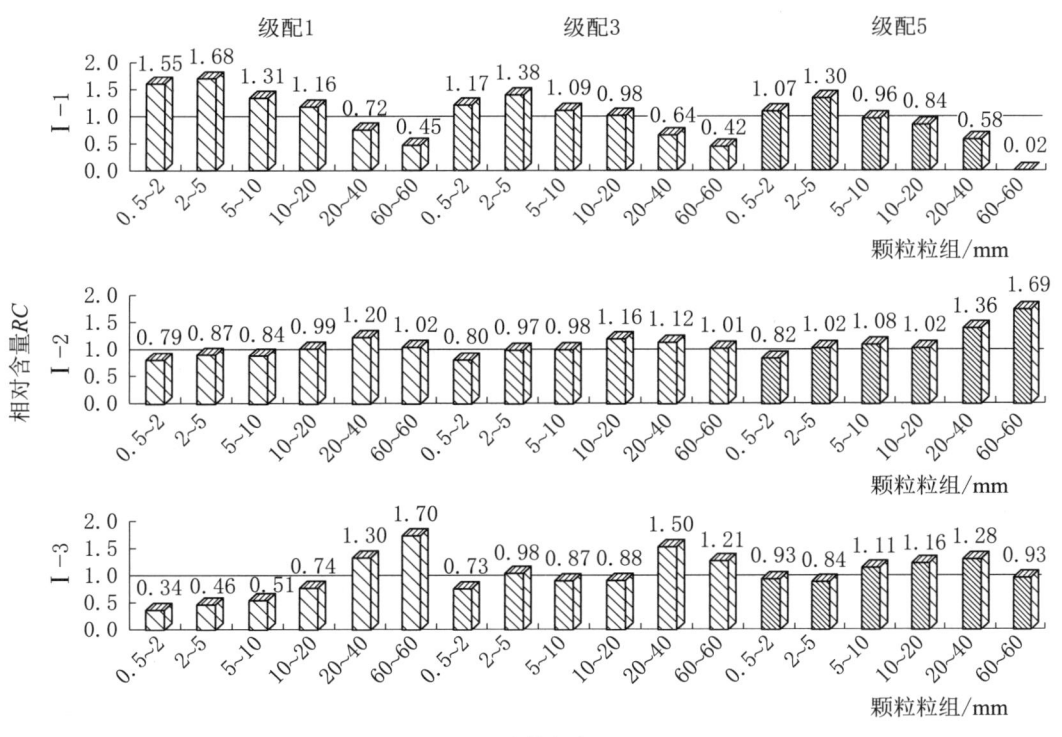

(a) 取样方式Ⅰ

图 3.6 （一）U形河谷各分区粒组相对含量分布

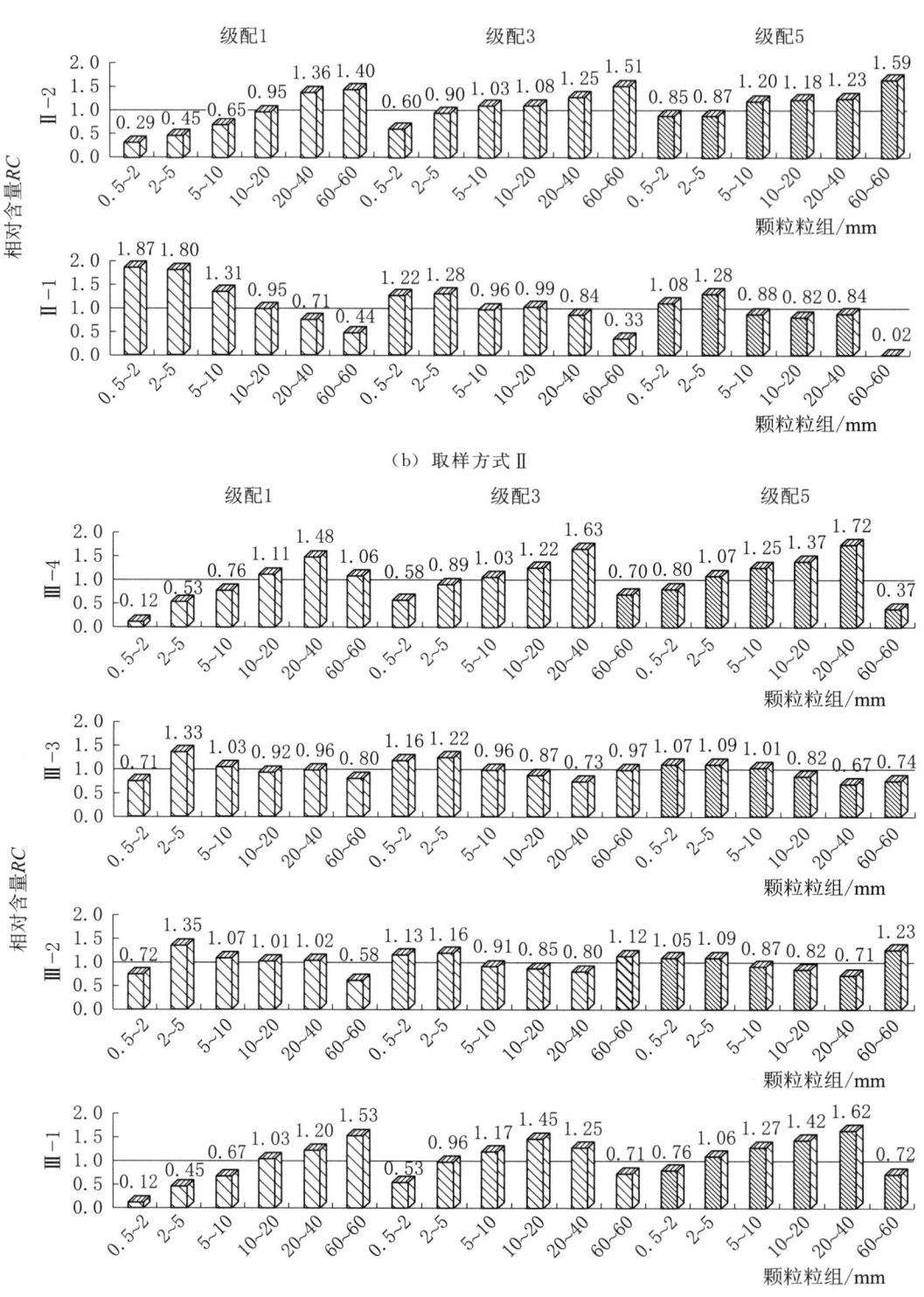

图 3.6 （二）U 形河谷各分区粒组相对含量分布

和Ⅲ-4内显著大于1，Ⅲ-2与Ⅲ-3显著小于1。这表明滑坡堰塞体颗粒尺寸差异性与顺河向的堆积距离相关，距离越大，材料尺度差异性就越显著。

粒组相对含量分布规律表明不同粒径颗粒在空间位置分布敏感程度不同。级配1是0.5～5mm（小粒组）和20～60mm（大粒组）区间颗粒空间分布变化剧烈，级配5（细粒含量多）是40～60mm。整体上，级配1与级配3的颗粒粒组变化规律相似，但前者的变化幅度更为剧烈。

3.3.4 颗粒均化粒组

采用归一化方式去除粒径量纲，得到不同取样方式下三种级配土料粒组相对含量的均值 $RC_{average}$ 随归一化粒径（d/d_{max}）的分布，如图3.7所示。

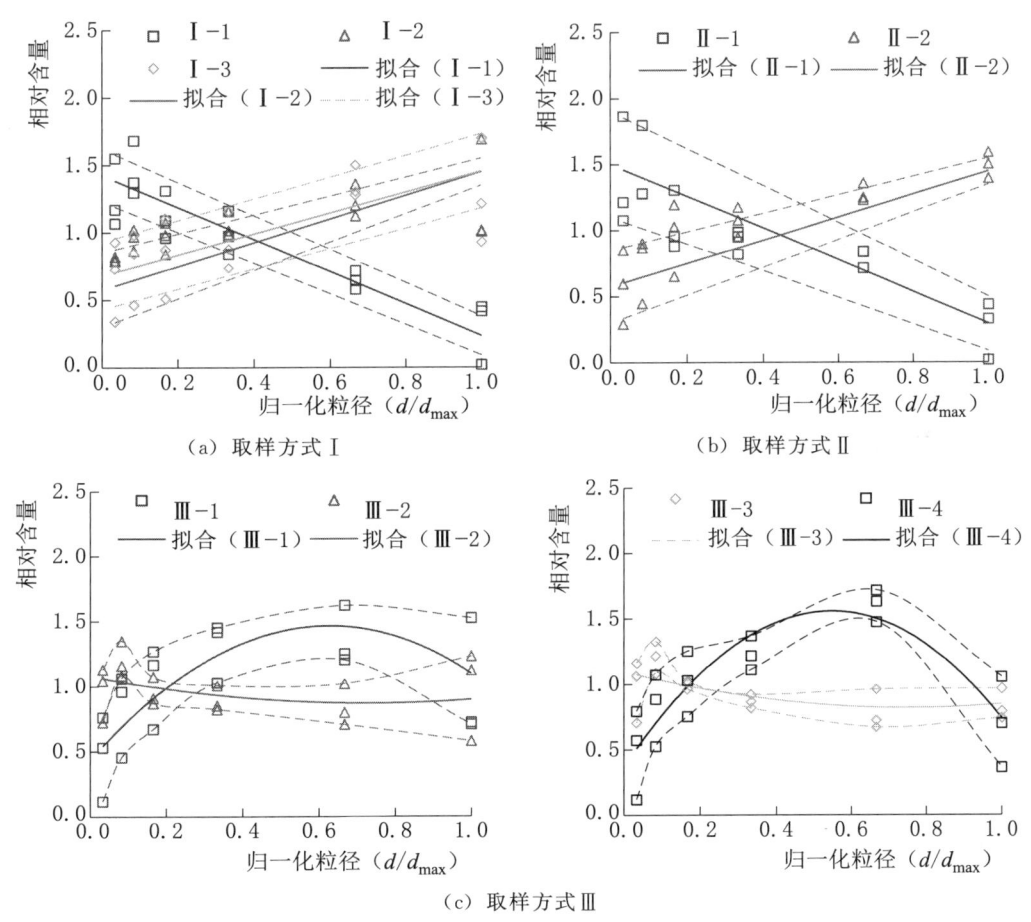

图3.7 粒组相对含量均值分布

注：实线是平均值拟合，虚线是最大值与最小值的连线。

在图3.7（a）和（b）中，堰塞体上部和中部颗粒 $RC_{average}$ 与相对归一化粒径呈正相关，但下部呈反比例关系；与之相似，近滑坡侧颗粒 $RC_{average}$ 与远滑坡侧呈反比例关系。因此，用线性函数进行平均线拟合，见式（3.2）和式（3.3）。

在式（3.2）中，求解Ⅰ-1、Ⅰ-2和Ⅰ-3的交点所对应的粒径值，分别为22.75mm和24.66mm；采用同样的方式，求解到式（3.3）中交点粒径值为26.64mm。这表明与初始含量相比，粒径处于22.75~26.64mm范围内的颗粒在堰塞体上部、中部、下部、近侧和远侧的分布是相同的，不存在空间变异性。

$$\left.\begin{array}{l} \text{Ⅰ}-1: \ RC_{\text{average}} = -1.190\dfrac{d}{d_{\max}} + 1.425(R^2=0.99) \\[4pt] \text{Ⅰ}-2: \ RC_{\text{average}} = 0.875\dfrac{d}{d_{\max}} + 0.575(R^2=0.99) \\[4pt] \text{Ⅰ}-3: \ RC_{\text{average}} = 0.775\dfrac{d}{d_{\max}} + 0.680(R^2=0.99) \end{array}\right\} \quad (3.2)$$

$$\left.\begin{array}{l} \text{Ⅱ}-1: \ RC_{\text{average}} = -1.204\dfrac{d}{d_{\max}} + 1.501(R^2=0.99) \\[4pt] \text{Ⅱ}-2: \ RC_{\text{average}} = 0.875\dfrac{d}{d_{\max}} + 0.578(R^2=0.99) \end{array}\right\} \quad (3.3)$$

更进一步，将式（3.2）和式（3.3）中RC_{average}取为恒定值1，分别得到粒径值为24.77mm、29.14mm、21.43mm、24.97mm和28.94mm。这表明粒径处于24.77~29.14mm范围内的颗粒在土料堆积前后变动幅度不显著，表征了未出现空间变异性的粒径分布区间。

通过上述量化分析，考虑到颗粒粒径范围划分界限的可操作性，将区间20~30mm划分为试验土料颗粒均化粒组，用于表征滑坡堰塞体土料在堆积前后不同尺寸颗粒在空间分布上相对恒定的颗粒范围。

因Ⅲ-1、Ⅲ-2与Ⅲ-3、Ⅲ-4空间上存在对称性，图3.7（c）与（d）中散点和曲线的分布规律近乎相同。Ⅲ-1和Ⅲ-4的RC_{average}与归一化粒径呈上凸形抛物线函数关系，Ⅲ-2和Ⅲ-3的RC_{average}与归一化粒径近乎不相关。相应的数学表达式为

$$\left.\begin{array}{l} \text{Ⅲ}-1: \ RC_{\text{average}} = -2.633\left(\dfrac{d}{d_{\max}}\right)^2 + 3.299\dfrac{d}{d_{\max}} + 0.433(R^2=0.99) \\[4pt] \text{Ⅲ}-2: \ RC_{\text{average}} = 1.034 \end{array}\right\} \quad (3.4)$$

$$\left.\begin{array}{l} \text{Ⅲ}-3: \ RC_{\text{average}} = 1.039 \\[4pt] \text{Ⅲ}-4: \ RC_{\text{average}} = -3.980\left(\dfrac{d}{d_{\max}}\right)^2 + 4.352\dfrac{d}{d_{\max}} + 0.369(R^2=0.95) \end{array}\right\} \quad (3.5)$$

采用前述相同的处理方法，得到了式（3.4）和式（3.5）中交点的粒径值分别为61.92mm（超过最大粒径，故舍去）和13.27mm、55.28mm和10.32mm。从能量耗散角度而言，颗粒粒径越大，在滑动、堆积过程能量耗散梯度较小，致使空间部分差异性变大，理论上也应舍弃55.28mm。因此，将10~14mm作为未

设置挡板状态土料的颗粒均化粒组。

因此，对于U形槽内不设置挡板时，由于沿河道顺河向自由空间二次滑动堆积影响，堰塞体颗粒均化粒组从二维平面状态的20～30mm减小至三维空间状态的10～14mm。结合试验图像与计算结果可知，颗粒流在堆积过程中依靠与河谷或者已沉积坝体表面的强烈碰撞来消耗动能；如果河谷中没有横向限制，经过初次碰撞耗能且仍有剩余动能的颗粒体将再次沿着坝体表面继续向临空方向运移，直到动量降至零，并最终保持稳定状态。

3.4 V形河谷堆积特征

与U形河谷堆积特征相似，主要从表面颗粒分布和断面几何形态两个方面阐述颗粒流在V形河谷中堆积特征。

利用SFM方法进行了堰塞体表面结构三维逆向重建，采用网格处理软件获取了堆积体近滑侧、中心纵剖、最高纵剖、远滑侧的轮廓曲线；再以最高点为基准，提取了横河谷方向堰塞体横河向长度断面轮廓线。随之，以最大断面为基准，用直线概化堰塞体外部轮廓（概化线），以量化堰塞体空间几何形态特征。

根据试验方案，剖析断面轮廓形状，讨论级配、滑坡角、滑距、滑源体积和最大粒径对滑坡型堰塞体外部几何形态特征的影响。

3.4.1 表观颗粒分布规律

在V形河谷中堰塞体表面颗粒堆积特征与U形河谷存在相似性，但程度更为显著，大致存在滑入区、扩散区和稳定区三个部分（图3.8）。小颗粒集中分布于靠近滑坡侧的滑入区，大颗粒沿滑入区向远离滑坡侧、河谷两侧临空方向逐渐增多。颗粒流在滑入河谷后快速地垒填，导致后续滑入颗粒需利用既有能量继续沿已有堆积体表面二次滑动，可分为三部分：一部分直接停积，另一部分溢滑向两侧河床，还有一部分冲向远滑侧高岸。受河谷形态影响，这种现象在V形河谷更为显著，造成滑坡型堰塞体两侧河谷底部的粗颗粒显著多于顶部。与之相应，颗粒间架空现象与大颗粒分布密切相关，大颗粒含量越高，堰塞体表观架空现象越显著。

在置料箱中填筑堰塞料时放置了上（红色）、中（淡蓝）和下（黄色）三层、编号1～6的立方体标志物。在堆积体表面有5个黄色颗粒、2个淡蓝和1个红色颗粒。据此可知，在置料箱舱门打开后，颗粒料上侧应最先启动，下层颗粒启动顺序最晚。此现象同样出现在斜交分层填筑的模型试验[144]中，先启动物质在颗粒流前方运动，后启动物质在后方运动；但粗颗粒物质会优先叠加至细颗粒物质之上，一定程度上上覆压力的改变强化了堆积过程颗粒流的分选作用。

滑源物质启动次序同样是影响流体内部分选机制的重要因素，并制约着颗粒流态沿程运动特征，这有助于堰塞体堆积特征的溯源分析研究。

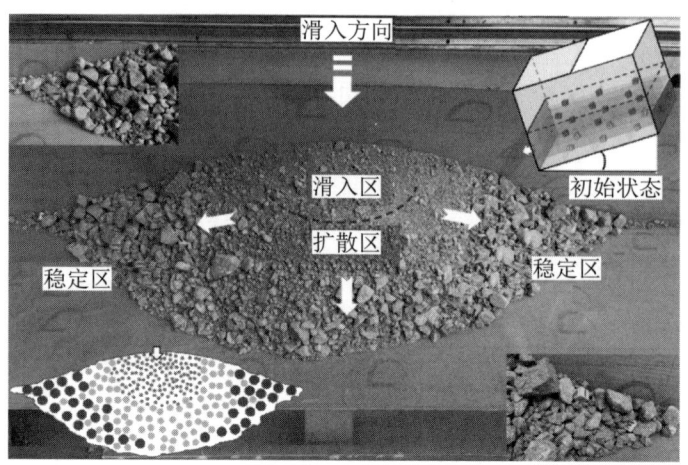

图 3.8　V 形河谷堰塞体表面颗粒分布

3.4.2　级配对几何形态影响

图 3.9 是 4 种设计级配在滑坡角 36°、滑动距离 4.2m 条件下所形成堆积体宽度与长度方向的断面轮廓。

对比宽度和长度方向，从相似性和特殊性两方面分析堰塞体断面几何形态特征。

（1）相似性。不同颗粒级配滑源料所形成的堰塞体断面几何形态特征存在相似性，具体如下：

1）断面轮廓曲线光滑性表征堰塞体表面颗粒尺寸差异性的强弱程度。堆积体中颗粒间尺寸差异程度直观表现为断面曲线轮廓的锯齿状现象显著性强弱。粗颗粒较多区域，断面轮廓锯齿状现象较为明显；反之，则该区域细粒含量则高。

宽度方向上，滑坡型堰塞体断面曲线轮廓下部的锯齿特征高于上部；长度方向上，近滑侧曲线轮廓光滑程度的显著性高于远滑侧。

2）顺河谷曲线轮廓重合程度表征堰塞体宽度方向形态特征变化剧烈程度。从曲线位置和重叠程度而言，中心纵剖、最高纵剖和远滑侧曲线的曲线轮廓分布紧密、重叠程度较高，这表明在河谷中心纵向断面至远滑侧的堰塞体断面形态变化较小；近滑侧轮廓曲线整体位于其他三类曲线下方，在坝体下部重叠程度较高，曲线顶点高度显著低于最大坝高。

这表明物理模型试验堰塞体在宽度方向垂直断面形态均近似呈梯形特征。

3）以最高点为界，横河谷向曲线轮廓倾斜程度反映堰塞体长度方向坡面倾斜程度。与宽度方向轮廓曲线相应，在横河谷长度方向上，以最高坝体点为界，近滑侧与远滑侧曲线轮廓呈直线状，近滑侧曲线倾斜程度大于远滑侧，则近滑侧坡面的陡峭程度比远滑侧更为显著。

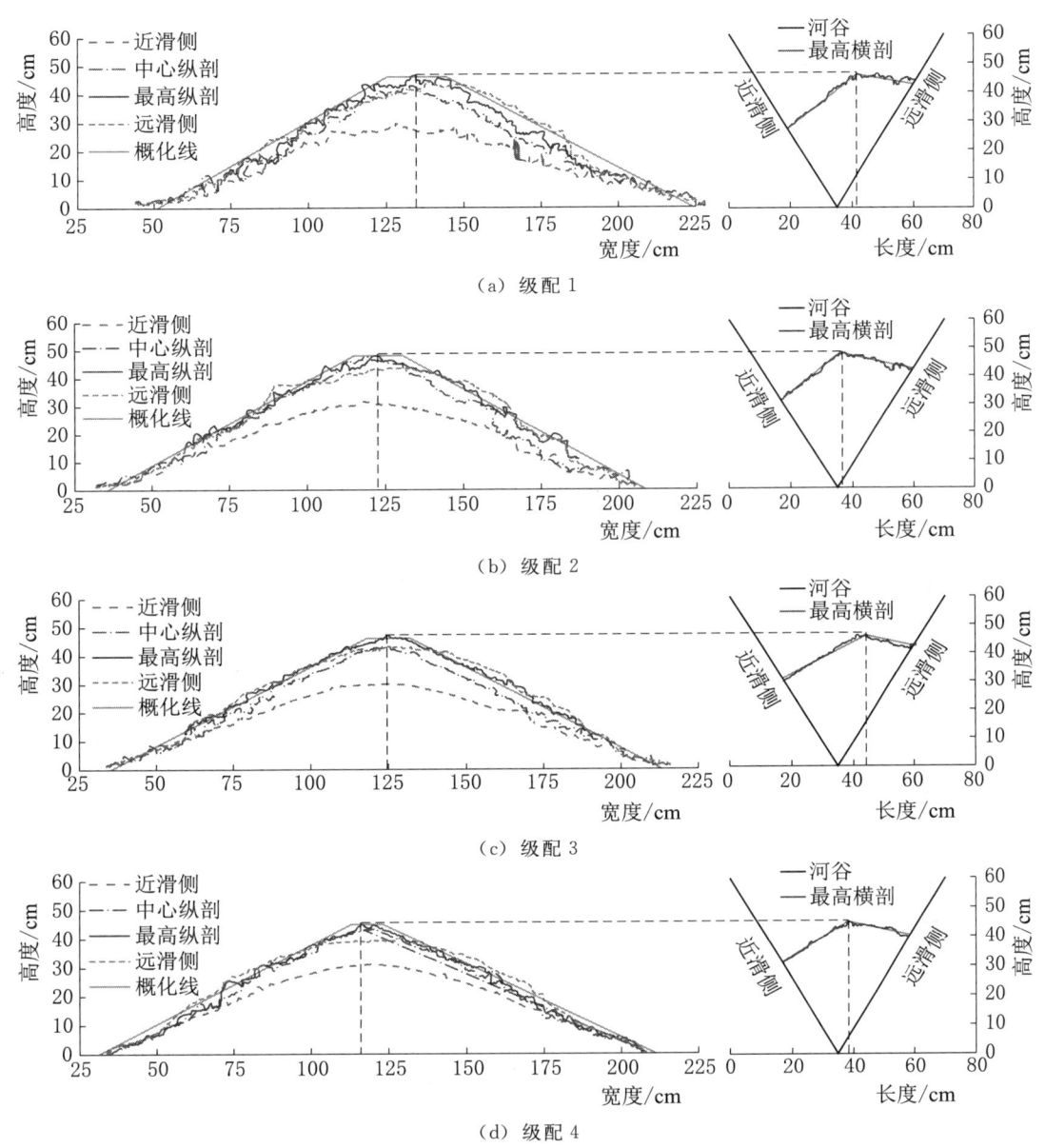

图 3.9 不同级配滑源料时堰塞体断面形态

这表明堰塞体在长度方向上垂直断面可简化为两条顺接直线，直线斜率表征了表面坡体陡缓程度。

（2）特殊性。在宽度与长度方向上，级配 1 的断面曲线整体光滑性最低，级配 2 次之，级配 4 的最高。在长度方向上，级配 1 和 2 的概化线在近滑侧倾斜程度大于级配 3 和 4；远滑侧时，前者小于后者。

当颗粒级配不同时，滑源物质粗、细颗粒含量的相对比例各有不同，这直观体现为断面曲线轮廓光滑性的差异。另外，从物质组成颗粒尺寸连续性角度而言，滑源物质组成中粗细颗粒占总体比例的不同对颗粒流态影响不同。细粒含量越高，颗粒流动过程中表现出类流体特征越显著，从而弱化了颗粒分选现象。粗颗粒含量越高，堰塞体堆积表面颗粒分布差异性程度就越显著。

3.4.3 滑坡角对几何形态影响

当滑动距离为4.2m时，图3.10是设计级配4的颗粒料在27°、36°、45°和52°四种倾斜面滑坡角下所形成堰塞体断面几何形态特征。

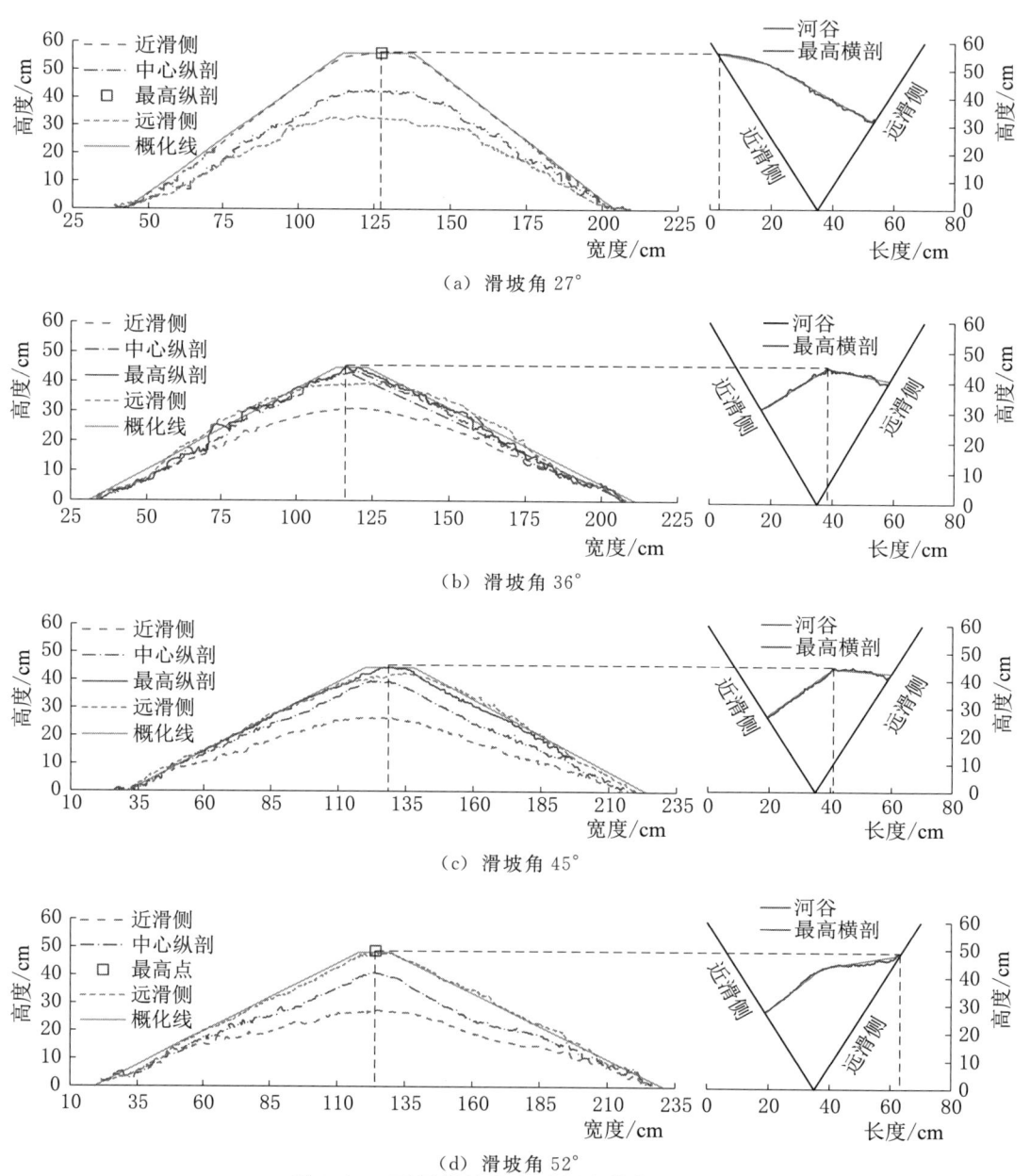

图3.10 不同滑坡角度时堰塞体断面形态

图 3.10 (a) 中，在宽度方向上，堰塞体近滑侧曲线轮廓位于最上方，且梯形面积最大，最高纵剖缩减至近滑侧曲线最高位置的一个单点，远滑侧曲线轮廓位于最下方。与之相应，在长度方向上，堰塞体断面轮廓线呈弱抛物线形，可用两段倾斜直线进行概化，也可用单一倾斜直线表示；最高点是与近滑侧河谷岸坡交点，最低点则为与远滑侧河谷岸坡交点。

图 3.10 (c) 是滑坡角为 45°时所形成堰塞体断面轮廓，其宽度方向上曲线分布特征与滑坡角为 36°[图 3.10 (b)]时相似，但前者在长度方向远滑侧坡面陡峭程度比后者更为显著。

图 3.10 (d) 为滑源物质在滑坡角为 52°时所成堰塞体的断面轮廓特征，其分布特征和变化规律与滑坡角为 27°时完全相反。与之所不同的是，前者在长度方向上的坡面转折位置比后者更为显著。

据上述分析可知，滑动斜面倾角对堰塞体宽度及长度方向的几何形态特征的影响极为显著。当滑动角度较小时，滑源颗粒料易在近滑侧形成堆积体，坝体最低点位于远滑侧；反之，则最低点位于近滑侧。结合级配 4 的静态休止角为 34.878°可知，在重力驱动颗粒流体，若滑源物质在低于静态休止角的斜面上运动时，颗粒集合体将势能转换为动能的效率较低；斜面倾角越大，此转化效率越显著，颗粒流所能获得速率将越大，滑动距离自然越远。

3.4.4 滑动距离对几何形态影响

当滑动斜面坡角为 36°时，图 3.11 是设计级配 4 的颗粒料沿 0.9m、2.7m、3.6m 和 4.2m 四种滑动距离运动至河谷所形成堰塞体断面曲线。

当滑动距离为 0.9m [图 3.11 (a)] 时，在宽度方向上，堰塞体最高纵剖面曲线轮廓与近滑侧断面重合程度高，仅在顶部存在高出后者；远滑侧曲线位于梯形轮廓的最下部。与此相应，长度方向上，堰塞体剖面呈非完整的对称抛物线形态，最高点位于近滑侧，最低点为断面剖线与远滑侧河谷的交点；最高点两侧断面曲线坡度近似相等，但近滑侧坡面长度显著小于远滑侧。

当滑动距离为 2.7m [图 3.11 (b)] 时，在宽度方向上，堰塞体最高纵剖面曲线轮廓与中心纵剖面几乎完全重合，远滑侧曲线与近滑侧曲线轮廓近乎重合，且位于前面两条曲线下侧，存在显著高度差异。与之相应，长度方向上，堰塞体剖面呈左右对称的抛物线形态，最高点位于 V 形河谷纵向中心剖面处；近滑侧与远滑侧堰塞体表面剖线倾斜程度相接近，坡面陡缓程度一致。

当滑动距离为 3.6m [图 3.11 (c)] 时，在宽度方向上，堰塞体最高纵剖面和中心纵剖面的曲线轮廓重叠程度较高；远滑侧与之在坝体中下部重叠程度较高，顶部位于其下方；近滑侧曲线位于最下方，高度差异明显。在长度方向上，堰塞体剖面呈非对称的折线形态，最高点位于河谷纵向中心剖面与远滑侧之间，近滑侧剖线倾斜程度比远滑侧陡峭，长度也更大。

再结合滑动距离为 4.2m［图 3.11（d）］可知，斜坡面滑动距离同样对堰塞体表面几何形态特征存在重要影响。当滑动距离较小时，堆积体最高点位于河谷近滑侧；随着滑动距离增加，最高点逐渐转移至河道远滑侧，长度方向断面形态从类抛物线对称形态逐渐演变为非对称折线状，且左右陡峭和坡长存在显著差异。

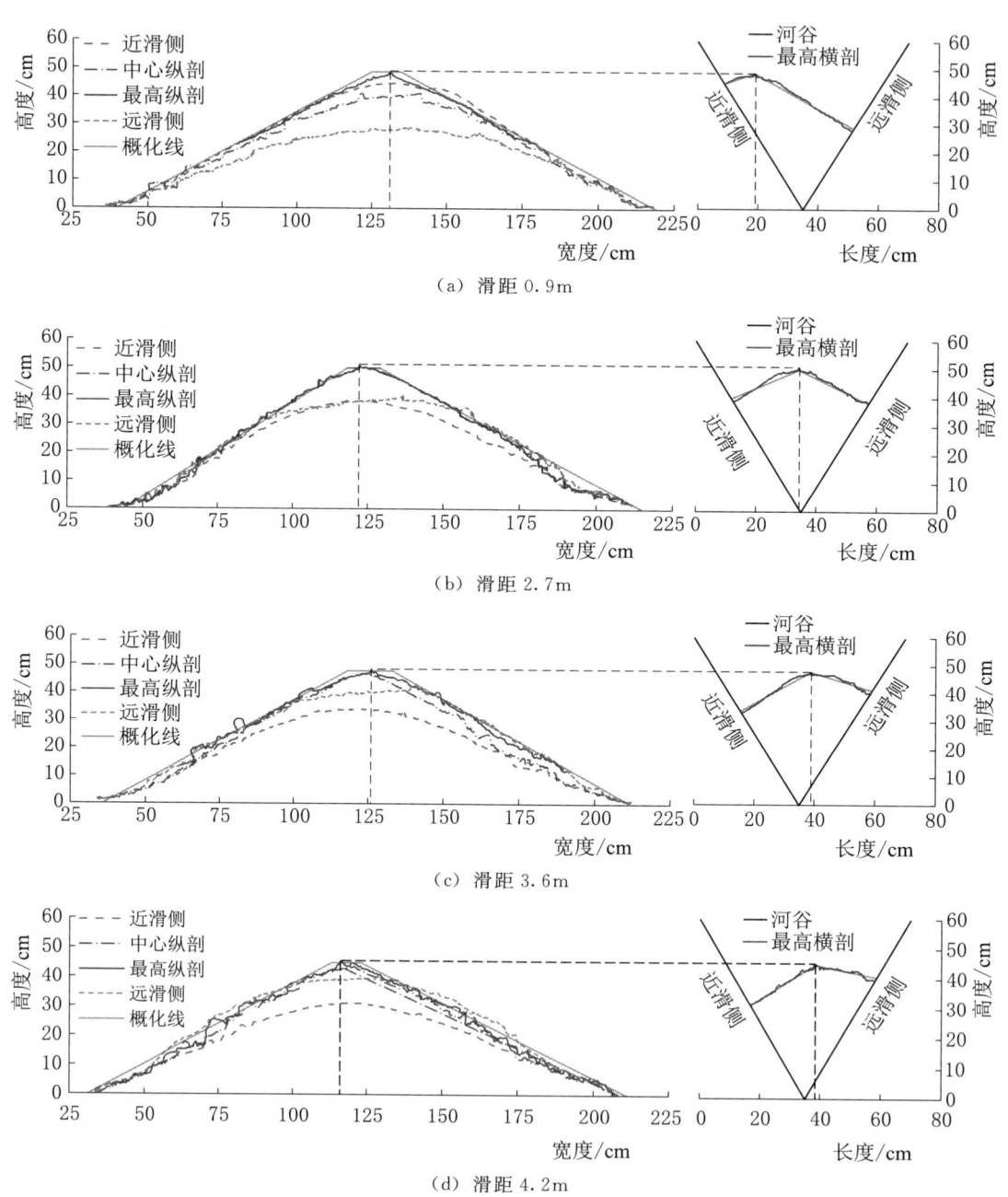

图 3.11 不同滑动距离时堰塞体断面形态

对比滑动斜面倾角的影响,当滑动距离较小(近源低位滑坡)时,散粒料颗粒在滑动过程中运动特征变化较小,颗粒流态从置料箱启动、斜面运动至滑入河谷堆积阶段都相对较为稳定,致使堰塞体长度方向上形态轮廓存在相似性,可类比于颗粒料无底圆桶试验测定静态休止角的堆积模式。当滑动距离较大(远源高位滑坡)时,颗粒集合体运动时间延续,所累积的动能增多;此时,颗粒流态在滑入河谷堆积时需更为强烈颗粒碰撞、翻滚和摩擦等行为耗散动能,导致了堆积形态的差异性。

3.4.5 滑源体积对几何形态影响

图 3.12 是根据级配 4 来配制体积为 $8.4 \times 10^4 cm^3$、$5.6 \times 10^4 cm^3$ 和 $2.8 \times 10^4 cm^3$ 的颗粒料在滑坡角 $36°$、滑距为 $4.2m$ 条件下所成堆积体断面轮廓,分析初始滑源体积对堰塞体几何形态特征影响。

在图 3.12 (b) 中,滑源物质体积为 $5.6 \times 10^4 cm^3$ 时,最高纵剖和远滑侧曲线

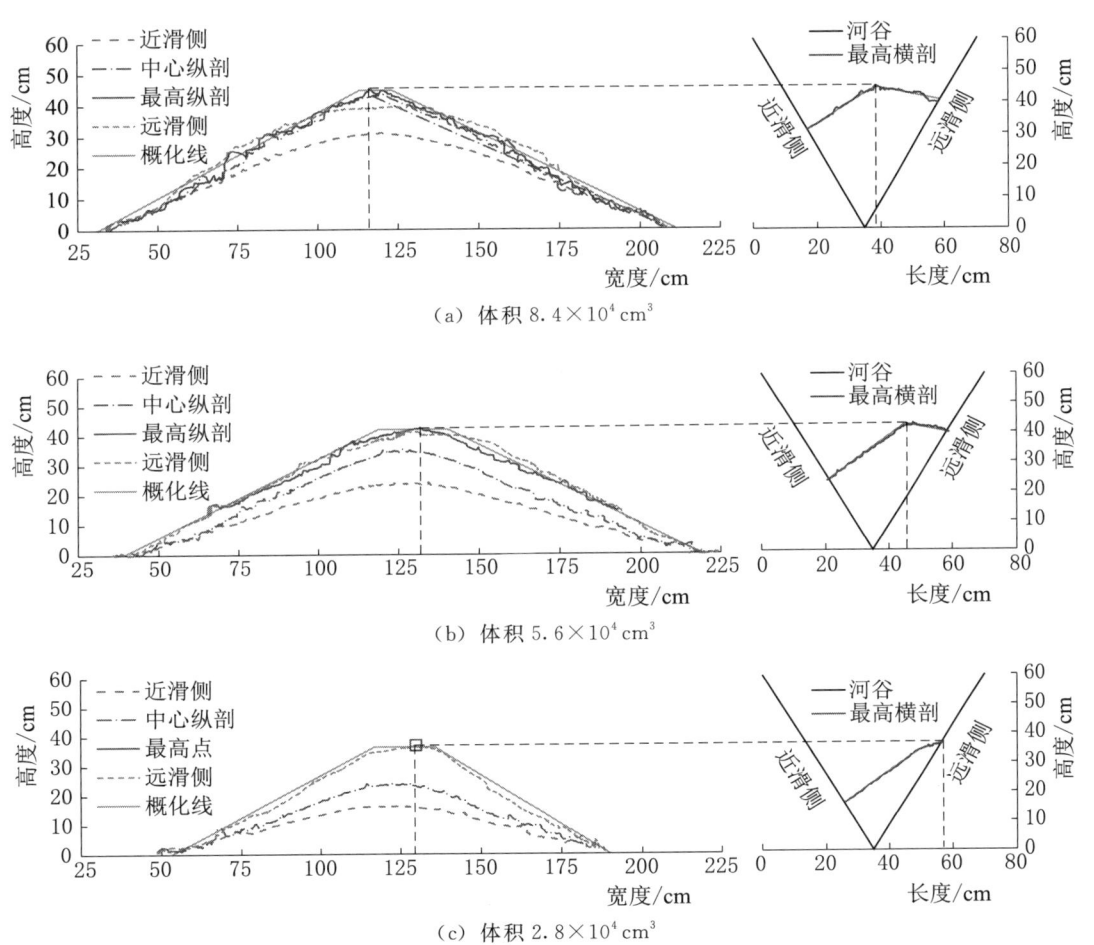

图 3.12 不同滑源体积时堰塞体断面形态

的轮廓和位置重合程度较大，变化规律相似；中心纵剖和近滑侧曲线形态与前两者几乎不重合，且近滑侧曲线位于最下方。长度方向上，断面曲线轮廓为两条不同倾斜程度直线组成的折线形，近滑侧坡面陡峭程度和长度均大于远滑侧。

滑源物质体积为 $2.8 \times 10^4 \mathrm{cm}^3$ [图 3.12（c）] 时，堰塞体远滑侧曲线轮廓位于最上方，最高点退化为单点，且位于远滑侧曲线上；近滑侧曲线位于最下方，中心纵剖曲线介于两者之间。堰塞体在宽度方向上断面曲线几乎不重合，长度方向上为折线形状。

依据上述断面形态特征剖析，再结合 $8.4 \times 10^4 \mathrm{cm}^3$ [图 3.12（a）] 时曲线形态可知，滑坡滑源体积对堰塞体坡面陡峭程度和坡面拐点位置等几何形态特征存在重要影响。滑源体积越小，堰塞体几何形态越趋向于单一简单曲线。另外，结合滑坡角和滑动距离的试验结果，当滑源体积较小，滑动颗粒与斜面滚动摩擦和碰撞等运动行为为主，降低了颗粒间碰撞频度降低，致使颗粒料在斜面运动所能保持"流态"的能力大为降低，颗粒流稳定程度较低。这减弱了颗粒运动过程能量耗散能力，增加了河谷堆积过程中通过颗粒间强烈碰撞、滑动和滚动等耗散能量值。

3.4.6 最大粒径对几何形态影响

图 3.13 是最大粒径为 60mm、40mm 和 20mm 的颗粒料所成堆积体断面轮廓。在图 3.13 中，最高纵剖和中心纵剖曲线轮廓重合程度较高；近滑侧和远滑侧同样存在一定重叠区域，且两者形状变化规律相似。前两条轮廓线与后两条在坝体中下部重合性较高，上部存在显著高度差。

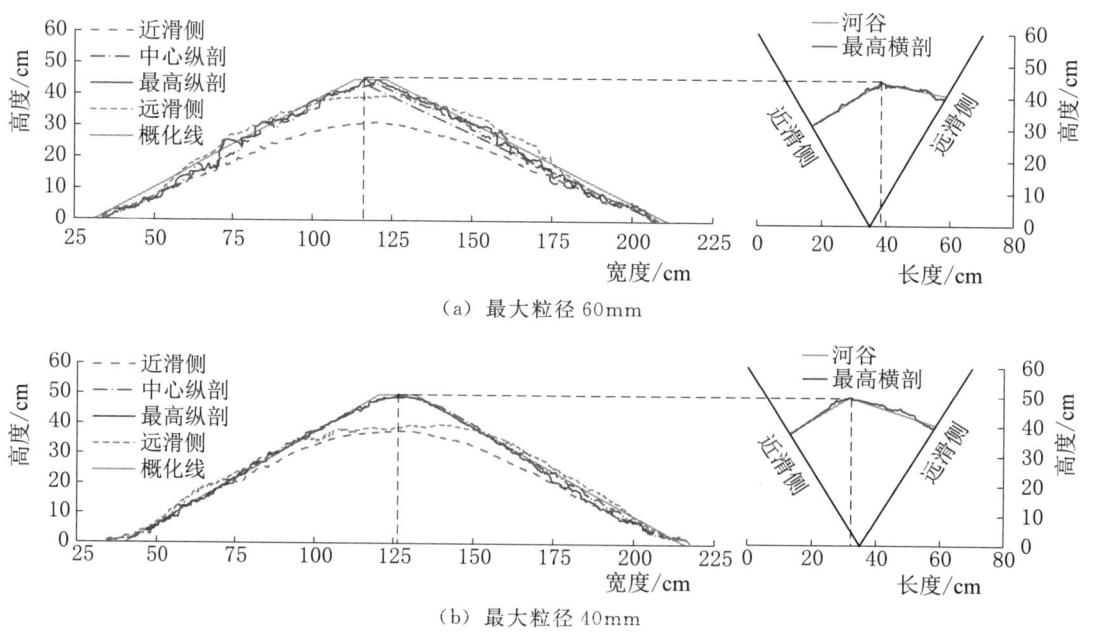

图 3.13（一） 不同最大粒径时堰塞体断面形态

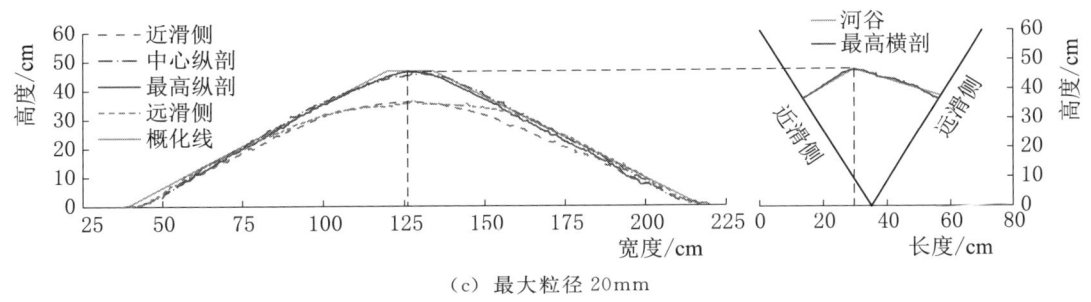

（c）最大粒径 20mm

图 3.13（二） 不同最大粒径时堰塞体断面形态

在最高横剖长度方向上，两堰塞体断面曲线均呈现为近滑侧短陡、远滑侧长缓的两直线所组成的折线状。再结合最大粒径为 60mm［图 3.13（a）］曲线分布和形态，最大粒径的减小改变了堰塞体远滑侧坡面形态，对近滑侧坡面影响弱于远滑侧。

3.5 几何形态量化模型

3.5.1 参数定义

搜集整理国内外堰塞体几何形态特征，结合物理模型试验结果，经对比、分析与论证后，依据堰塞体表面轮廓特征点位置的横剖面与纵剖面的分布形式，采用 10 个特征点、4 组参数概化堰塞体几何形态特征，并建立相关量化模型，如图 3.14 所示。为便于描述，断面图中以面向河流下游为原点正向，左手侧为左岸，右手侧为右岸，水平面倾角为 0°（以逆时针方向为正），建立空间坐标方位。

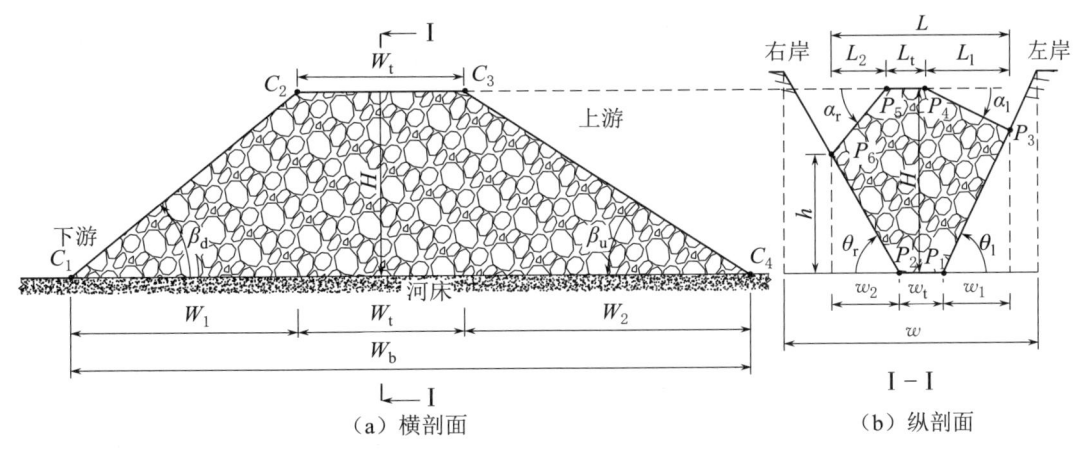

（a）横剖面　　　　　　　　　　　　（b）纵剖面

图 3.14 堰塞体几何形态概化参数

图 3.14（a）为堰塞体横剖面方向，C_2 和 C_3 为堰塞体横剖面顶部特征拐点，C_1 和 C_4 为堰塞体与河床交点，$C_1C_2C_3C_4$ 梯形为堰塞体中部特征断面，特征断面包括最大坝高或者表面形态转折点等，（b）为纵剖面，P_1P_2 边为河床宽度，P_3 和 P_6 为堰塞体纵剖面与河床的交点，P_4 和 P_5 为顶部特征拐点。

在参数方面，按堰塞体长、宽和高特征细化为三组参数，河谷部分主要为河道宽度。各参数详细几何含义及物理力学意义如下：

(1) 堰塞体高度。将堆积体顶部至河床的最大竖向距离确定为堰塞体高度。为减少建模难度，在堰塞体顶部短距离内忽略河床倾角影响，将顶部特征点 C_2 和 C_3 投影至河床的距离确定为堰塞体的高度 H。

(2) 堰塞体宽度。将特征点 C_2C_3 距离作为顶部宽度 W_t，C_1C_4 距离作为底部宽度 W_b；若 C_2 与 C_3 重合，则梯形断面退化为三角形。将顶部特征点 C_2 和 C_3 投影至 C_1C_4 边，则底部宽度被分为下游段 W_1、中部 W_t 和上游段 W_2 三部分。河床与下游坡面 C_1C_2 的夹角为 β_d，与上游坡面 C_3C_4 的夹角为 β_u。结合 H，建立堰塞体顶部与底部宽度之间函数关系为

$$W_t = W_b - \frac{\tan|\beta_d| + \tan|\beta_u|}{\tan|\beta_d|\tan|\beta_u|} H \tag{3.6}$$

考虑到简化边界条件的影响，在应用式（3.6）进行计算时，仍需判断 W_t 的取值，即：W_t 为非负值。自然条件下，因堆积河床存在不同程度比降，导致堰塞体上下游斜坡坡度并非一致[89]；因而，若采用式（3.6）计算结果为负时，可直接将 W_t 值取为 0。

(3) 河谷宽度。依据河床底部宽度 w_t 不同，河谷主要有 V 形（w_t 为 0）、梯形和 U 形（或箱形，左右谷坡为 90°）三类，结合左右岸地形与堰塞体相交位置，采用 P_1 和 P_2 两个特征点概化宽度为 w 的河谷。左岸特征点 P_1 距堰塞体左边界的宽度为 w_1，左谷坡倾角为 θ_l；右岸特征点 P_2 距堰塞体右边界的宽度为 w_2，右谷坡倾角为 θ_r。当 $\theta_l = \theta_r$，河谷为对称形态；否则，为非对称河谷。

(4) 堰塞体长度。堰塞体长度方向上量化参数与其宽度方向上相似。设定中部 P_4P_5 长度为 L_t，左侧 P_3P_4 坡面在水平方向长度为 L_1，与水平方向的夹角为 α_l（若 P_3 点低于 P_4，则 α_l 为负）；右侧 P_5P_6 坡面长度为 L_2，夹角为 α_r（若 P_6 点低于 P_5，则 α_r 为负）。堰塞体长度 L 为三部分之和，见式（3.7）；利用高度和长度方向的几何关系，则 w_1 和 w_2 可表示为式（3.8）。

$$L = L_1 + L_t + L_2 \tag{3.7}$$

$$\left. \begin{array}{l} w_1 = \dfrac{H + L_1 \tan\alpha_l}{\tan\theta_l} \\[2mm] w_2 = \dfrac{H - L_2 \tan\alpha_r}{-\tan\theta_r} \end{array} \right\} \tag{3.8}$$

对于 α_l 或 α_r 为正时,堰塞体最大坝高将演变为 H',其值按式(3.9)计算。按最大坝高位置的不同,纵断面演化为左高、中峰和右高三种类型,中峰型细化为偏左、对称和偏右三个子类型,如图 3.15 中(b)、(d)及(e)所示;当左侧或右侧坡面角度为 0 时,断面结构仍然划归为左高或者右高类型。

$$H' = \max\langle H + L_1\tan\alpha_l, H - L_2\tan\alpha_r\rangle \tag{3.9}$$

受滑源物性组成、地形地貌和河谷形状影响,由于堰塞体纵向长度往往小于其横向宽度,其表面轮廓相邻两特征点的位置界限不显著。在概化堰塞体坡面形态时,任意相邻两点合并为一点,则四特征点形态退化为三特征点形态,但两者分类完全一致。当连续三点合并时,则断面退化为单一斜面形式,存在左倾、水平或者右倾三种类型。

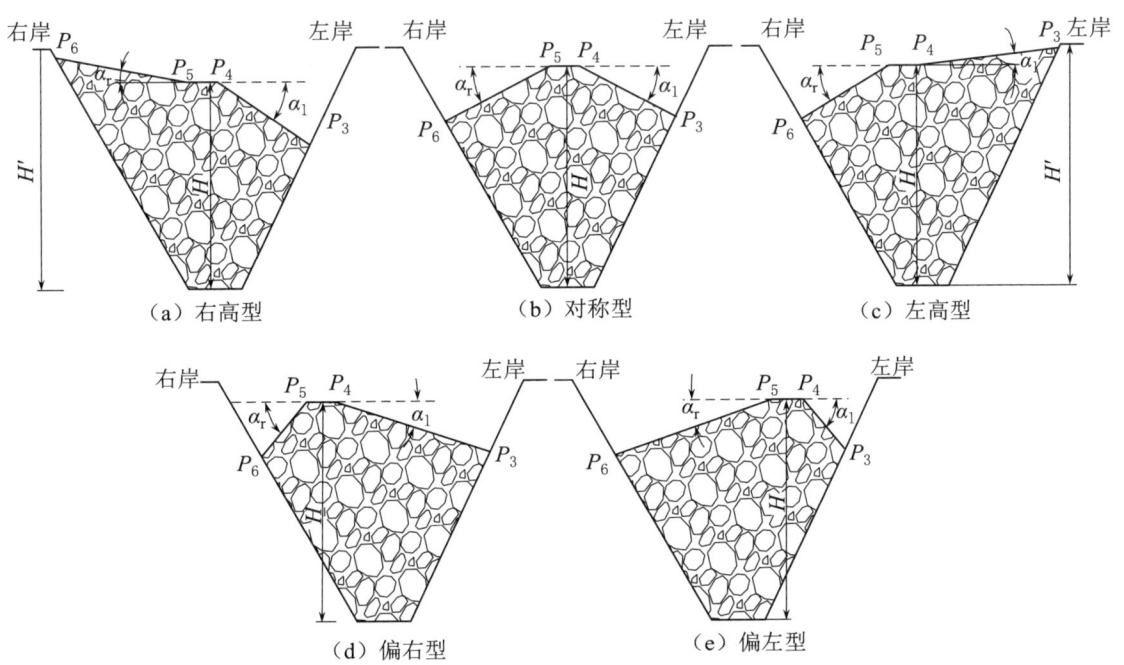

图 3.15 堰塞体长度剖面几何特征概化图

3.5.2 模型建立

堰塞体几何形态特征量化模型的建立是以堆积体体积作为桥梁和纽带,逆向求解长度、宽度和高度的过程。因空间结构复杂,依据横、纵剖面结构特征,采用空间体切割与增补的方式将体积 V_L 参数化,利用所定义形态参数正向推求 V_L 的数学表达式。考虑河谷两岸坡度影响,堰塞体体积与长度、宽度和高度及相关角度的关系可表示为

$$V_L = f(H, W_t, W_b, L_t, L_1, L_2, \beta_d, \beta_u, \alpha_r, \alpha_l, \theta_r, \theta_l) \tag{3.10}$$

式中:$f(\cdot)$ 为 V_L 与 12 个变量的函数表达式,各参数意义同上。在实际滑坡堰

塞体灾害预测应用时，需结合边界条件确定参数取值。通过式（3.10）逆向求解，便可反向预测堰塞体高度（H）、宽度（W_b 和 W_t）和长度（L），即

$$\left.\begin{aligned}L&=f_1^{-1}(V_L,H,W_t,W_b,\beta_d,\beta_u,\alpha_r,\alpha_l,\theta_r,\theta_l)\\H&=f_2^{-1}(V_L,W_b,L,\beta_d,\beta_u,\alpha_r,\alpha_l,\theta_r,\theta_l)\\W_b&=f_3^{-1}(V_L,H,L,\beta_d,\beta_u,\alpha_r,\alpha_l,\theta_r,\theta_l)\\W_t&=f_4^{-1}(V_L,H,W_b,L,\beta_d,\beta_u,\alpha_r,\alpha_l,\theta_r,\theta_l)\end{aligned}\right\} \quad (3.11)$$

式中：$f^{-1}(\cdot)$ 为 $f(\cdot)$ 的逆向函数。

依据图 3.14 中横纵剖面，在三维空间内，此几何模型为横剖面纵向拉伸、与纵剖面横向拉伸的相交几何体作 4 次切割后的不规则空间几何体，如图 3.16 所示。经过相关参数的转换与推演，得到了 4 次切割体的数学表达式为

$$\left.\begin{aligned}V_1&=\frac{W_b(H+L_1\tan\alpha_l)^2}{2\tan\theta_l}-\frac{(H+L_1\tan\alpha_l)^3}{6\tan\theta_l}\left(\frac{\tan|\beta_d|+\tan|\beta_u|}{\tan|\beta_d|\tan|\beta_u|}\right)\\V_2&=-\frac{W_t L_1^2}{2}\tan\alpha_l+\frac{L_1^3\tan^2\alpha_l}{6}\left(\frac{\tan|\beta_d|+\tan|\beta_u|}{\tan|\beta_d|\tan|\beta_u|}\right)\\V_3&=\frac{W_b(H-L_2\tan\alpha_r)^2}{2(-\tan\theta_r)}-\frac{(H-L_2\tan\alpha_r)^3}{6(-\tan\theta_r)}\left(\frac{\tan|\beta_d|+\tan|\beta_u|}{\tan|\beta_d|\tan|\beta_u|}\right)\\V_4&=\frac{W_t L_2^2}{2}\tan\alpha_r+\frac{L_2^3\tan^2\alpha_r}{6}\left(\frac{\tan|\beta_d|+\tan|\beta_u|}{\tan|\beta_d|\tan|\beta_u|}\right)\end{aligned}\right\} \quad (3.12)$$

则堰塞体体积 V_L 为

$$V_L=f(\cdot)=\frac{H(L_1+L_t+L_2)}{2}(W_t+W_b)-(V_1+V_2+V_3+V_4) \quad (3.13)$$

式（3.13）是堰塞体体积 V_L 与 6 个长度与 6 个角度之间的数学关系。通过对空间几何体切割所得；因相关参数还需结合材料特性和边界条件进行确定，加之参数内嵌循环与多重代换，导致求解模型 $f(\cdot)$ 的显式表达较为困难，需编写求解程序。

3.5.3 模型求解

对于既有颗粒料所堆积的空间几何体，其形态特征是颗粒材料固有性质宏观反映以及形成过程与边界相互作用的结果，三者密不可分。依据物理模型试验，简化求解边界条件，在河道倾角为 $0°$、谷坡角 $\theta_l=-\theta_r=60°$ 的对称 V 形河谷条件下，将原有纵剖面顶部高度 L_t 设为 0，引入堆积体静态休止角 φ、滑坡角 θ_s 和滑距 S，并剖析内部参数间函数关系，以求解在特殊边界条件下的堰塞体几何形态特征参量的数学表达式。

1. 静态休止角 φ

整理不同级配时堰塞体上下游堆积角与颗粒料静态休止角的分布规律，如图

3.17 所示。

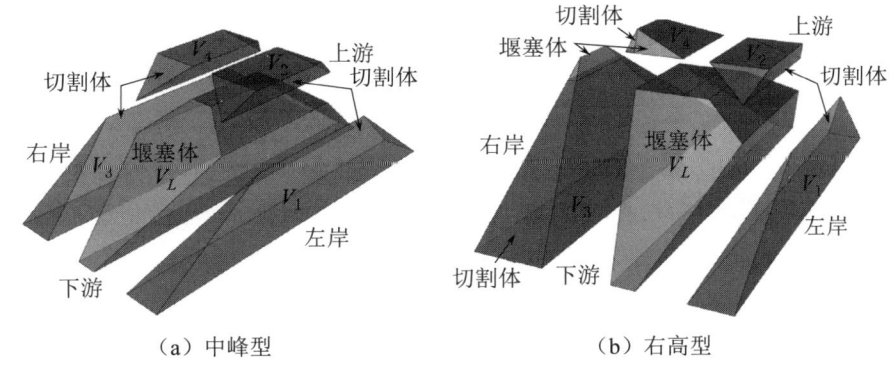

(a) 中峰型　　　　　　　(b) 右高型

图 3.16　割补法求取堰塞体体积

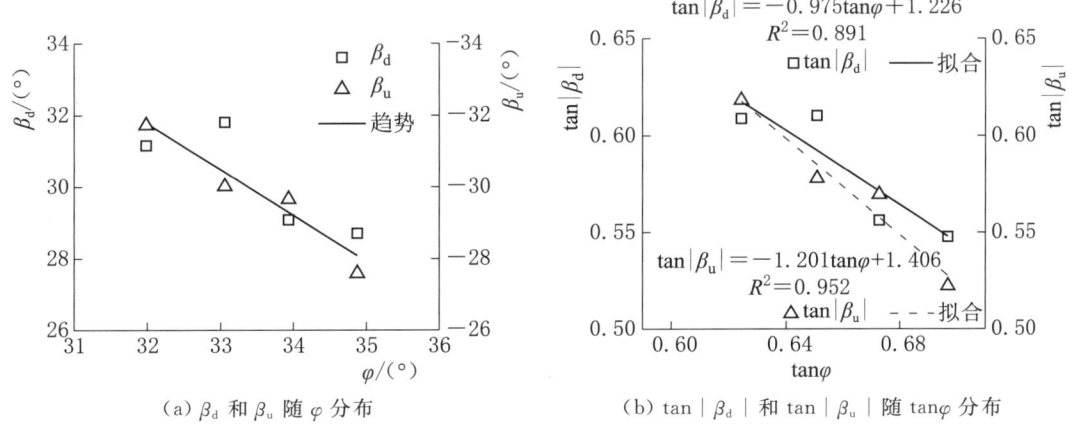

(a) β_d 和 β_u 随 φ 分布　　　　(b) $\tan|\beta_d|$ 和 $\tan|\beta_u|$ 随 $\tan\varphi$ 分布

图 3.17　堆积角与休止角分布

对于颗粒料运动沉积结果，堆积坡面角度的变化规律是材料固有自然休止角特性的宏观演化。在无边界约束的低速运动条件下，颗粒料堆积体将呈坡度为休止角的状态，此角度为颗粒料在最松状态下所能堆积的最大角度[78]，是材料内在属性的宏观反映；在顺河谷方向上，颗粒流体将沿河床或已有堆积体表层运动至动能耗尽为零时沉积。

由于河床倾角为 0°，上下游堆积角 β_d 和 β_u 均随 φ 增加呈负相关变化趋势。为了便于计算，均将其转化为正切值拟合，得到线性函数拟合方程，即式（3.14）。

$$\left.\begin{array}{l}\tan|\beta_d|=-0.975\tan\varphi+1.226\\ \tan|\beta_u|=-1.201\tan\varphi+1.406\end{array}\right\} \quad (3.14)$$

2. 体积形状

在确定地形条件下，堰塞体的高度和宽度受河谷宽度影响较为显著；在顺河向临空面，颗粒流堆积过程同样受材料岩性、级配等影响，所形成倾斜面形状与堰塞体高度和底宽密切相关。基于此，整理模型试验数据，分别绘制了 H 与 L、H 与 $W_b\tan\beta_d$ 的分布，如图 3.18 和图 3.19 所示。

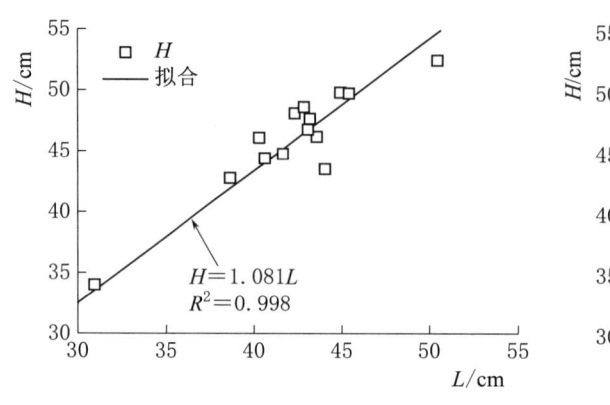

图 3.18　H 与 L 分布

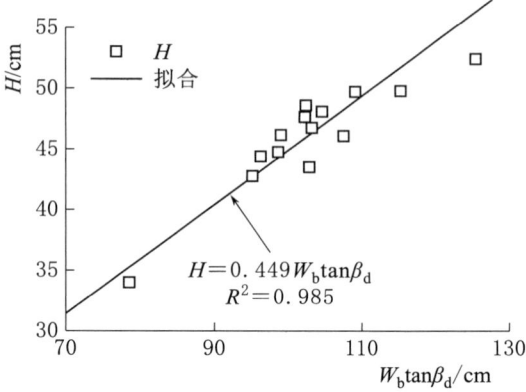

图 3.19　H 与 $W_b\tan\beta_d$ 分布

从图 3.18 和图 3.19 中数据点分布和拟合相关系数可知，堰塞体 H 与 L、H 与 $W_b\tan\beta_d$ 均呈现较好的线性变化规律，得到了其线性关系表达式，见式（3.15）和式（3.16）。斜率表征了高度随长度、底宽的综合变化规律[90]，也是河谷断面形态特征的体现。经过变量代换，结合 W_t 与 W_b 的几何关系式，则 W_t 也可用参量 L 表示，见式（3.17）。

$$H = 1.081L \tag{3.15}$$

$$H = 0.449W_b\tan\beta_d \tag{3.16}$$

$$\left.\begin{array}{l} W_b = \dfrac{2.405L}{\tan\beta_d} \\[2mm] W_t = \dfrac{1.321\tan|\beta_u| - 1.081\tan|\beta_d|}{\tan|\beta_d|\tan|\beta_u|}L \end{array}\right\} \tag{3.17}$$

3. 滑坡角和滑距

滑坡角度和滑动距离的变化对滑坡型堰塞体纵向断面形状的影响极为显著，滑坡角的改变诱发了滑源物质内部颗粒间接触作用特性，滑距的变化影响着颗粒流态特征。因此，两者与堰塞体纵向轮廓的坡度关系密切。整理了试验数据，绘制了堰塞体纵剖向坡面角度 α_l 及 α_r 随 S/L 的分布，如图 3.20 和图 3.21 所示。

从图 3.20 和图 3.21 可知，α_l 及 α_r 均随 S/L 增加呈线性变化规律；为简化运算和消除量纲，将角度转为正切值，并分别拟合其分布规律，相关函数表达式为

$$\left.\begin{array}{l} \tan\alpha_l = 0.050(S/L) - 0.742 \\ \tan\alpha_r = 0.035(S/L) + 0.277 \end{array}\right\} \tag{3.18}$$

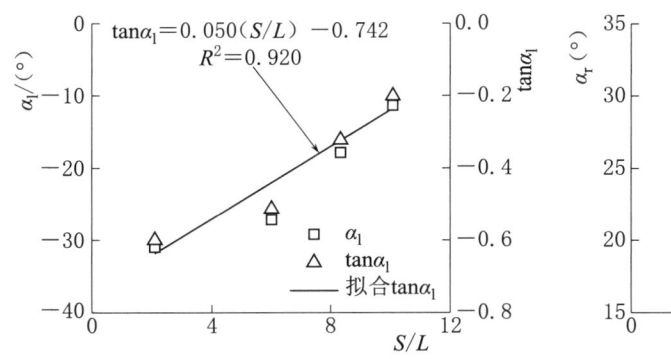
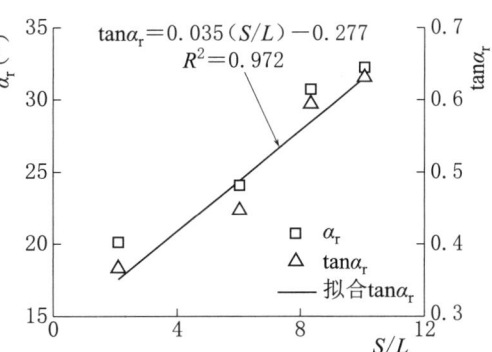

图 3.20　α_l 及 $\tan\alpha_l$ 随 S/L 的分布　　　　图 3.21　α_r 及 $\tan\alpha_r$ 随 S/L 的分布

4. 纵剖面特征拐点

虽然颗粒流堆积过程在纵剖向受到河谷阻滞作用，所形成坡面与横剖向临空滑动有所区别，但纵剖面堆积角度确定后，左右岸堆积坡面在水平方向距离应有分配规律。从物理模型试验结果可知，堰塞体纵剖向坡面形态概化为三特征点形态，存在特征拐点。假定左岸坡面距离 L_2 不为 0，以此探求特性拐点左右坡面距离间变化规律。整理试验数据，得到了 L_1/L_2 随 θ_s 的分布，如图 3.22 和图 3.23 所示。从图 3.22 和图 3.23 可知，L_1/L_2 与 $\tan\theta_s$ 呈现抛物线关系，采用二次函数拟合其变化规律，得到数学表达式，见式（3.19）。再结合 L_1、L_2 与 L 的几何关系，得到了 L_1 与 L_2 用 L 的表达式，见式（3.20）。

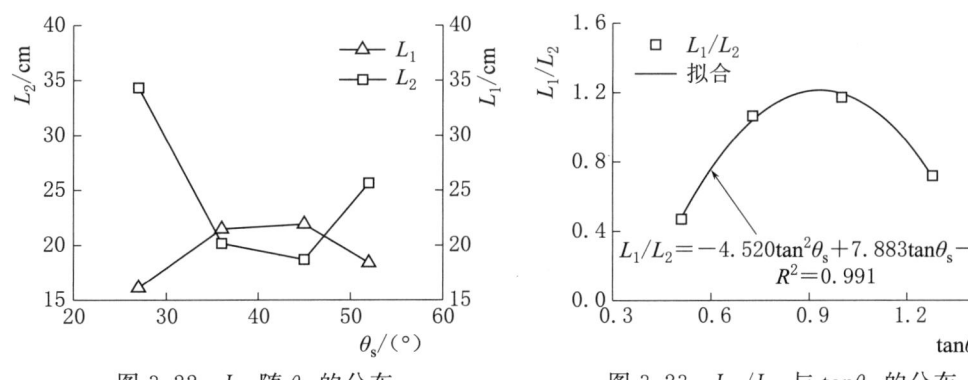

图 3.22　L_1 随 θ_s 的分布　　　　图 3.23　L_1/L_2 与 $\tan\theta_s$ 的分布

$$L_1/L_2 = -4.520\tan^2\theta_s + 7.883\tan\theta_s - 2.360 \tag{3.19}$$

$$\left. \begin{array}{l} L_2 = \dfrac{L}{-4.520\tan^2\theta_s + 7.883\tan\theta_s - 1.360} \\ L_1 = L - L_2 \end{array} \right\} \tag{3.20}$$

需要注意的是，因 L_1/L_2 的比值为非负，则式（3.19）中 θ_s 适用范围为

$21.00°≤θ_s≤53.68°$。在实际应用时,若斜坡 $θ_s<21°$,则该类型斜面难以形成滑坡型堰塞体;若斜坡 $θ_s>53.68°$,建议将 L_1 取为 0、L_2 为 L,整体处于单一斜面状态。

至此,通过 V 形河谷物理模型试验数据,将原有堰塞体 V_L 表达式中 12 个参量转换为参量 L、滑距 S、休止角 $φ$ 和滑坡角 $θ_s$ 的表达式。保留求解思路,结合数据处理,舍弃高阶小量,堰塞体体积简化为式(3.21),相应参量预测模型为式(3.22)。

依据物理模型试验结果,在寻求参量间关系过程中引入了一些拟合参数,因而进行方程迭代转换时易出现数据截断而丢失,且难以对堰塞体体积表达式的显式形式,需结合数值分析软件编程进行正向或逆向求解。详细程序设计流程如图3.24 所示。

$$V_L = f(·) = \frac{HL}{2}(W_t + W_b) - (V_1 + V_2 + V_3) \quad (3.21a)$$

$$\left. \begin{array}{l} V_1 = \dfrac{W_b(H+L_1\tanα_l)^2}{2\tanθ_l} - \dfrac{(H+L_1\tanα_l)^3}{6\tanθ_l} · \dfrac{\tan|β_d|+\tan|β_u|}{\tan|β_d|\tan|β_u|} \\[2mm] V_2 = -\dfrac{W_t}{2}(L_1^2\tanα_l - L_2^2\tanα_r) \\[2mm] V_3 = \dfrac{W_b(H-L_2\tanα_r)^2}{2(-\tanθ_r)} - \dfrac{(H-L_2\tanα_r)^3}{6(-\tanθ_r)} · \dfrac{\tan|β_d|+\tan|β_u|}{\tan|β_d|\tan|β_u|} \end{array} \right\} \quad (3.21b)$$

$$\left. \begin{array}{l} L = f_1^{-1}(V_L, S, φ, θ_s, θ_r, θ_l) \\ H = f_2^{-1}(V_L, L, S, φ, θ_s, θ_r, θ_l) \\ W_b = f_3^{-1}(V_L, L, S, φ, θ_s, θ_r, θ_l) \\ W_t = f_4^{-1}(V_L, L, S, φ, θ_s, θ_r, θ_l) \end{array} \right\} \quad (3.22)$$

3.5.4 模型验证

在堰塞体几何形态参量中,坝体体积、高度、底部宽度和长度是地质灾害预测预警中的重要参量。从预测模型建立过程可知,该量化模型源自堰塞体形成过程且基于典型断面特征而建立,还需从本书物理模型、同类模型试验、自然堰塞体数据和典型堰塞体案例四个角度来验证其有效性、适用性和不足。

3.5.4.1 本书物理模型对比

依据式(3.21)及相关参数确定的方程,采用 Matlab 数值计算软件编写计算程序。依据物理模型试验的实测数据,得到了堰塞体体积的计算值 R_c;进一步,以体积试验值 R_a 作为基准,采用式(3.23)得到了 R_c 与 R_a 之间的相对误差 RE,如图 3.25 所示。

从图 3.25 可知,R_c 数据点均紧邻 45° 倾斜直线两侧分布,且 RE 取值范围为 $-3.22\%\sim14.96\%$;据此可知,由量化模型所得 R_c 与模型试验 R_a 呈现出相同的

3.5 几何形态量化模型

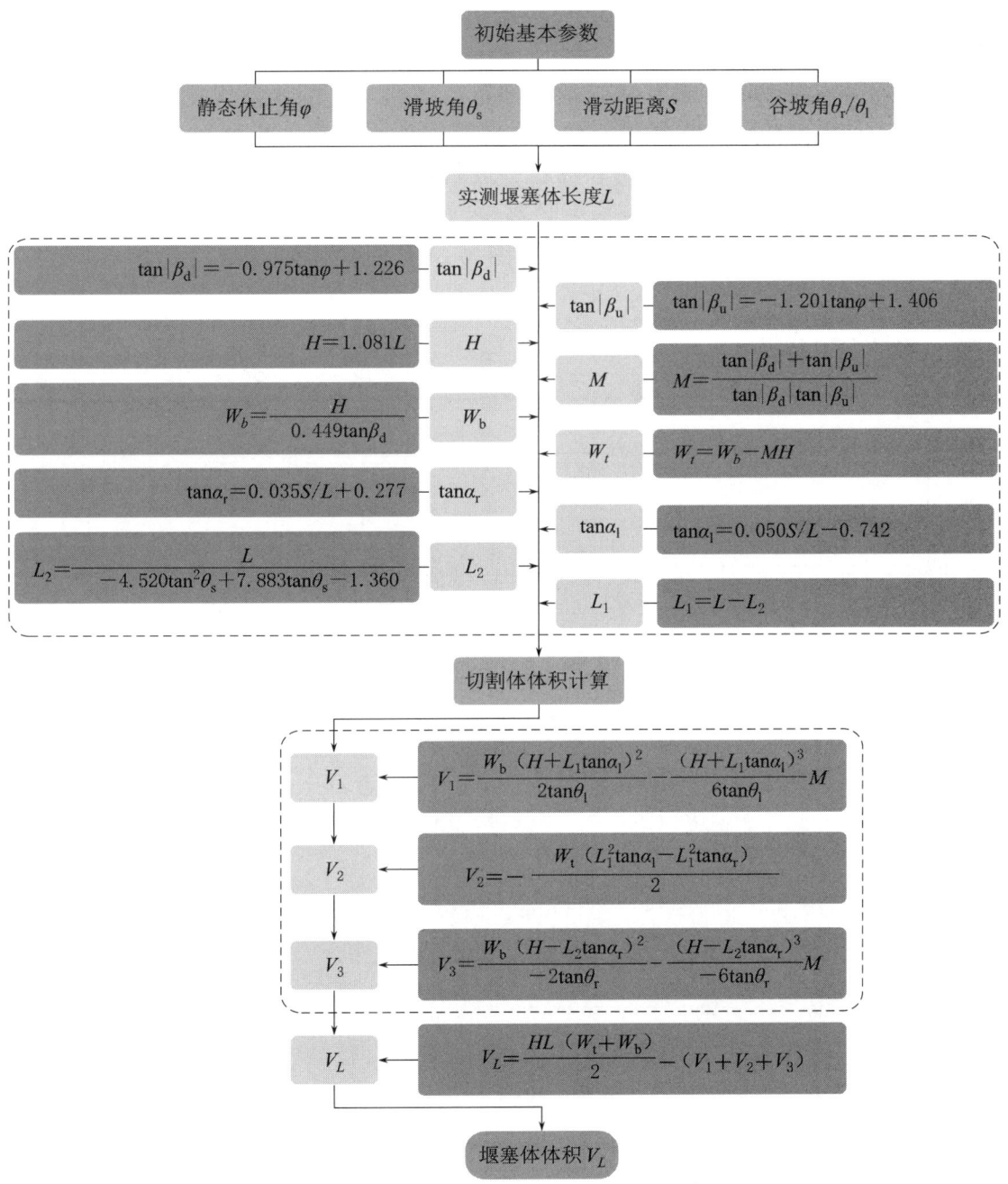

图 3.24 堰塞体几何形态特征求解流程

变化趋势，吻合程度较好，差异性不显著。这表明所建立计算模型能反映不同滑坡角和滑距的堰塞体体积特征。

$$RE = \frac{R_c - R_a}{R_a} \times 100\% \quad (3.23)$$

式中：R_a 为试验值；R_c 为计算值；RE 为相对误差，若为正，则表明 R_c 小于 R_a，若为负，则 R_c 大于 R_a。

考虑数据传递中舍入误差导致结果异常，且式（3.22）是关于待预测参量的高次函数，对其进行逆向求解可能存在无实数解或奇异值。根据式（3.22），结合式（3.21）计算方法，编制逆向求解程序进行高度、长度和底宽参量验证。与体积参量对比相似方法，分别绘制堰塞体高度、长度和底宽的 R_c 随 R_a 的分布，并计算其 RE 分布，如图 3.26、图 3.27 和图 3.28 所示。

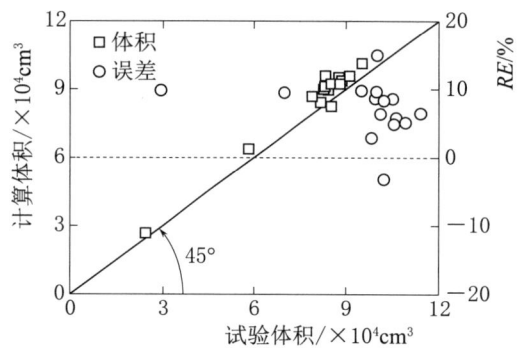

图 3.25　体积的计算值与试验值分布

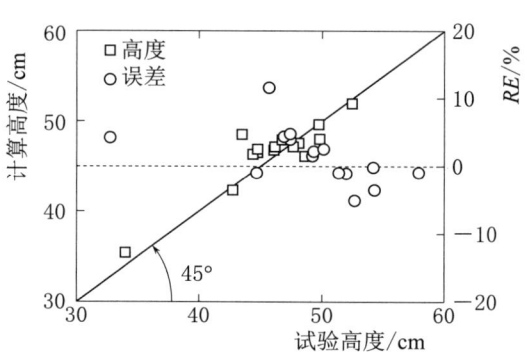

图 3.26　高度的计算值与试验值分布

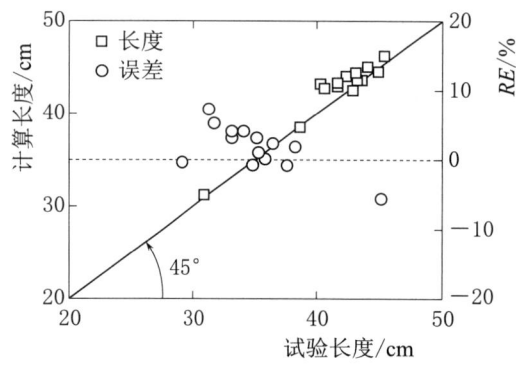

图 3.27　长度的计算值与试验值分布

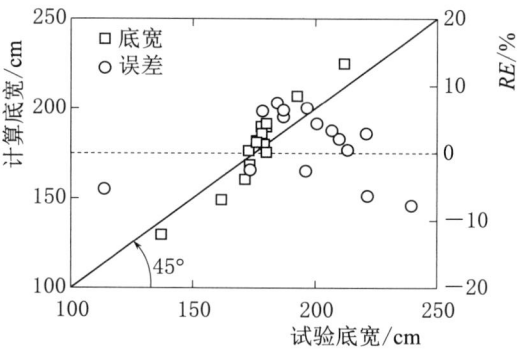

图 3.28　底宽的计算值与试验值分布

通过数据点分布可知，高度、长度和底宽的 R_a 与 R_c 均紧邻于 45°直线两侧分布，表明两者变化趋势相同；从 RE 分布及数值可知，高度、底宽和长度的 RE 大多分布于 0 值上方，且取值范围依次为 $-5.09\% \sim 11.56\%$、$-7.75\% \sim 7.48\%$ 和 $-5.59\% \sim 7.31\%$。

从上述分析可知，量化模型的计算值与物理试验数据的所有相对误差绝对值均低于 15%，说明所建立量化模型能够根据滑源物质体积、滑动距离、滑坡角度和河谷坡度等参量计算堰塞体堆积高度、底宽和长度等关键特征参数。这进一步表明较好地反映静态休止角、滑坡角和滑动距离对滑坡型堰塞体几何形态特征的影响，同时也能表征其空间几何参数间关系，并描绘形状轮廓。

3.5.4.2 同类模型试验

为了能够寻求单一因素影响，室内物理模型试验是常用的研究手段。因侧重点不同，试验设计及相关尺寸存在差异性，但其试验数据和结果应存在类比性。文献[89]进行了U（或箱）形河谷中滑坡型堰塞体形态特征分析，颗粒料滑距较小且固定，土料设计体积为 $2.0 \times 10^4 \mathrm{cm}^3$；文献[90]是采用V形河谷进行试验，并未考虑静态休止角的影响，且设计体积为 $3.0 \times 10^4 \mathrm{cm}^3$；文献[91]进行了梯形河谷断面模型试验，设计体积为 $8.0 \times 10^4 \mathrm{cm}^3$，未建立相关量化模型。前两篇是依据堰塞体宽度-高度的断面形状建立量化模型，值得注意的是三篇文献都提到了地形地貌因素对堰塞体长度方向的形态特征存在影响，但均未量化此影响，更没将其纳入所建立的量化模型之中。

尽管堰塞体几何形态是影响堰塞体稳定性的关键特征，但当前相关量化模型较少。整理了不同初始设计体积的三例典型同类模型试验数据[89-91]，将相关参数分别代入原文献与本书的几何形态量化模型；考虑到模型评价标准一致性与准确性，以堰塞体体积作为标准进行了量化模型对比，并进行了 RE 计算，如图3.29所示。

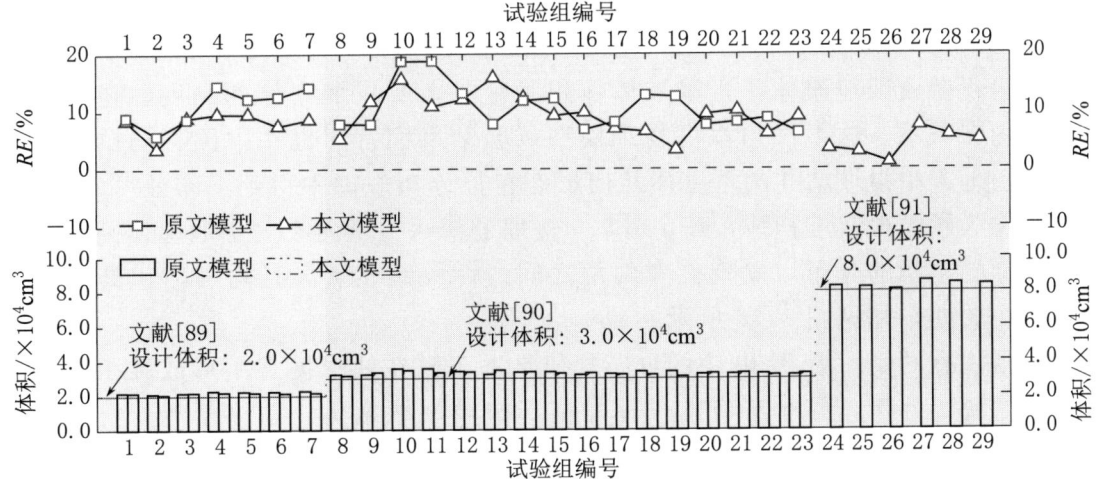

图3.29 模型试验所成堰塞体的体积及其 RE 结果对比

从图3.29可知，本书所建量化模型对U形河谷中堰塞体体积量化的 RE 要整体小于文献[89]中模型，对V形河谷中体积 RE 的最大值小于文献[90]的模型，梯形断面内体积 RE 为 $1.02\% \sim 7.46\%$。因此，本书所建立堰塞体几何特征量化模型，与不同河谷形态的同类型物理模型试验数据的吻合程度较好，且相对误差较小。

3.5.4.3 自然堰塞体数据

搜集了中国、意大利、日本等近百个自然形成滑坡型堰塞体数据，发现记录者对地质体几何形态数据记录较为详细，但部分案例未记录或概括性描述滑坡体形成过程的重要信息。这使得后续研究者对数据使用与分析出现了两类分化：一是以数据量为驱动导向，不考虑或模糊分析参数间物理联系，如堆积或水力形态指标、逻辑或多元回归、贝叶斯和神经等网络概率统计、机器云和深度等学习方法；二是以物理机制为驱动导向，探求影响因素对堰塞体物理力学特性影响，如考虑物质组成的冲蚀溃决模型等。依托物理模型试验中试验现象和数据结果，引入了特征参数表征物理量间联系；因此，所建几何形态量化模型属于以物理机制为导向的精细化模型，对于自然形成滑坡型堰塞体的适用性还需进一步验证。

由于历史案例记录信息不完整，难以获取滑源物质静态休止角、河谷坡角等参数，无法直接验证。因此，需将堰塞体统计数据信息作为已知条件，进行模型参数率定；随后，再反演出静态休止角、滑动距离、滑坡角等模型参数；最后，利用反演参数，计算出堰塞体宽度，并与实际宽度进行对比，以验证所建预测模型的适用性。

1. 堰塞体高度、宽度和长度与体积的关系

自然条件下，颗粒流受河谷阻挡作用而滞停并形成堆积体，这表明堰塞体高度与长度存在一定相关性；加之，颗粒流在顺河临空方向上归属自由滑移堆积，类比静态休止角的形成，这同样可推定为堰塞体高度与宽度也存在联系[145]。因此，作为复杂成因地质体，当滑坡体体积确定时，所成堰塞体的高度、宽度和长度存在内在联系。这不仅与本书物理模型试验结果相符，也在中国喜马拉雅山地区和汶川地震中滑坡堵江的堰塞体几何形态特征分布规律中得到了印证[146-147]。进一步，作为颗粒松散堆积体，Korup[148]整理了新西兰境内113例堰塞体高度、长度、宽度随体积的分布，发现三者两两之间线性关系显著，且均与体积具有较好的线性相关性，如见图3.30所示。

值得注意的是，图3.30中的分布规律是基于已在地形河谷中形成堆积堰塞体而进行的统计分析，并非所有滑坡体均能形成堵江堰塞体。诸多学者[149]从滑坡运移和水文影响角度提出了滑坡成坝的判别指标，见表3.1；因本书物理模型试验中暂未考虑水体影响，结合搜集到堰塞体数据信息，选择Tacconi等[150]提出的MOI指标对已有堰塞体数据进行筛选；因缺乏谷宽数据，用坝体长度代替谷宽，得到修正MOI*值，同样筛选出MOI*大于3.08的案例。最终得到了符合要求的案例数为53个，并绘制了堰塞体高度、长度和宽度随体积的分布，如图3.31所示。对比图3.30和图3.31可知，两者所用案例的数据分布特征相似，这表明本书所用53个案例数据库能够表征自然形成滑坡型堰塞体的几何形态特征，具有一定的普适性。

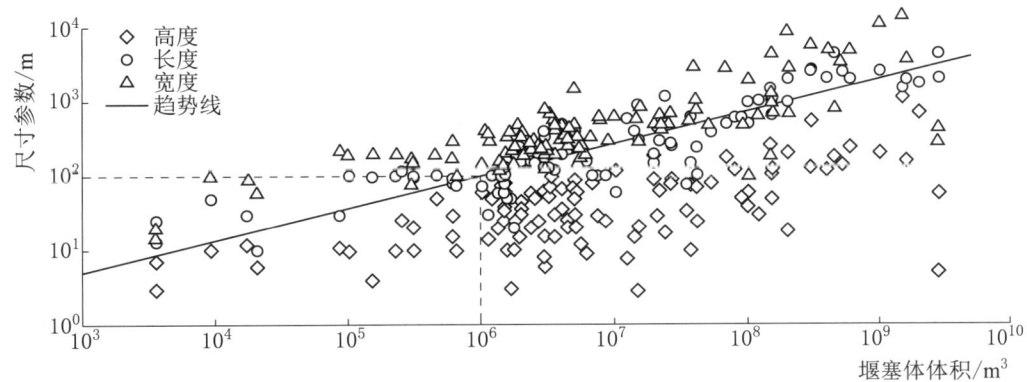

图 3.30 堰塞体高度、底宽和长度与体积的分布（Korup 等[148]）

表 3.1 堰塞体成坝判别指标方法[149]

判别指标	判别条件 成坝	判别条件 未成坝	案例来源	判别指标	判别条件 成坝	判别条件 未成坝	案例来源
$ACR = u/w$	>100	—	日本	$DMI = \dfrac{2\rho_L u^2 V_L}{\rho_w g h^2 w W_L}$	>1	<1	意大利
$ACR = \lg(w/u)$	<4.26	>6.88	意大利	$DCI = \dfrac{uwH_L d_{30}}{Q_p V_L}$	>0.002	—	意大利
$MOI = \lg(V_L/w)$	>4.6	<3.00 <3.08	意大利 秘鲁	$RBC = Q_l/Q_w$	≥1.5	<1.5	试验

注　u 为滑体运动速度；w 为河谷宽度；V_L 为堰塞体体积；ρ_L 为堰塞体材料密度；ρ_w 为水体密度；g 为重力加速度；h 为河道水深；W_L 为滑坡体宽度；H_L 为滑坡体高度；d_{30} 为质量累积含量为 30% 时的颗粒粒径；Q_p 为重现期为 5 年时河道流量；Q_l 为单位时间内滑入河道颗粒体积；Q_w 为水体流速。

整理 53 例堰塞体数据，绘制了其高度随长度、宽度的分布，如图 3.32 和图 3.33 所示。

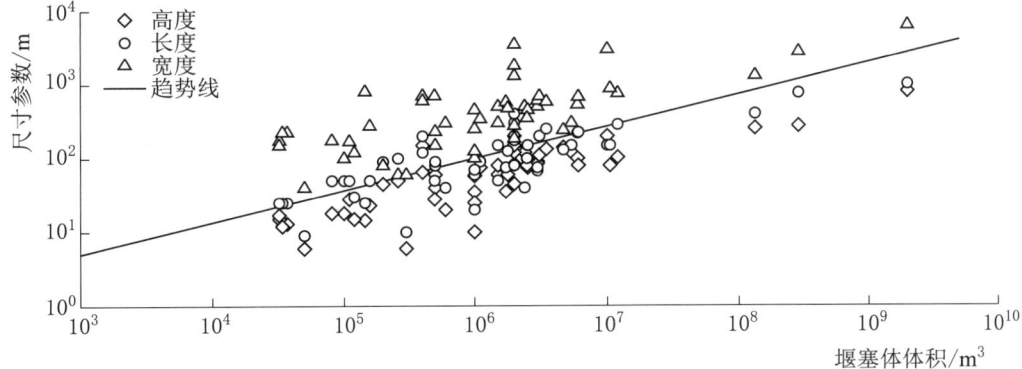

图 3.31 堰塞体高度、底宽和长度与体积的分布（本书案例数 53 个）

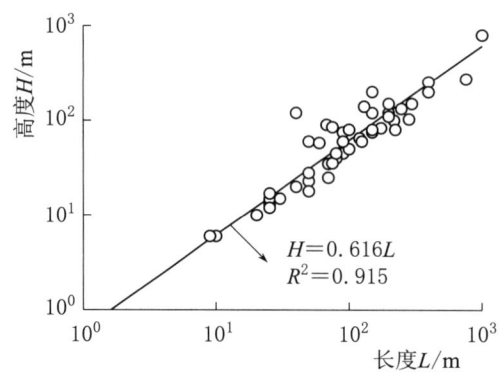

图 3.32 堰塞体高度随长度分布
（案例数 53 个）

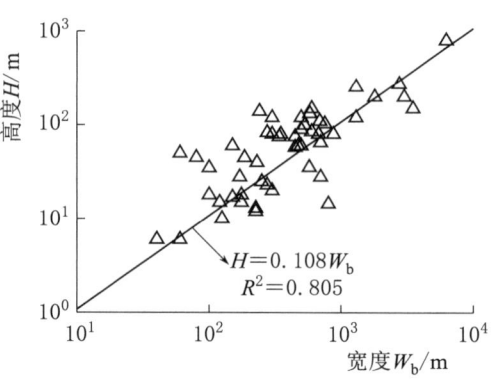

图 3.33 堰塞体高度随宽度分布
（案例数 53 个）

从图 3.32 和图 3.33 可知，53 个案例数据库中堰塞体高度与长度、宽度的线性关系显著，其函数表达式为式（3.24）；这也与本书物理模型试验结果较为吻合，如图 3.18 和图 3.19 所示。更进一步，对比模型试验结果与天然案例数据可知，因简化边界条件，导致了高度与长度、宽度的线性函数倾斜程度不同，即堰塞体几何尺寸间函数关系的参数存在差异性，这也是在使用时需进行模型参数率定的原因。

$$\left.\begin{array}{l} H=0.616L, \quad R^2=0.915 \\ H=0.108W_b, \quad R^2=0.805 \end{array}\right\} \quad (3.24)$$

2. 滑坡地形参数

从能量角度，滑源物质运动过程即为将其高位势能转化为动能的过程；为了能够获取较大的转化效率，适宜的地形、地貌特征是必要条件，主要体现为地形坡度、滑动距离和表观摩擦系数等。类似，滑源物质堆积过程即为其与边界相互作用、将所携带动能耗散殆尽并保持最小势能的过程，则河谷横剖面形态也是最为重要的因素[151]。

经历地质构造运动和长期自然环境作用后，地形坡度并非越大越容易形成滑坡型堰塞体；若地形坡度过大，不稳定区域岩土体相对较少，所能获取滑源物质体积相对较小；当地形坡度太小时，滑源物质势动能转化不显著，滑坡体运移速度相对较低。因此，堵江滑坡所成的滑坡型堰塞体易形成于边坡坡度为 30°～45° 的斜坡转折临空地带[28,152]。柴贺军等[153] 依据 25 个滑坡堵江堰塞体案例，经回归分析得到了堰塞体高度 H 与其滑源物质边坡高度 H_f 存在线性关系，可用式（3.25）表示，H_f 的计算方式如图 3.34 所示。

$$H_f=3.028H+45.366, \quad R^2=0.88 \quad (3.25)$$

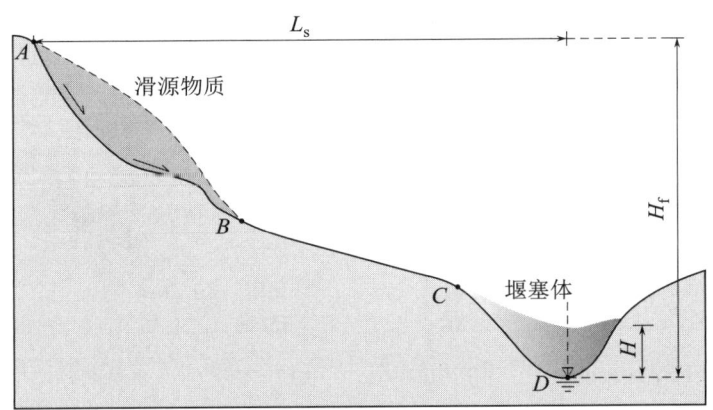

图 3.34 滑坡堵江堰塞体剖面示意图（阐述 L_s 与 H_f 的计算示意）

从式（3.25）可知，形成滑坡型堰塞体需要具备适宜的边坡高度（即滑动距离）。需要注意的是，式（3.25）中仅是两者统计数据关系，并非 H 决定 H_f，而是 H_f 影响 H 值。

3. 模型率定参数取值

从上述分析可知，图 3.24 中求解流程中各个函数关系仍为有效，但相关参数取值需结合自然堰塞体案例数据库进行率定。

(1) 求解 $\tan\varphi$ 与 $\tan\beta_u$。同比式（3.16）和式（3-24），则有 $\tan\beta_d=0.241$；将其代入式（3.14），求解出 $\tan\varphi$ 和 $\tan\beta_u$，分别为 1.010 和 0.193。

(2) 求解滑动距离 S。Fan 等[141]将滑源物质后缘至河谷中心的水平距离定义为 L_s，如图 3.34 所示，并指出 H_f 与 L_s 的比值是形成滑坡型堰塞体的重要控制因素；此处将其作为本节验证所用的边坡滑坡角参数 θ_s，取为 40°。

真实形成堰塞体的滑动路径为图 3.34 中不规则线路 ABCD 段，需采用 Manning 阻力模型确定沿程糙率[154]，然而此参量往往难以准确测量[155]；为此，将曲线概化为直线，即将直线 AD 距离作为本节验证所用的滑动距离 S。依据式（3.25），结合 θ_s 取值，则可用式（3.26）计算 S 值。

$$S=(3.028H+45.366)\sin\theta_s \tag{3.26}$$

(3) 谷坡角 θ_r/θ_l。理论上，河谷横剖面形态对堰塞体几何尺寸起主要控制作用[148]。从几何角度，利用宽深比、凹度和不对称系数等指标表征河谷横剖面形态特征；对于滑坡堵江形成堰塞体而言，其所处河谷横剖面的宽深比取值集中分布于 2.5~4.5 范围[156]，即河谷边坡角度为 51.34°~66.04°。因此，此处验证时仍保持模型初始取值，即 $\theta_r=\theta_l=60°$。

至此，结合本节计算流程中所需参数，已经根据自然形成堰塞体案例研究成果确定了堰塞体几何特征计算模型参数初值；将其代入至图 3.24 所示求解流程，分别得到堰塞体体积与底宽的计算值与实际值，如图 3.35 所示。

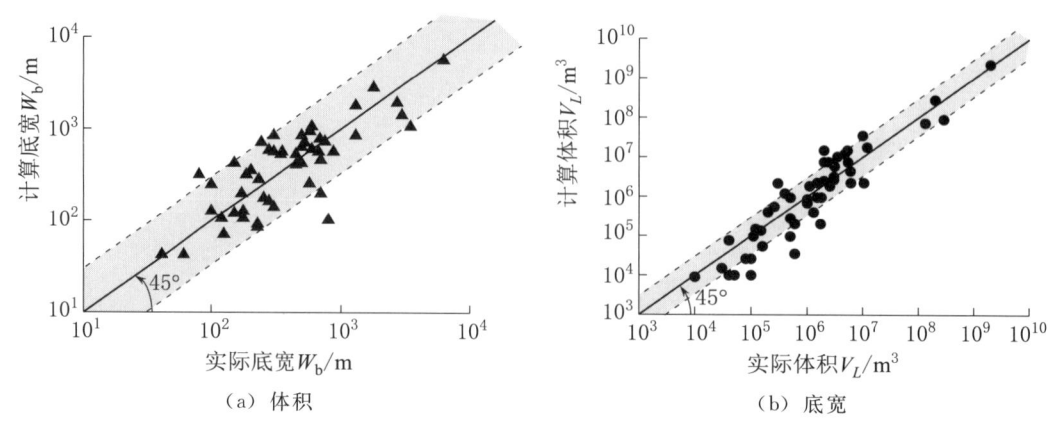

(a) 体积　　　　　　　　　　　　(b) 底宽

图 3.35　自然形成堰塞体几何特征结果对比（案例数 53 个）

从图 3.35 中可知，模型底宽与体积的计算值分布较为一致，均紧密沿 45°倾斜直线分布，其中灰色区域为 95％的置信区间；两者分别有 92.5％和 79.25％的数据点分布于此范围内。自然形成的实际堰塞体几何形态非常复杂，影响因素也较多。相关参数尺寸计算结果与实际存在偏差的主要原因有：①缺乏更为详细的初始参数信息，初始参数是依据既有研究成果所确定，存在一定的经验成分，如滑动距离；②堰塞体形状空间波动性导致了已有测量手段不能精确计算出堆积体积；③依据颗粒料静态滑动堆积倾斜角，将堰塞体断面形状简化为直线，与实际空间形态仍存在一定差异。整体上，所建几何形态计算模型还是能够量化自然形成堰塞体空间几何形态的分布规律。

3.5.4.4　典型堰塞体案例

2014 年 8 月 3 日，云南省鲁甸县发生了 6.5 级地震，产生了大体积岩质滑坡，阻塞了牛栏江干流河道，形成了堰塞体，其中以红石岩堰塞体最为典型。该堰塞体左侧岸坡上部为陡崖，下部岸坡是原有古滑坡堆积体，整体坡度较缓；右岸地形上部坡度为 50°～60°，下部同为陡崖，呈上缓下陡的凸形态，边坡垂直高度约为 600m，如图 3.36 所示。

堰塞体顶部 1222.0m 高程横河向平均宽度约 262m，顺河向顶部宽度为 17m、底部宽度约为 910m，上游迎水面、下游面的平均坡比约为 1∶2.5 和 1∶5.5；堆积体最大高度达 103m，总方量约 $1.2 \times 10^{7} \text{m}^{3}$。堰塞体母岩主要为奥陶系中统巧家组、泥盆系及二叠系的中厚层状白云质灰岩和白云岩夹砂岩；堆积体以粗颗粒为主，粒径大于 30cm 约占 30％，10～30cm 约占 40％，小于 10cm 约占 20％；大型三轴试验结果表明堆积材料内摩擦角为 48°。堆积河谷可视为 V 形，左岸坡度为 35°、右岸坡度为 52°。

根据上述描述，确定了红石岩堰塞体输入模型计算参数初值见表 3.2；仍采用

3.5.4.3 节中自然形成堰塞体模型参数率定结果,并代入初值至式(3.22)计算,得到红石岩堰塞体几何参数实测值与计算值,见表 3.3。对比可知,该计算模型在实际应用中可以量化堰塞体几何形态参数的预测。

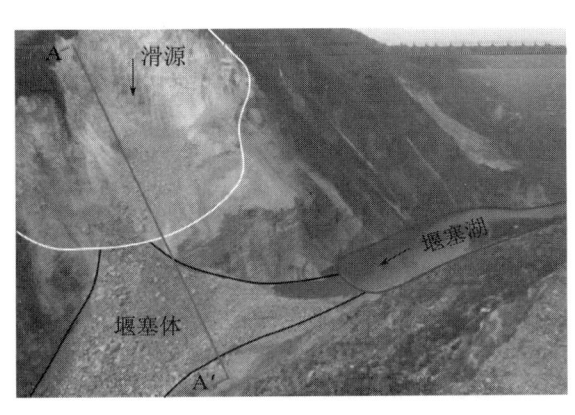
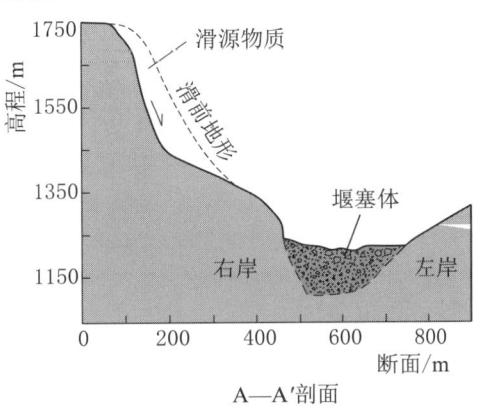

图 3.36　红石岩堰塞体现场及其剖面图

表 3.2　　　　　　　　　红石岩堰塞体输入几何参数值

参数	$\varphi'/(°)$	$\theta_s/(°)$	S/m	$\theta_r/(°)$	$\theta_l/(°)$	V_L/m^3
取值	48	60	600	52	35	1.2×10^7

表 3.3　　　　　　　　红石岩堰塞体几何参数实测值与计算值

类 型	H/m	L/m	W_b/m	$\beta_u/(°)$	$\beta_d/(°)$
实际值	103	262	910	21.8	10.3
计算值	142	241	1062	15.9	13.8

多种复杂条件下,堰塞体在形成过程受到诸多因素影响;在进行几何形态特征和物理力学指标统计分析时,岩土体重要参数(如静态休止角、滑动速率、地形地貌特征等)难以及时获取或统计完整。整理了国内外典型堰塞体案例,发现堆积体的高度、长度、宽度和体积等直观且重要的参数较为容易,堆积体上下游坡度、河谷坡度和形态等参量易不被重视;考虑到运动过程中涉及颗粒碎裂现象,几乎难以获取滑坡堆积前岩土体的静态休止角。因此,依据室内物理模型试验结果,本书所建立的考虑颗粒料运动-堆积过程的堰塞体几何特征量化模型难以表征任何条件下所有因素的影响。

综上所述,通过对本书及同类型物理模型试验数据、自然形成堰塞体数据和典型堰塞体案例的适应性与差异性分析可知,所建几何特征量化模型的计算值与真实值存在一定的偏差。真实堰塞体的复杂空间几何形态源自地质环境中多种因素(如不规则的谷坡与地形、水体等)共同作用。

概化边界条件的室内物理模型试验一定程度上再现了主控因素影响,据此所建立的量化模型能够表征不同的初始级配、滑坡角和滑动距离对堰塞体堆积形态的影响。与同类型量化模型相比，本书模型整体相对误差偏小，且考虑了堆积体长度方向的形态特征。室内物理模型试验简化了地形地貌等边界条件，能够揭示堰塞体形成过程中的规律与机制，但同样影响模型参数的率定；因此，在应用量化模型时还需考虑参数的有效率定，郑光等[157]也遇到相似问题，这是模型试验需要进一步改进的地方。堰塞体外部形态是滑坡堵江灾害链的关键环节，总体上，本书所建立模型量化了堰塞体外部几何形态特征，有助于依据滑源物性和地形地貌预测与评估滑坡堵江灾害规模，为地质灾害链防灾减灾提供理论指导。

3.6 本章小结

通过无底圆桶试验，分析了堰塞体材料静态休止角变化规律。依据U形河谷堰塞体斜坡滑动-河谷堆积试验结果，阐述了二维及三维状态下滑坡型堰塞体表面及内部颗粒分布特征，分析了二维状态下孔隙比、粒组相对含量和均化粒组的空间变异特征。依据V形河谷试验结果，探究了颗粒级配、滑坡角、滑距、滑源体积和最大粒径对堰塞体空间几何形态影响，建立了相关量化模型，并与本书和同类模型试验数据、天然堰塞体几何数据作对比，以验证模型有效性。主要得到了以下结论：

（1）堰塞体材料级配和孔隙比的空间变异强烈程度与滑源物质粗颗粒含量和河谷沉积边界密切相关。粗颗粒含量越高，河谷横向限制越小，坝体材料的空间变异程度越剧烈。U形河谷试验结果表明，堰塞体材料均化粒组从二维平面状态的22～30mm下降至三维空间状态的10～14mm。

V形河谷中堰塞体表面颗粒堆积特征与U形河谷存在相似性，但程度更为显著。堆积体表面可划分为滑入区、扩散区和稳定区三个部分。小颗粒集中分布于靠近滑坡侧的滑入区，大颗粒沿滑入区向远离滑坡侧、河谷两侧临空方向逐渐增多。

（2）当颗粒级配不同时，滑源物质粗、细颗粒含量的相对比例各有不同，这直观体现为断面曲线轮廓光滑性的差异。细粒含量越高，颗粒流动过程中表现出类流体特征越显著，从而弱化了颗粒分选现象。粗颗粒含量越高，堰塞体堆积表面颗粒分布差异性程度就越显著。

滑动斜面倾角对堰塞体宽度及长度方向的几何形态特征的影响极为显著。当滑动角度较小时，滑源颗粒料易在近滑侧形成堆积体，坝体最低点位于远滑侧；反之，则最低点位于近滑侧。

当滑动距离较小时，堆积体最高点位于河谷近滑侧；随着滑动距离增加，最高点逐渐转移至河道远滑侧，长度方向断面形态从类抛物线对称形态逐渐演变为非对称折线状,且左右陡峭和坡长存在显著差异。

滑坡物源体积对堰塞体坡面陡峭程度和坡面拐点位置等几何形态特征存在重要影响。物源体积越小,堰塞体几何形态越趋向于单一简单曲线。最大粒径的减小改变了堰塞体远滑侧坡面形态,对近滑侧坡面影响弱于远滑侧。

(3) 依据横剖面与纵剖面的分布形式,采用 10 个特征点、4 组参数概化堰塞体几何形态特征;引入了滑距、休止角和滑坡角等 12 个参数,依据空间几何体形态,利用割补法推导了堰塞体体积 V_L 的数学表达式;通过求逆函数方式,建立了滑坡型堰塞体几何形态参数的量化模型,并编制了相关计算程序。

与本书模型试验数据相比,所建量化模型正向体积相对误差为 $-3.22\% \sim 14.96\%$;逆向预测的高度、底宽和长度的相对误差均小于 15%。这表明所建立计算模型能够反映不同静态休止角、滑坡角和滑距的堰塞体几何形态特征的影响。

与同类 U 形、V 形和梯形断面河谷的模型试验结果相比,本书所建模型对滑源体积的相对误差为 $1.02\% \sim 7.46\%$;这表明与不同河谷形态的同类型物理模型试验数据的吻合程度也较好,且相对误差较小。

通过参数反演,确定了本书模型对自然形成堰塞体案例的率定参数,并用率定参数进行了满足成坝要求的 53 例堰塞体底宽和体积的计算。数据分析表明,底宽与体积的模型值与实际值分布较为一致,均紧密沿 45°倾斜直线分布,表明本书所建模型能够量化自然形成堰塞体空间几何形态的分布规律。最后,以红石岩堰塞体为例,再次验证了本书所建模型的适用性。

第4章 堰塞体孔隙比空间变异特征

4.1 概述

作为颗粒散粒料堆积而成的堰塞体,坝体内部不同区域间孔隙天然存在差异性,其分布规律与滑源物性条件和滑道地形地貌等多种因素密切相关。经典概率论与数理统计的原理、理论和方法注重地质材料随机性,而忽略其初始状态和形成过程导致的结构性。这将对堰塞体孔隙比初始分布的仿真、模拟与反演结果产生偏差。如何在融入结构性的基础上研究孔隙比的空间随机分布,就成为十分棘手的现实问题。

引入地质统计学中区域化变量概念,依据变异函数理论,对物理模型试验中不同空间三维坐标值的孔隙比进行数学函数化,并进行各向异性结构特征分析,揭示堰塞体材料孔隙比空间变异结构性。基于该主导变化趋势,融合区域化变量随机性和结构性,利用泛 Kriging 空间插值方法开展孔隙比三维空间的场量化,为堰塞体材料孔隙比初始场的确定提供指引。

堰塞体孔隙比空间变异特征与其形成过程密切相关。提取颗粒级配、斜面滑坡角、滑动距离和最大粒径作为影响因素,通过变异函数曲线的拱高、变程和各向异性变化率来量化孔隙比自相关特性。在此基础上,给出不同因素水平下孔隙比空间变异强方向,并作出主要诱发原因的分析。

尽管区域化变量的变异函数理论能够表征孔隙比空间分布特征,但这仍是在特定方向上的应用,还需运用空间插值理论将其从"点特征"拓展至空间"场特征"。因此,采用泛 Kriging 空间插值方法将孔隙比的空间分布有效地拓展至三维空间,实现物理量的初始场量化。本章将紧密结合堰塞体形成过程,探究堰塞体孔隙比空间分布规律和结构变异特征。

4.2 空间量化理论

4.2.1 区域化变量

在地质统计学理论中,将测试物理量 ω 空间属性值 V^ω 视为区域化变量

$Z(x)$，用以反映 ω 在地质体域 V_G 内分布特征的结构性和随机性。现实状态下，对空间点 x 进行一次观测后，将得到 $Z(x)$ 的一次实值 $z(x)$。因此，区域化变量固有属性 V^ω 体现为：观测前为与空间坐标相关的随机场，观测后为空间实值点或函数。

由于空间点对的真实数据仅能进行一次测定，则其位置不允许重复，且函数值是唯一存在。因此，采用平稳假设和内蕴假设对区域化变量进行条件限制。

4.2.1.1 平稳假设

在整个研究区域内，当 $Z(x)$ 满足下列两个条件时，称其满足二阶平稳。

(1) $Z(x)$ 的期望 $E[Z(x)]$ 存在，且等于 m（常数）：
$$E[Z(x)] = m, \forall x \tag{4.1}$$

(2) $Z(x)$ 的空间协方差函数存在，且平稳：
$$Cov[Z(x), Z(x+h)] = E[Z(x)Z(x+h)] - m^2 = C(h), \forall x, \forall h \tag{4.2}$$

当距离 $h=0$ 时，式（4.2）变成：
$$Var[Z(x)] = C(0), \forall x \tag{4.3}$$

式中：$Cov(\cdot)$ 及 $C(\cdot)$ 为协方差；$Var(\cdot)$ 为方差；$C(0)$ 为先验方差。

协方差平稳意味着方差及变异函数 $\gamma(h)$ 平稳，从而有关系式：
$$C(h) = C(0) - \gamma(h) \tag{4.4}$$

4.2.1.2 内蕴假设

在实际应用时，某些区域化变量属性值因协方差函数不存在而不能满足二阶平稳假设。此时，需考虑区域化变量增量的统计量变化规律。在整个研究区域内，若区域化变量的增量 $Z(x) - Z(x+h)$ 满足下列两个条件时，称该区域化变量满足内蕴假设。

(1) 区域化变量增量 $Z(x) - Z(x+h)$ 的数学期望为 0，即
$$E[Z(x) - Z(x+h)] = 0, \forall x, \forall h \tag{4.5}$$

(2) 所有数据点对增量 $Z(x) - Z(x+h)$ 的方差函数存在，且平稳，即
$$Cov[z(x) - z(x+h)] = E[z(x) - z(x+h)]^2 = 2\gamma(h), \forall x, \forall h \tag{4.6}$$

4.2.2 变异函数

4.2.2.1 概念及性质

在内蕴假设下，期望值 $E[Z(x) - Z(x+h)]^2$ 仅仅依赖于分割它们的距离 $|h|$ 和方向 α，而与空间点 x 在 V_G 内的位置无关。因此，变异函数 $\gamma(h, \alpha)$ 是关于 h 及 α 的函数，几何意义为在某一方向 α、相距 $|h|$ 的两个属性值 $Z(x)$ 及 $Z(x+h)$ 的增量的方差，其通式为

$$\gamma(h, \alpha) = \frac{1}{2} Var[Z(x) - Z(x+h)] = \frac{1}{2} E[Z(x) - Z(x+h)]^2 \tag{4.7}$$

现实条件下，需对域 V_G 进行有限次观测；根据有限次观测结果所建立的变异

函数，称之为试验变异函数 $\gamma^*(h,\alpha)$，它是理论变异函数值 $\gamma(h,\alpha)$ 的估计值，即

$$\gamma^*(h,\alpha)=\frac{1}{2N(h)}\sum_{i=1}^{N(h)}[Z(x_i)-Z(x_i+h)]^2 \quad (4.8)$$

式中：$N(h)$ 为被向量 h 相隔的试验数据点对的数目。

变异函数值随滞后距的变化曲线，称为变异函数曲线，其特征参数有变程、块金常数、基台值和拱高。图 4.1 是一条在 α 方向上的典型变异函数曲线，其极限值为 $\gamma(h\to+\infty)=\sigma^2$。此曲线在 $h=0$ 处特性表征了小尺度条件下区域化变量的随机特征，反映了空间连续性；a 为变程，表征区域化变量空间自相关尺度的影响范围；当 $h\leqslant a$ 时，任意两点间的观测值存在自相关性，其强弱性随 h 的增加而减小，超过 a 时自相关性不再随之变化。截距 C_0 称为块金常数，表示最小距离 h 下两空间点间的差异性，反映区域化变量的内在微结构随机性的可能程度。变程 a 所对应的 $\gamma(h_0,\alpha)$ 值称为基台值，其大小等于 $C(0)$，反映某区域化变量在研究范围内变异程度的强弱。

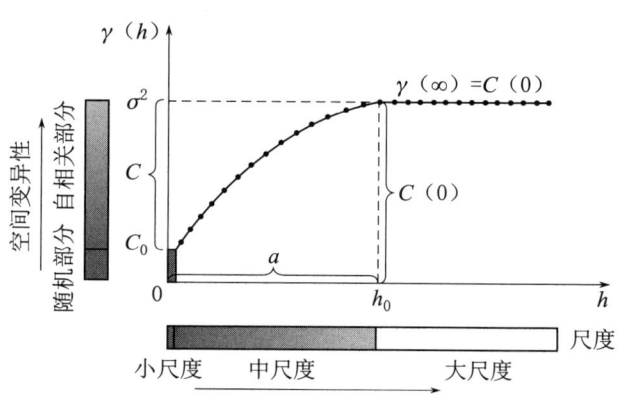

图 4.1 变异函数曲线及其参数

基台值与块金常数的差值为拱高 C，表征由于试验数据存在空间自相关性所引起的方差（σ^2）变化范围。

区域化变量不同方向上的变异函数曲线反映其各向异性程度强弱[158-159]，主要用于结构性比较、套合、分析与研究。

4.2.2.2 数据分组计算

一维条件下，试验数据点对仅存在单一方向，不涉及变异方向判断。二维条件下，数据点对在平面内呈等距间隔时，其分组按间距随机选择即可，方向是顶角为 2 倍误差限的扇形区域；非等间距时，需确定间距、角度及其容差后采用扇区或格网分组，如图 4.2（a）所示。

试验数据点对 OA 的方位角为 α，方向允许误差为 δ_α；P 点距离 h，间距允许误差为 δ_h。在角度 $[\alpha\pm\delta_\alpha]$、距离 $[h\pm\delta_h]$ 范围内的数据，均视为 O 点在方向上距离 h 的有效数据点。为保证 OA 方向参与计算数据的有效性，应合理分配 δ_h，使得计算方向上数据点对尽量均匀分布。三维条件时，数据点对分布复杂，需以空间某方向为圆锥轴线、指定容差角为旋转角和合适步长构建圆锥体；凡是落在圆锥体内的数据点对，均作为该方向的试验样本数据，需采用指定容差角的圆锥

体，再结合投影法和窗口法将其转为二维状态后进行试验点对的分组[160]，如图 4.2（b）所示。

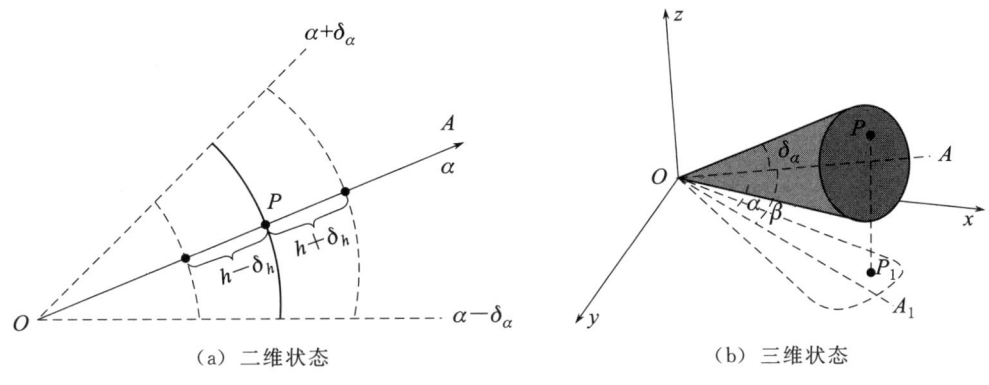

图 4.2 三维数据点对组合判定示意图

为了保证有足够的数据点对参与变异函数最优匹配，以空间任意某方向圆锥体内数据点对均应参与该取样间距的分组计算。假定三维空间中待判定数据点对位置分别为 $O(x_1, y_1, z_1)$ 和 $P(x_2, y_2, z_2)$，以 O 为顶点的圆锥体轴线方向为 $\overrightarrow{OA}$，其方向角为 α、倾角为 β、容差角为 δ_α。$\overrightarrow{OA}$ 在水平面上投影为 $\overrightarrow{OA_1}$，向量 $\overrightarrow{OP}$ 记为 $\vec{s}$，$\overrightarrow{OP}$ 在水平面上的投影 $\overrightarrow{OP_1}$ 记为 $\vec{s_1}$，则样本值分组、计算变异数据的步骤如下。

（1）计算两点间坐标增量：

$$\left.\begin{array}{l}\Delta x = x_1 - x_2 \\ \Delta y = y_1 - y_2 \\ \Delta z = z_1 - z_2\end{array}\right\} \quad (4.9)$$

（2）判断 P 点与水平方向窗口的关系[分类角为 δ_H（容差范围在水平向投影）]：

$$\left.\begin{array}{l}s_1 = \Delta x \cos\alpha + \Delta y \sin\alpha \\ |s_1| = \sqrt{(\Delta x)^2 + (\Delta y)^2} \\ \cos\Psi_1 = \dfrac{\vec{s_1}}{|\vec{s_1}|} \times \dfrac{\overrightarrow{OA_1}}{|\overrightarrow{OA_1}|} \\ \cos\delta_H = \dfrac{\cos\beta}{\sqrt{\tan^2\delta_\alpha + \cos^2\beta}}\end{array}\right\} \quad (4.10)$$

式中：Ψ_1 为 $\overrightarrow{OA_1}$ 与 $\overrightarrow{OP_1}$ 的夹角。若 $\cos\Psi_1 > \cos\delta_H$ 时，满足圆锥体水平窗口分类。

（3）判断 P 点与垂直方向窗口的关系（分类角为 δ_V[容差范围在垂直向投

影]):

$$\left.\begin{array}{l} s = \sqrt{(\Delta x)^2 + (\Delta y)^2}\cos\beta + \Delta z\sin\beta \\ |s| = \sqrt{(\Delta x)^2 + (\Delta y)^2 + (\Delta z)^2} \\ \cos\Psi_2 = \dfrac{\vec{s}}{|\vec{s}|} \times \dfrac{\overrightarrow{OA}}{|\overrightarrow{OA}|} \\ \cos\delta_V = \cos\delta_\alpha \end{array}\right\} \quad (4.11)$$

式中：Ψ_2 为 $\overrightarrow{OA}$ 与 $\overrightarrow{OP}$ 的夹角。若 $\cos\Psi_2 > \cos\delta_V$ 时，满足圆锥体垂直窗口分类。

当 $\overrightarrow{OP}$ 均满足水平与垂直方向窗口分类条件时，则将 P 点划归圆锥体内，参与对点 O 的距离计算；否则，该点不属于该圆柱体内数据点。

(4) 对距离 $\overrightarrow{OP}$ 按步距分类，计算公式为

$$G(h) = \sum_{i,j=1}^{N(h)} [V_i^\omega(h) - V_j^\omega(h)]^2, \quad D(h) = \sum_{i=1}^{N(h)} L_i(h) \quad (4.12)$$

重复上述过程，遍历所有试验样本点对后计算试验变异函数值，即

$$\gamma(h) = \frac{G(h)}{2N(h)}, \quad h = \bar{D}(h) = \frac{D(h)}{N(h)} \quad (4.13)$$

式中：$V_i^\omega(h)/V_j^\omega(h)$ 为区域化变量属性的试验值；$L_i(h)$ 为数据点对的距离；$G(h)$ 为分组累计变量属性值偏差的平方和；$N(h)$ 为分组属性累计数据点对的数目；$D(h)$ 为分组累计试验数据点对的分组间距；$\bar{D}(h)$ 为属性分组的平均距离，为了统一，仍将其记为间距 h；$\gamma(h)$ 为沿 α 方向试验数据的变异函数值。

(5) 在同一坐标下绘制 $\gamma(h)$ 随 h 的变化曲线，即为试验变异曲线。

4.2.2.3 数据模型匹配

当计算出试验变异曲线后，为了定量描述整个研究空间内区域化变量的分布特征，需将试验变异曲线与常用理论模型进行最优匹配。本质上，最优匹配即为根据试验数据点对理论模型的相关参数进行最优估计（拟合）。除了线性模型以外，常用的理论模型有球状、指数、高斯、幂函数和对数等非线性模型。通常将其变换为线性模型后再用最小二乘法进行参数拟合，表 4.1 是对常用非线性模型变换为线性模型的处理方法。

表 4.1 非线性模型变换为线性模型方法[159]

名称	理 论 模 型	变 换 方 法	线性模型
球状模型	$\gamma(h) = \begin{cases} 0, & h=0 \\ C_0 + C\left(\dfrac{3h}{2b} - \dfrac{h^3}{2b^3}\right), & 0 < h \le b \\ C_0 + C, & h > b \end{cases}$	$\gamma(h) = y, \ C_0 = b_0$ $h = x_1, \ \dfrac{3c}{2b} = b_1$ $h^3 = x_2, \ \dfrac{-c}{2b^3} = b_2$	$y = b_0 + b_1 x_1 + b_2 x_2$

续表

名称	理论模型	变换方法	线性模型
指数模型	$\gamma(h)=\begin{cases}0, & h=0\\ C_0+C(1-e^{\frac{h}{b}}), & h>0\end{cases}$	令 $C_0+C=p$,$-C=m$,$-b^{-1}=n$,$\gamma(h)=y$,$h=x$,则 $y=me^{nx}+p$。取三点 (x_1,y_1)、(x_2,y_2)、$((x_1+x_2)/2,y_3)$,则 $y=(y_1y_2-y_3^3)/(y_1+y_2-2y_3)$	p 确定后,设 $X=x$,$Y=\lg(y-p)$,则 $Y=\lg m+(n\lg e)X$
高斯模型	$\gamma(h)=\begin{cases}0, & h=0\\ C_0+C[1-e^{-(\frac{h}{b})^2}], & h>0\end{cases}$	令 $C_0+C=p$,$-C=m$,$-b^{-2}=n$,$\gamma(h)=y$,$h^2=x$,则 $y=me^{nx}+p$。取三点 (x_1,y_1)、(x_2,y_2)、$((x_1+x_2)/2,y_3)$,则 $y=(y_1y_2-y_3^3)/(y_1+y_2-2y_3)$	p 确定后,设 $X=x$,$Y=\lg(y-p)$,则 $Y=\lg m+(n\lg e)X$
幂函数模型	$\gamma(h)=Ah^\theta, 0<\theta<2$	$\lg\gamma(h)=y\quad \lg h=x_1$ $\lg A=b_0\qquad \theta=b_1$	$y=b_0+b_1x_1$
对数模型	$\gamma(h)=A\lg h$	$\lg\gamma(h)=y\quad \lg h=x_1$ $A=b_0$	$y=b_0x_1$

当 h 较小时的试验变异曲线数据点对在反映区域化变量空间自相关特性的程度比 h 较大时更重要时,此特性在用最小二乘法进行数据点对拟合时被忽略。因而,对于有基台值的指数和高斯模型,以及无基台的幂函数和对数模型,可采用基于点对数目权重的加权回归法[161]拟合,见式(4.14)。

$$\left.\begin{aligned}b_0&=\bar{y}-b_1\bar{x}\\ b_1&=\frac{\sum_{i=1}^{N}N(h_i)(x_i-\bar{x})(y_i-\bar{y})}{\sum_{i=1}^{N}N(h_i)(x_i-\bar{x})^2}\end{aligned}\right\} \quad (4.14a)$$

式中:N 为试验数据点数;$N(h_i)$ 为权重,是试验数据点对的个数;$\bar{x}$、$\bar{y}$ 分别为试验数据点均值,计算方法为

$$\left.\begin{aligned}\bar{x}&=\frac{1}{N}\left[\sum_{i=1}^{N}N(h_i)x_i/\sum_{i=1}^{N}N(h_i)\right]\\ \bar{y}&=\frac{1}{N}\left[\sum_{i=1}^{N}N(h_i)y_i/\sum_{i=1}^{N}N(h_i)\right]\end{aligned}\right\} \quad (4.14b)$$

4.2.2.4 结构分析与套合

变异函数与源数据分布方向密切相关,对于各向同性而言,区域化变量在各方向上变异特性一致。但在实际应用时,地质参数往往在不同方向上表现出不同

的分布特征，或者在同一个方向上存在不同尺度、多层次的变化规律。因此，区域化变量的各向同性是相对的，各向异性是普遍的，各向同性理论模型难以描述其空间结构复杂性。为了全面分析区域化变量的变异性，就必须对其进行空间变异结构特征的分析与套合。

空间结构特征分析主要目的是基于现实地理现象分布和高维变量降维的思想对未知属性的试验数据进行融合处理，以期找出能反映不同区域化变量主要分布的方向及范围。调整线性指标组合系数，主成分分析法能够识别多维数据中主轴、次轴和第三轴[162]，对高维信息数据起到了压缩作用。

空间结构特征套合的主要目的是把不同距离和（或）不同方向的变异函数经变换、组合后构造出一个与试验半变异曲线匹配的变异函数理论模型，使其对于全部有效结构信息作定量化的描述，以表征区域化变量的主要分布特征。

（1）各向同性。设 $\gamma(h)$ 为向量 $\boldsymbol{h}$ 的一个函数，向量 $\boldsymbol{h}$ 的坐标为 (h_x, h_y, h_z)，则有

$$\gamma(h) = \gamma(\sqrt{h_x^2 + h_y^2 + h_z^2}) \tag{4.15}$$

若 $\gamma(h)$ 在各个方向变化相同，其函数值只取决于向量 $\boldsymbol{h}$ 的模，则其属于结构各向同性。各向同性结构是各类变异函数模型中最基础和通用的形式。

（2）各向异性。当函数 $\gamma(h)$ 不仅与向量 $\boldsymbol{h}$ 的模有关，而且还与向量的方向有关时，区域化变量表现出结构各向异性。当基台值相同、变程不同时，变异函数属于几何各向异性；当基台值不同时，函数属于带状各向异性，如图4.3所示。在利用变异函数理论进行相关空间插值时，需将各向异性转化为各向同性。

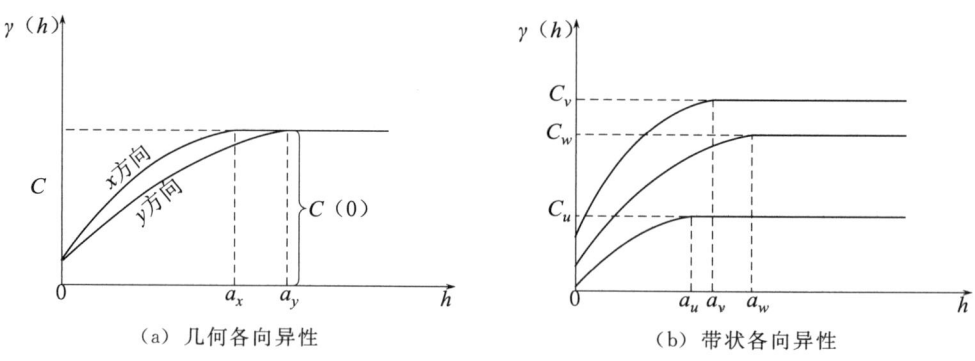

图4.3 变异函数曲线各向异性结构

传统转换方法是将几何各向异性各个方向上变异函数进行拉伸、旋转、平移处理，将带状异性转换为各向同性与若干个几何各向异性的套合。这忽略了块金常数各向异性，且要求各个方向的变异函数类型、变异轴与坐标基选择均相同，不适用于存在块金效应、变异函数类型因方向不同而不同或变异方向与坐标基方向不一致的情况。

对于堰塞体而言，孔隙比与颗粒尺寸分布密切相关，垂直方向与水平方向的变异程度存在差异性；当堆积构造表现为显著层状结构时，堰塞体属于带状各向异性（如唐家山堰塞体）。考虑到还可能存在块金效应影响，本书采用基于各向异性变化率的变异函数套合方法[163]进行变异函数套合。

三维欧式空间中任意一向量可用一组标准正交基唯一表示，这保证了向量的规范性和尺度不变性。假设试验数据所在原坐标系的标准正交基为 $\boldsymbol{E}=(X,Y,Z)$，以最大和最小变异方向构造新坐标主轴向，标准正交坐标基为 $\boldsymbol{F}=(U,V,W)$，则 $\boldsymbol{F}$ 在坐标系 $\boldsymbol{E}$ 下用方向余弦表示为

$$\boldsymbol{F}=(\vec{\boldsymbol{F}}_x,\vec{\boldsymbol{F}}_y,\vec{\boldsymbol{F}}_z)=\begin{bmatrix}\cos\alpha_x & \cos\beta_x & \cos\gamma_x \\ \cos\alpha_y & \cos\beta_y & \cos\gamma_y \\ \cos\alpha_z & \cos\beta_z & \cos\gamma_z\end{bmatrix}\begin{bmatrix}\vec{\boldsymbol{e}}_x \\ \vec{\boldsymbol{e}}_y \\ \vec{\boldsymbol{e}}_z\end{bmatrix}={}_E^F R\begin{bmatrix}\vec{\boldsymbol{e}}_x \\ \vec{\boldsymbol{e}}_y \\ \vec{\boldsymbol{e}}_z\end{bmatrix} \tag{4.16}$$

式中：$\vec{\boldsymbol{F}}_x$、$\vec{\boldsymbol{F}}_y$、$\vec{\boldsymbol{F}}_z$ 为新坐标基 $\boldsymbol{F}$ 在原坐标基 $\boldsymbol{E}$ 下的坐标分量；$\cos\alpha$、$\cos\beta$、$\cos\gamma$ 分别为与之相对应的方向余弦；${}_E^F R$ 为两者的转换矩阵；$\vec{\boldsymbol{e}}_x$、$\vec{\boldsymbol{e}}_y$、$\vec{\boldsymbol{e}}_z$ 为原坐标基 $\boldsymbol{E}$ 主轴向单位向量。对于任一向量 $\boldsymbol{h}(h_x,h_y,h_z)$，采用式（4.17）计算从原坐标系 $\boldsymbol{E}$ 到新坐标系 $\boldsymbol{F}$ 的变换。

$$\boldsymbol{h}_F=\begin{pmatrix}h_u \\ h_v \\ h_w\end{pmatrix}_F={}_E^F R^T \boldsymbol{h}_F=\begin{bmatrix}\cos\alpha_x & \cos\alpha_y & \cos\alpha_z \\ \cos\beta_x & \cos\beta_y & \cos\beta_z \\ \cos\gamma_x & \cos\gamma_y & \cos\gamma_z\end{bmatrix}\begin{pmatrix}h_x \\ h_y \\ h_z\end{pmatrix}_E \tag{4.17}$$

由于拱高和变程表征区域化变量空间自相关性所引起方差变化强弱与范围，而结构套合的最终目的是将不同方向上变异函数曲线按距离权重进行重构，距离权重系数由拱高、变程和距离共同确定。因此，用各向异性变化率 I 表征变异曲线从起点到基台值的平均变化率，其值为拱高 C 与变程 a 的比值，即

$$I=\frac{C}{a} \tag{4.18}$$

用权重系数 $\varphi(h,\gamma)$ 表示变异函数 $\gamma(h,a)$ 在某一方向 a 上对重构变异函数的影响程度，其值为

$$\varphi(h,\gamma)=\begin{cases}I\cdot h, & 0\leqslant h<a \\ C, & h>a\end{cases} \tag{4.19}$$

设坐标系 $\boldsymbol{F}$ 各坐标主轴上变异函数曲线分别为 γ_u、γ_v 和 γ_w，相应的权重系数分别为 $\varphi_u(h,\gamma)$、$\varphi_v(h,\gamma)$ 和 $\varphi_w(h,\gamma)$，重构变异函数的权重函数为 $W(h)$，则

$$W_i(h)=\frac{\varphi(h_i)}{\sum_{i=\{u,v,w\}}\varphi(h_i)},i=u,v,w \tag{4.20}$$

当变异坐标主轴方向与试验数据坐标系不同时，则需进行权重函数的坐标转换。令坐标系 $\boldsymbol{F}$ 方向主轴单位向量的变换矩阵为

$$\boldsymbol{A}_u = \begin{bmatrix} 1 & 0 & 0 \\ 0 & 0 & 0 \\ 0 & 0 & 0 \end{bmatrix}, \quad \boldsymbol{A}_v = \begin{bmatrix} 0 & 0 & 0 \\ 0 & 1 & 0 \\ 0 & 0 & 0 \end{bmatrix}, \quad \boldsymbol{A}_w = \begin{bmatrix} 0 & 0 & 0 \\ 0 & 0 & 0 \\ 0 & 0 & 1 \end{bmatrix} \quad (4.21)$$

则原有坐标系 $\boldsymbol{E}$ 下不同坐标主轴方向在新坐标系 $\boldsymbol{F}$ 下同一坐标主轴上投影的转换矩阵为

$$\begin{cases} \boldsymbol{B}_u = \boldsymbol{A}_u {}_E^F \boldsymbol{R}^{\mathrm{T}} = \begin{bmatrix} \cos\alpha_x & \cos\beta_x & \cos\gamma_x \\ 0 & 0 & 0 \\ 0 & 0 & 0 \end{bmatrix} \begin{pmatrix} \vec{e}_x \\ \vec{e}_y \\ \vec{e}_z \end{pmatrix} \\ \boldsymbol{B}_v = \boldsymbol{A}_v {}_E^F \boldsymbol{R}^{\mathrm{T}} = \begin{bmatrix} 0 & 0 & 0 \\ \cos\alpha_y & \cos\beta_y & \cos\gamma_y \\ 0 & 0 & 0 \end{bmatrix} \begin{pmatrix} \vec{e}_x \\ \vec{e}_y \\ \vec{e}_z \end{pmatrix} \\ \boldsymbol{B}_w = \boldsymbol{A}_w {}_E^F \boldsymbol{R}^{\mathrm{T}} = \begin{bmatrix} 0 & 0 & 0 \\ 0 & 0 & 0 \\ \cos\alpha_z & \cos\beta_z & \cos\gamma_z \end{bmatrix} \begin{pmatrix} \vec{e}_x \\ \vec{e}_y \\ \vec{e}_z \end{pmatrix} \end{cases} \quad (4.22)$$

代入权重函数 $W(h)$，则得到三维空间内不同类型变异函数的结构套合表达式，即

$$\gamma(h) = \boldsymbol{C} \cdot \begin{pmatrix} \gamma_u(\|\boldsymbol{B}_u h\|_2) \\ \gamma_v(\|\boldsymbol{B}_v h\|_2) \\ \gamma_w(\|\boldsymbol{B}_w h\|_2) \end{pmatrix} \quad (4.23\mathrm{a})$$

式中：$\boldsymbol{C}$ 为权重转换矩阵，计算方法为

$$\boldsymbol{C} = \begin{bmatrix} \dfrac{\varphi_u(\|\boldsymbol{B}_u h\|_2)}{\sum\limits_{i=\{u,v,w\}} \varphi_i(\|\boldsymbol{B}_i h\|_2)} & 0 & 0 \\ 0 & \dfrac{\varphi_v(\|\boldsymbol{B}_u h\|_2)}{\sum\limits_{i=\{u,v,w\}} \varphi_i(\|\boldsymbol{B}_i h\|_2)} & 0 \\ 0 & 0 & \dfrac{\varphi_w(\|\boldsymbol{B}_u h\|_2)}{\sum\limits_{i=\{u,v,w\}} \varphi_i(\|\boldsymbol{B}_i h\|_2)} \end{bmatrix}$$

(4.23b)

4.2.3　泛 Kriging 空间插值

4.2.3.1　漂移与涨落

在物理模型试验中，堰塞体颗粒从滑入区沿临空方向呈散态分布，表现出显著的渐变趋势。这称为"漂移"，记为 $m(x)$，用该点处期望表示，即

$$m(x) = E[Z(x)] \quad (4.24)$$

在研究区域内漂移特征难以用具体函数形式进行显式表达，通常转为空间点的邻域模型。在某一空间点的领域空间V_n内，对于任一属于V_n的点x，其漂移可显化为

$$m(x)=f(x)=\sum_{l=0}^{k}a_l f_l(x) \tag{4.25}$$

式中：k 为待定求解量的项数；a_l 为相关系数；$f_l(x)$ 为已知函数形式，如k次多项式。

考虑参量结构与随机波动特征，区域化变量可视为漂移与涨落的叠加，即

$$Z(x)=m(x)+R(x) \tag{4.26}$$

式中：$R(x)$ 为涨落，是具有结构特征的随机函数，有别于通常意义上的误差。

结合式 (4.24) 可知，$R(x)$ 是期望为 0 的区域化变量，在满足二阶平稳假设时其变异函数存在。

4.2.3.2 $m(x)$ 无偏估计

依据变异函数理论，在已获取样本数据点 x_i [$i=1, 2, \cdots, N(h)$] 的试验值 $Z_U(x_i)$ 后，需以最小的估计方差计算出作用空间域 V_G 内带漂移空间点 x 的漂移值 $m^*(x)$，为 $N(h)$ 个试验值的线性组合，即

$$m^*(x)=\sum_{i=1}^{N(h)}\rho_i Z_U(x_i) \tag{4.27}$$

式中：ρ_i 为在无偏最优估计条件下所确定漂移的插值权重系数。

考虑无偏性条件，估计量与试验值期望应相等，且在试验点处等于试验值，即

$$\begin{cases} E[m^*(x)]=m(x)=E\left[\sum_{i=1}^{N(h)}\rho_i Z_U(x_i)\right] \\ \sum_{l=0}^{k}\rho_l f_l(x_i)=f_l(x) \end{cases} \tag{4.28}$$

基于无偏条件，估计量 $m^*(x)$ 的估计方差为

$$\sigma_E^2=E[m^*(x)-m(x)]^2=\sum_{i=1}^{N(h)}\sum_{j=1}^{N(h)}\rho_i\rho_j C(x_i,x_j) \tag{4.29}$$

式中：$C(x_i, x_j)$ 分别为空间域 V_G 内所有试验点的协方差。

为了便于求解，将求解估计方差 σ_E^2 极小值转化为无约束的拉格朗日乘数法求极值的问题，构造拉格朗日函数 F，令 F 为

$$F=\sum_{i=1}^{N(h)}\sum_{j=1}^{N(h)}\rho_i\rho_j C(x_i,x_j)-2\sum_{l=0}^{k}\mu_l\left[\sum_{i=1}^{N(h)}\rho_i f_l(x_i)-f_l(x)\right] \tag{4.30}$$

式中：F 为 $N(h)$ 个权系数 ρ_i [$i=1, 2, \cdots, N(h)$] 和 $k+1$ 个 μ_l 的 $k+N(h)+1$ 元函数。

求出 F 对 $N(h)$ 个 ρ_i 的偏导数，并令其为 0，则有

$$\left.\begin{aligned}\frac{\partial F}{\partial \rho_i} &= 2\sum_{j=1}^{N(h)}\rho_j C(x_i,x_j) - 2\sum_{l=0}^{k}\mu_l f_l(x_i) = 0, i=1,2,\cdots,N(h) \\ \frac{\partial F}{\partial \mu_l} &= -2\Big[\sum_{l=0}^{k}\rho_l f_l(x_i) - f_l(x)\Big] = 0, l=0,1,2,\cdots,k\end{aligned}\right\} \quad (4.31)$$

整理方程，可得到求解 $m(x)$ 的泛 Kriging 方程组，即

$$\left.\begin{aligned}\sum_{j=1}^{N(h)}\rho_j C(x_i,x_j) - \sum_{l=0}^{k}\mu_l f_l(x_i) &= 0, [i=1,2,\cdots,N(h)] \\ \sum_{l=0}^{k}\rho_l f_l(x_i) &= f_l(x), l=0,1,2,\cdots,k\end{aligned}\right\} \quad (4.32)$$

式（4.32）中当 $C(x_i,x_j)$ 严格正定时，方程存在唯一解。求解所得插值权重系数 ρ_i 代入式（4.27）即可得到区域化变量漂移的泛 Kriging 插值结果。

4.2.3.3　$Z_U(x)$ 无偏估计

依据变异函数理论，在已获取 $x_i [i=1,2,\cdots,N(h)]$ 试验样本数据点 $Z_U(x)$ 后，需以最小的估计方差计算出空间 V_G 内带漂移空间点 x 的无偏最优估计量 $Z_U^*(x)$，此过程即为泛 Kriging 插值，即

$$Z_U^*(x) = \sum_{i=1}^{N(h)}\lambda_i Z_U(x_i) \quad (4.33)$$

式中：λ_i 为在无偏最优估计条件下所确定的插值权重系数。

考虑无偏性条件，估计量与试验值期望应相等，且在试验点处等于试验值，即

$$\left.\begin{aligned}E[Z_U^*(x)] &= E[Z_U(x)] = m(x) = \sum_{l=0}^{k}a_l f_l(x) \\ \sum_{l=0}^{k}\lambda_l f_l(x_i) &= f_l(x)\end{aligned}\right\} \quad (4.34)$$

基于无偏条件，估计量 $Z_U^*(x)$ 的估计方差为

$$\sigma_E^2 = E[Z_U^*(x) - Z_U(x)]^2 = \sum_{i=1}^{N(h)}\sum_{j=1}^{N(h)}\lambda_i\lambda_j C(x_i,x_j) + C(x,x) - 2\sum_{i=1}^{N(h)}\lambda_i C(x_i,x) \quad (4.35)$$

式中：$C(x_i,x_j)$、$C(x,x)$ 和 $C(x_i,x)$ 分别为空间域 V_G 内所有试验点与试验点、待估点与待估点、试验点与待估点的协方差。

为了便于求解，将求解估计方差 σ_E^2 极小值转化为无约束的拉格朗日乘数法求极值的问题，构造拉格朗日函数 F_f，令 F_f 为

$$F_f = \sigma_E^2 - 2\sum_{l=0}^{k}\mu_l\Big[\sum_{i=1}^{N(h)}\lambda_i f_l(x_i) - f_l(x)\Big] \quad (4.36)$$

式中：F_f 为 $N(h)$ 个权系数 λ_i [$i=1,2,\cdots,N(h)$] 和 $k+1$ 个 μ_l 的 $k+N(h)+1$ 元函数。

求出 F_f 对 $N(h)$ 个 λ_i 的偏导数，并令其为 0，则有

$$\left.\begin{aligned}\frac{\partial F_f}{\partial \lambda_i} &= 2\sum_{j=1}^{N(h)}\lambda_j C(x_i,x_j) - 2C(x_i,x) - 2\sum_{l=0}^{k}\mu_l f_l(x_i) = 0, i=1,2,\cdots,N(h) \\ \frac{\partial F_f}{\partial \mu_l} &= -2\Big[\sum_{l=0}^{k}\lambda_l f_l(x_i) - f_l(x)\Big] = 0, l=0,1,2,\cdots,k\end{aligned}\right\} \quad (4.37)$$

整理方程，可得到泛 Kriging 方程组，即

$$\left.\begin{aligned}\sum_{j=1}^{N(h)}\lambda_j C(x_i,x_j) - \sum_{l=0}^{k}\mu_l f_l(x_i) &= C(x_i,x), i=1,2,\cdots,N(h) \\ \sum_{l=0}^{k}\lambda_l f_l(x_i) &= f_l(x), l=0,1,2,\cdots,k\end{aligned}\right\} \quad (4.38)$$

式（4.38）是一个 $k+N(h)+1$ 个未知数（n 个 λ_a 和一个 μ）的 $k+N(h)+1$ 个方程的方程组。当 $C(x_i,x_j)$ 严格正定时，方程组系数行列式才为正，此时方程存在唯一解。将求解所得插值权重系数 λ_i 代入式（4.33）即可得到泛 Kriging 插值结果。此时，估计方差为

$$\sigma_{EU}^2 = C(x,x) - \sum_{i=1}^{N(h)}\lambda_i C(x_i,x) + \sum_{l=0}^{k}\mu_l f_l(x) \quad (4.39)$$

为了便于编写程序，采用矩阵形式改写式（4.38），即

$$\begin{bmatrix} \boldsymbol{C} & \boldsymbol{f}^{\mathrm{T}} \\ \boldsymbol{f} & \boldsymbol{0} \end{bmatrix} \begin{bmatrix} \boldsymbol{\lambda} \\ -\boldsymbol{\mu} \end{bmatrix} = \begin{bmatrix} \boldsymbol{C}_x \\ \boldsymbol{f}_x \end{bmatrix} \quad (4.40\text{a})$$

其中

$$[\boldsymbol{C}] = \begin{bmatrix} C(x_1,x_1) & C(x_1,x_2) & \cdots & C(x_1,x_n) \\ C(x_2,x_1) & C(x_2,x_2) & \cdots & C(x_2,x_n) \\ \vdots & \vdots & & \vdots \\ C(x_n,x_1) & C(x_n,x_2) & \cdots & C(x_n,x_n) \end{bmatrix}; [\boldsymbol{\lambda}] = \begin{bmatrix} \lambda_1 \\ \lambda_2 \\ \vdots \\ \lambda_n \end{bmatrix}; [\boldsymbol{\mu}] = \begin{bmatrix} \mu_1 \\ \mu_2 \\ \vdots \\ \mu_n \end{bmatrix}$$

(4.40b)

$$[\boldsymbol{f}] = \begin{bmatrix} f(x_1) & f(x_2) & \cdots & f(x_n) \\ f(x_1) & f(x_2) & \cdots & f(x_n) \\ \vdots & \vdots & & \vdots \\ f(x_1) & f(x_2) & \cdots & f(x_n) \end{bmatrix}; [\boldsymbol{C}_x] = \begin{bmatrix} C(x,x_1) \\ C(x,x_1) \\ \vdots \\ C(x,x_n) \end{bmatrix}; [\boldsymbol{f}_x] = \begin{bmatrix} f_0(x) \\ f_1(x) \\ \vdots \\ f_2(x) \end{bmatrix}$$

(4.40c)

自然，将式（4.38）中 $C(x_i,x_j)$ 与 $C(x_i,x)$ 替换为 $\gamma(x_i,x_j)$、

$\gamma(x_i, x)$,即为用变异函数表示的泛 Kriging 方程组。估计方差也可采用类似方法表示。

4.3 孔隙比空间分布特征

4.3.1 孔隙比数据分布检验

在物理模型实验中,获取了不同工况下堰塞体坝体的孔隙比数据。在不考虑空间变异结构特征时,堰塞体材料孔隙比表现出随机特征,遵循随机变量的分布规律,如红石岩堰塞体坝体实测密度服从正态分布规律[114]。

对于变异函数和泛 Kriging 理论,需根据孔隙比数据的统计特征进行相应数据转换。因此,需对试验所得孔隙比进行统计分布检验。当滑源物质方量较小时,堰塞体(第 17 号和第 18 号)高度、横剖长度均较小,取样点的间距小,导致难以确定相关变异函数。因而,后续研究中不再对其进行分析。

整理试验中孔隙比数据,以 0.05 作为组间距,得到 V 形河谷中不同工况下 12 组堰塞料坝体孔隙比的分布频数的直方图,如图 4.4 所示。

在图 4.4 中,受级配、滑坡角、滑距和最大粒径影响,堰塞体坝身不同分区的孔隙比取值均介于 0.35~0.85,且大部分集中于 0.55~0.75 区段,较为符合正

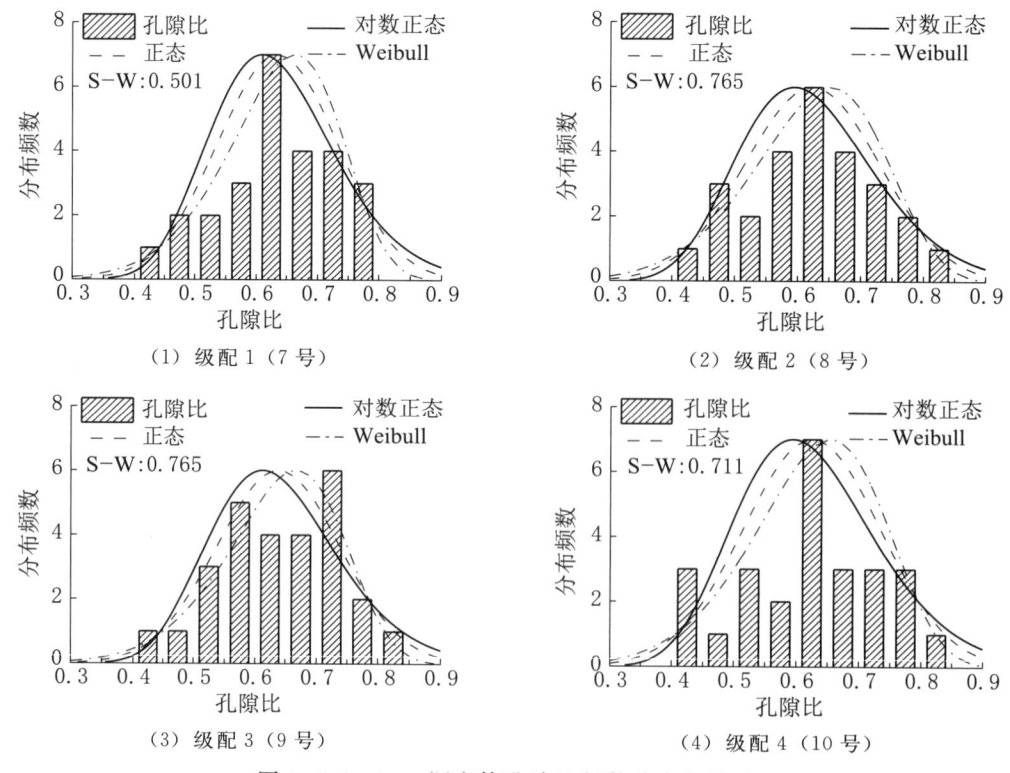

图 4.4(一) 堰塞体孔隙比频数分布与检验

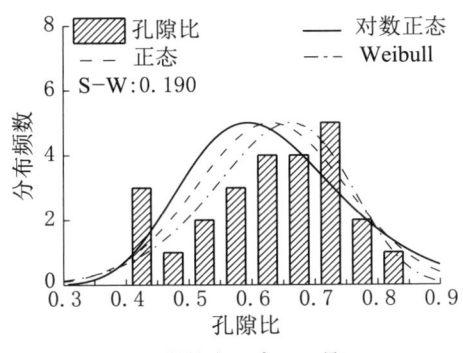

(5) 滑坡角27°（11号）

(6) 滑坡角45°（12号）

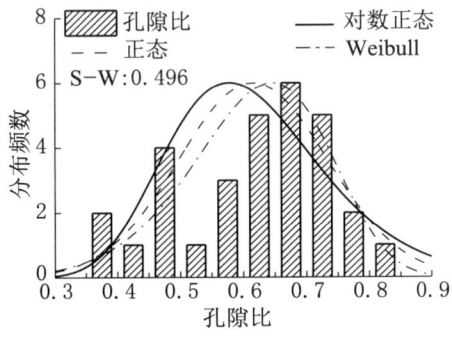

(7) 滑坡角52°（13号）

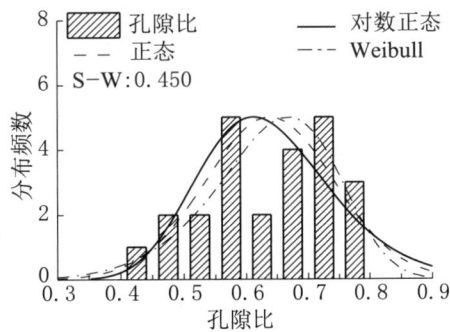

(8) 滑距0.9m（14号）

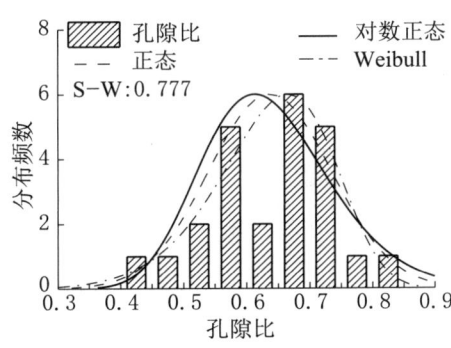

(9) 滑距2.7m（15号）

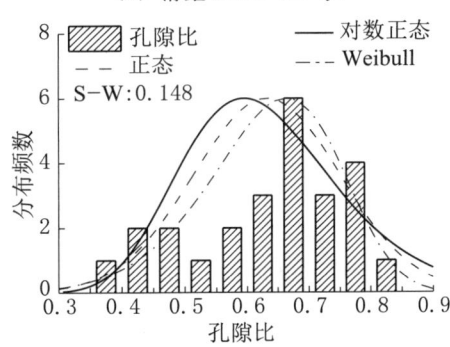

(10) 滑距3.6m（16号）

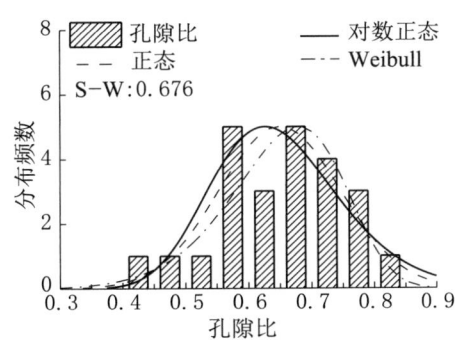

(11) 最大粒径40mm（19号）

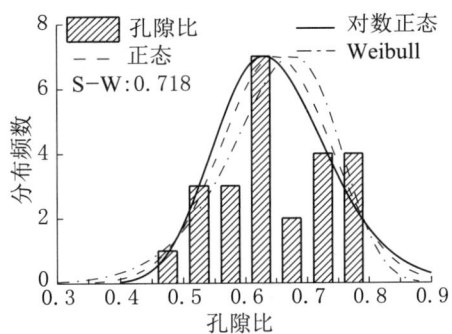

(12) 最大粒径20mm（20号）

图4.4（二） 堰塞体孔隙比频数分布与检验

态分布的趋势。因此，采用正态、对数正态和Weibull分布进行拟合，得到了其概率密度分布曲线；由于数据量样本值小于50，采用Shapiro-Wilk（记为S-W）值作为正态分布显著性检验的判断指标，即S-W值大于0.05。原假设检验成立，即认为源自总体的样本数据列服从正态分布。

从S-W值和曲线位置分布可知，在不同因素水平下堰塞体孔隙比数据系列S-W值均大于0.05；相对于正态分布曲线，对数正态曲线偏左，且拟合均值偏小；Weibull曲线偏右，且拟合均值偏大。因此，在不考虑材料空间变异结构性条件下，堰塞体坝身孔隙比均符合正态分布统计特征。

4.3.2 孔隙比变异特征

依据12组堰塞体分块特征，各组变异函数计算方法相似；考虑描述简洁性，同样以第15号堰塞体为例，详细阐述变异函数求取过程，并分析、总结相关规律，为后续因素研究提供数据处理依据。

4.3.2.1 数据点对计算方法

第15号堰塞体自上而下被划分为5层，共计进行了24次分块取样，取样空间次序如图4.5所示。第2层和第3层在y方向上进行了前后分块，其他3层未做划分。利用SFM方法和筛分法获取了24个分割块体形心的三维坐标与孔隙比，见表4.2。

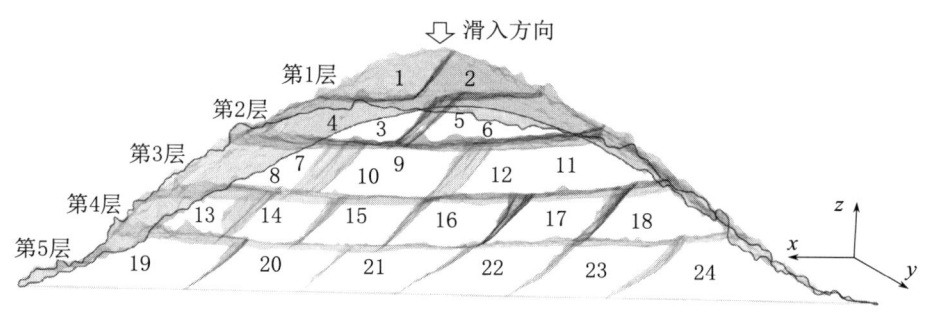

图4.5 第15号堰塞体分块取样空间次序

表4.2 第15号堰塞体各分块的形心坐标及其孔隙比

次数	形心坐标			孔隙比	次数	形心坐标			孔隙比
	x	y	z			x	y	z	
1	132.87	37.74	43.25	0.557	7	155.31	29.17	26.28	0.759
2	119.11	34.21	43.11	0.628	8	158.56	44.40	26.14	0.733
3	137.87	26.12	35.48	0.596	9	131.92	27.17	25.73	0.678
4	140.56	46.45	35.38	0.693	10	134.25	42.30	25.72	0.708
5	114.01	22.84	34.90	0.672	11	101.75	27.80	26.30	0.720
6	114.08	41.87	35.38	0.747	12	103.79	43.21	26.70	0.811

续表

次数	形心坐标			孔隙比	次数	形心坐标			孔隙比
	x	y	z			x	y	z	
13	172.00	35.68	16.86	0.695	19	182.19	35.31	7.39	0.664
14	155.54	35.48	15.96	0.579	20	157.17	35.25	6.54	0.575
15	139.28	35.16	15.34	0.559	21	134.06	35.23	6.73	0.424
16	120.94	35.28	15.82	0.536	22	112.10	35.25	7.24	0.458
17	101.62	35.70	16.97	0.604	23	91.84	35.27	7.72	0.524
18	82.48	35.52	17.27	0.692	24	70.34	35.38	7.36	0.707

经计算，各个分块形心点间的平均距离在 x 方向上为 21.99cm，z 方向上为 9.00cm，y 方向上为 17.03cm。依据变异函数数据点对的分组相关方法，结合 24 次分割块体形心坐标空间距离和方向，制定了如下数据点对处理步骤：

（1）x 方向数据点对计算方法。x 方向上最少取样次数为第 1 层的 2 次、最多取样次数为第 4 层和第 5 层的 6 次。因此，以 21.99cm 作为取样间距 h_x 进行数据点对的计算。

对于 1 倍 h_x 时，逐层计算相邻分块孔隙比差值的平方，并求 5 层总和；随后，根据式（4.8）计算 1 倍 h_x 的变异函数估计值。为了增加后续拟合点的数量，考虑各层间的孔隙比分布特点，同样利用式（4.8）计算层内的 1 倍 h_x 的变异函数估计值，并将其作为后续变异函数理论拟合的数据点。

对于 2 倍 h_x 时，第 1 层和第 2 层数据点因间距不足而弃用，仅用第 3 层、第 4 层和第 5 层的数据点进行计算。与 1 倍 h_x 相同，仍计算层内的变异函数估计值。

对于 3 倍 h_x 与 4 倍 h_x 时，只能在第 4 层和第 5 层内进行相关计算。

因最大取样次数为 6 次，理论上可进行 5 倍 h_x 计算；但由于第 13 号与第 18 号、第 19 号与第 24 号块体间的孔隙比差值不显著，造成计算结果与 4 倍 h_x 时差值较大。因而，仅采用前 4 倍 h_x 数据进行 x 方向变异函数拟合。

（2）z 方向数据点对计算方法。同样，仍以 9.00cm 作为间距 h_z 进行计算。z 方向上的数据点对计算方法与 x 方向存在相似性，但也有所区别，主要体现在分块竖向传递上。

在分块竖向传递上，对于上下分块数目相同时，直接按上下一对一进行计算；对于分块数目不同时，需采用二维或三维数据点对组合判定方法先判断是否符合要求（允许容差角为 45°），再进行孔隙比差值的平方计算。

计算 1 倍 h_z 时，第 1 号块体与第 3 号和第 4 号块体均需进行孔隙比差值的平方计算，第 2 号块体与第 5 号和第 6 号块体进行孔隙比差值的平方计算；第 8 号块体与第 13 号和第 14 号进行，但不与第 15 号块体进行相关计算（超过允许容差角 45°，不符合要求）。

同样利用式（4.8）计算不同倍数 h_z 的变异函数估计值，并将其作为后续变异函数理论拟合的数据点。

（3）y 方向数据点对计算方法。因 y 方向堰塞体厚度变化剧烈，物理模型试验中仅在堰塞体的第 2 层和第 3 层中布设了 2 个数据点；因此，仅能计算 1 倍取样间距的相关数据，后续需结合 x、z 方向的数据进行对比分析。

4.3.2.2 顺河向变异特征

整理第 15 号堰塞体孔隙比数据点对，利用试验数据点对进行了球状、指数、高斯、幂函数和对数模型（见表 4.1）的相关参数计算，如图 4.6 所示。从曲线变

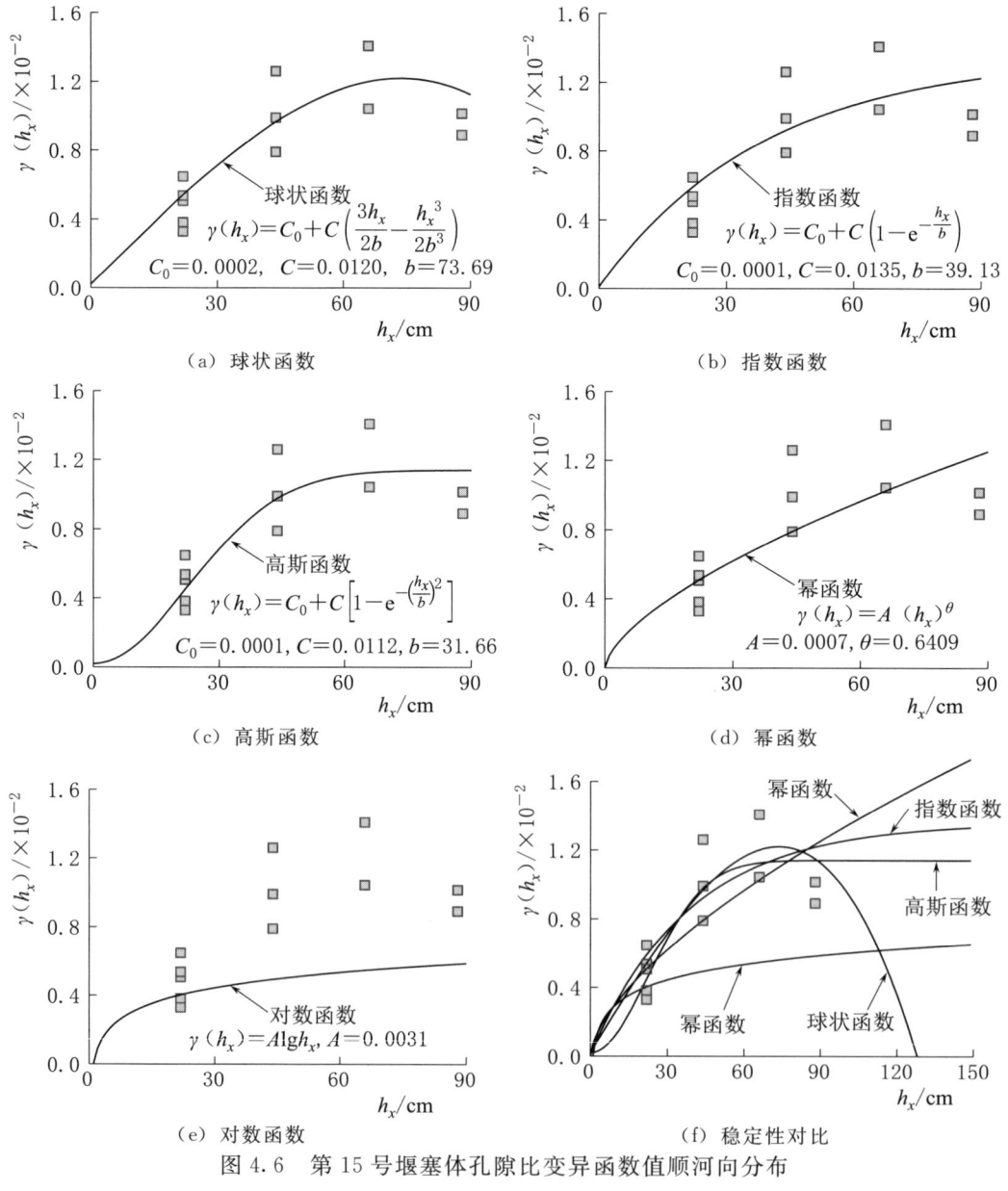

图 4.6 第 15 号堰塞体孔隙比变异函数值顺河向分布

化形态上，幂函数和对数函数与堰塞体各方向上孔隙比变异特征不相符。因此，后续在 4 倍取样间距内继续进行球状、指数和高斯函数的匹配。

在试验数据范围内，球状、指数和高斯函数均能反映试验数据点对分布规律，且在取样点间距趋于 0 时块金常数 C_0 都趋于 0，这表明在试验数据点处堰塞体孔隙比的波动性趋于 0，堰塞体各分割块形心位置处孔隙比的微观结构不存在块金效应现象。三种函数的拱高 C 值依次为 0.0120、0.0135 和 0.0112，这表明指数函数所量化孔隙比在顺河（x 轴）向的变化幅值最大，球状函数次之，高斯函数最小。球状函数的 b 值是 73.69cm，转换为相应变程值，为 $2b/3=49.13$cm；指数函数的 b 值是 39.13cm，转换为对应变程值 $3b=117.39$cm；高斯函数的 b 值是 31.66cm，转换为变程值 $\sqrt{3}b=54.84$cm。这表明孔隙比顺河向相关性范围按球状、高斯和指数函数依次增大，其中高斯与球状函数变程相近，显著小于指数函数的变程。

为对比分析函数在更大倍数取样间距内的适应性和稳定性，将上述三种函数都绘制于横坐标为 $0 \leqslant h_x \leqslant 150$cm 的坐标系下，如图 4.6（d）所示。当取样间距数目增加时，球状函数逐渐下弯，直至为零；指数和高斯函数逐渐变缓，直至趋于稳定，且稳定后高斯函数曲线位于指数函数的下方。另外，三类曲线在原点附近的斜率反映了孔隙比空间连续变化的平滑程度，平滑性按高斯、球状和指数函数次序降低。

从上述分析可知，球状函数曲线稳定性不足，指数函数的变程过大、平滑性欠佳，这两类变异函数的理论模型均不满足要求。高斯函数在稳定性、拱高、变程和平滑程度方面均能较好地表征堰塞体孔隙比顺河向变异特征的分布规律。

4.3.2.3 竖直向变异特征

与横河向相似，竖直向（z 轴）也采用了球状、指数和高斯函数进行量化孔隙比数据的变异值，如图 4.7 所示。

在图 4.7 中，在取样点间距趋于 0 时，三种函数的块金常数 C_0 同样趋于 0；拱高 C 值依次为 0.0132、0.0136 和 0.0112。对变程数值的量化，球状函数是 $2b/3=18.81$cm，指数函数为 $3b=36.60$cm，高斯函数为 $\sqrt{3}b=19.59$cm，则孔隙比竖直向相关性范围仍按指数、高斯和球状函数依次增大。

采用相同做法进行三种函数的适应性和稳定性验证，如图 4.7（d）所示。三种变异函数曲线的变化趋势与顺河向一致，即：球状函数存在下弯，直至为零；指数和高斯函数逐渐变缓，直至趋于稳定。平滑程度仍按高斯、球状和指数函数次序降低。

由此可知，球状函数同样不能反映试验数据的分布规律，指数函数对变程和平滑性的刻画偏差较大，高斯函数能较合理地反映堰塞体孔隙比竖直向变异性的分布特征。

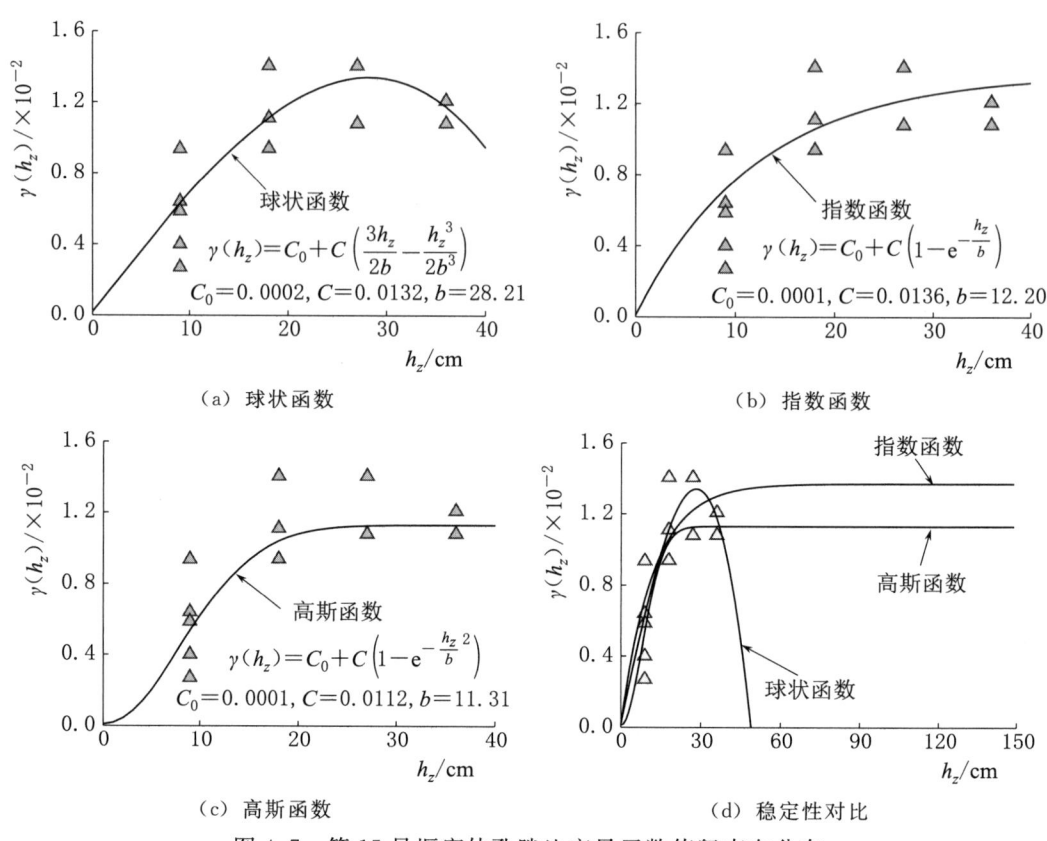

图 4.7 第 15 号堰塞体孔隙比变异函数值竖直向分布

4.3.2.4 横河向变异特征

整理横河向（y 轴）数据，得到了 1 倍取样间距时第 2 层、第 3 层和总体的变异函数值，见图 4.8 中 y 方向数据点所示。

从 1 倍取样间距数据点分布可知，横河向（$1 \times h_y$）的数据点位于竖直向（$1 \times h_z$）和顺河向（$1 \times h_x$）之间，且其平均 $\gamma(h_y)$ 值低于 $1 \times h_z$ 与 $1 \times h_x$ 的数值；据此可推断出孔隙比在横河向变程和拱高等变异特征分布规律很大程度上与顺河向相似，有别于竖直向。

因仅有 1 倍取样间距 h_z 的数据，尚不能进行相关变异函数的理论匹配。因而后续进行相关因素影响分析，仅

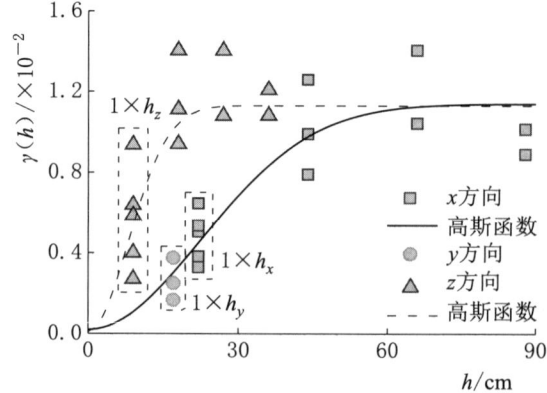

图 4.8 第 15 号堰塞体孔隙比变异函数值对比

采用高斯函数对顺河向和横河向的变异特征研究及相关理论匹配分析。

4.3.2.5 变异结构套合

从图 4.8 可知，第 15 号堰塞体坝身孔隙比在顺河向与横河向的空间变异特征均可用高斯函数量化；因两方向上变异函数曲线拱高相等，则该堰塞体孔隙比空间变异结构属于几何各向异性。

在建立坐标系计算孔隙比变异函数时，样本数据轴与变异主轴一致；基于各向异性变化率的变异函数结构套合方法，进行了第 15 号堰塞体孔隙比顺河向和竖直向变异函数套合计算，见式（4.41）。

$$\gamma(h) = \begin{bmatrix} \dfrac{\varphi_x(h_x)}{\varphi_x(h_x)+\varphi_z(h_z)} & 0 \\ 0 & \dfrac{\varphi_z(h_z)}{\varphi_x(h_x)+\varphi_z(h_z)} \end{bmatrix} \begin{pmatrix} \gamma_x(h) \\ \gamma_z(h) \end{pmatrix} \quad (4.41a)$$

式中：$h=\sqrt{h_x+h_z}$；$\gamma_x(h)$ 为顺河向变异函数；$\gamma_z(h)$ 为竖直向变异函数；$\varphi_x(h_x)$ 和 $\varphi_z(h_z)$ 分别为顺河向和横河向权重系数，计算方法为

$$\left.\begin{aligned}\varphi_x(h_x) &= \begin{cases} 2.04h_x, & 0 \leqslant h_x < 54.84 \\ 0.0110, & h_x > 54.84 \end{cases} \\ \varphi_z(h_z) &= \begin{cases} 5.72h_z, & 0 \leqslant h_z < 19.59 \\ 0.0111, & h_z > 19.59 \end{cases}\end{aligned}\right\} \quad (4.41b)$$

4.3.3 孔隙比泛 Kriging 插值

依据变异结构套合方法，将第 15 号堰塞体的变异函数曲线转换为各向同性状态；利用 Matlab 中 Dace 工具箱[164]，根据泛 Kriging 空间插值理论编写相关计算程序，得到了该堰塞体孔隙比的空间插值场。为了便于展示，截取了堰塞体宽度中心横剖面（x 方向）、长度中心纵剖面（y 方向）两个剖面绘制空间插值结果，如图 4.9 所示。

从图 4.9（a）可知，水平方向上堰塞体孔隙比在下部的中间比较小、两侧较大；竖直方向上，坝体中上部孔隙比较大，坝体高度 20cm 附近（即中下部）等高线分布较为密集，则表明此区域孔隙比变化较为剧烈。对照图 4.9（a）和（b）试验数据分布，宽度中心插值断面孔隙比的分布规律与试验数据分布特征相符，这与泛 Kriging 理论的无偏估计插值相符。在图 4.9（c）堰塞体长度剖面上，下部孔隙大于上部，近滑侧孔隙比大于远滑侧，且最大孔隙比位于坝体上部远滑侧。

依据泛 Kriging 空间插值原理，在取样点处孔隙比的空间插值与试验数据相等，为无偏估计差值；在空间其他位置处的插值为最优估计插值，存在估计误差。图 4.10 为第 15 号堰塞体孔隙比空间插值的估计误差分布。从图 4.10 中可知，在宽度和高度方向上插值孔隙比的估计误差均小于 1.00%，这表明此方法能够较好

地将空间点处孔隙比取值拓展至空间任意位置。

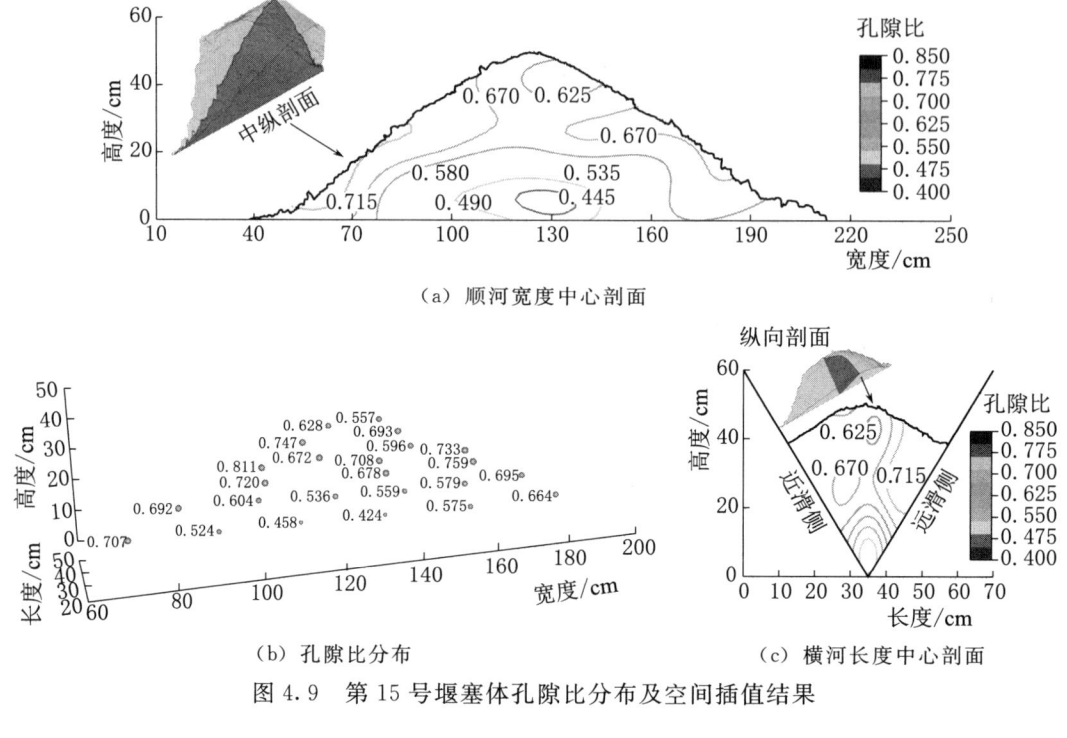

图 4.9　第 15 号堰塞体孔隙比分布及空间插值结果

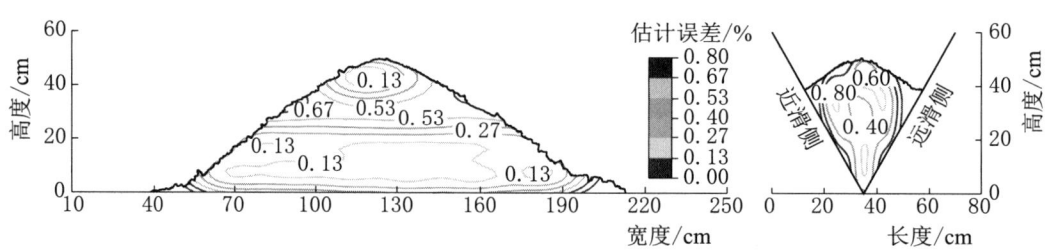

图 4.10　第 15 号堰塞体孔隙比空间插值估计误差

堰塞体材料孔隙比的分布特征与其形成过程和颗粒流分选作用密切相关。在堰塞体堆积前期，细颗粒流速快，快速运动至河谷，集中分布于河谷底部；与之相应，部分大颗粒因处于置料箱较高位置处而在仓门打开时便快速翻滚至河谷底部，导致河谷底部孔隙比较小。随着散粒流体逐渐趋于稳定，颗粒流分选作用逐渐显著，此时颗粒流体粗细颗粒上下分布特性导致大颗粒在滑入河道后沿堆积体表面继续向远滑侧运动的概率增加；小颗粒则偏向于近滑侧分布，导致远滑侧堆积体颗粒间架空程度强于近滑侧。

由上述分析可知，基于变异函数理论的泛 Kriging 空间插值方法能够表征孔隙比空间变异特征的分布规律，并将其无偏最优地拓展至三维空间，起到了堰塞体材料区域化参量的空间场量化作用。

4.4 级配对孔隙比空间分布影响

4.4.1 级配对变异曲线影响

整理试验数据,考虑设计级配 1、2、3、4 的影响,计算了不同取样间距时孔隙比的变异函数值,并采用高斯函数进行了数据点对匹配;从 x 和 z 方向的数据点分布可知,高斯函数曲线变化趋势能够表征不同级配时堰塞体孔隙比变异函数值分布规律,如图 4.11 所示。

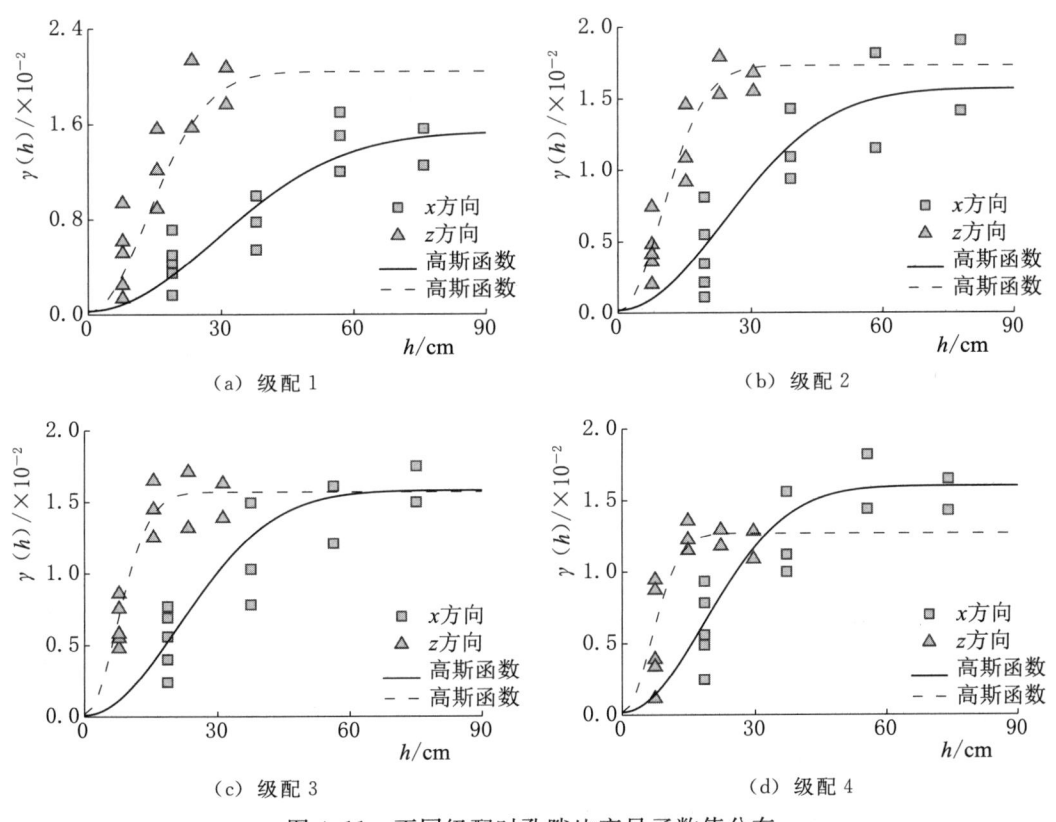

图 4.11 不同级配时孔隙比变异函数值分布

对于级配 1,z 方向数据点和高斯曲线都显著高于 x 方向,这表明级配 1 所形成的堰塞体孔隙比在 z 方向空间变异幅度显著大于 x 方向,并呈现显著的带状各向异性。与级配 1 相比,级配 2 同样属于带状各向异性,但其变异幅度要弱于级配 1。对于级配 3 而言,x 与 z 方向的拱高相接近,x 方向的变异范围要大于 z 方向,属于几何各向异性。级配 4 在 z 方向的拱高小于 x 方向,即 x 方向空间变异程度的自相关范围强于 z 方向,同样属于带状各向异性。

将图 4.11 中相同方向的变异函数曲线分别绘制于同一坐标,如图 4.12 所示。

在 x 方向，孔隙比空间变异的基台值按级配 1、2、3、4 的顺序增加，z 方向的顺序则与之相反；两个方向上孔隙比变程的变化规律与基台值相反。整理图 4.12 中高斯函数参量，并计算了两轴向的各向异性变化率 I，见表 4.3。无论是几何各向异性还是带状各向异性，z 方向各向异性变化率均显著高于 x 方向。

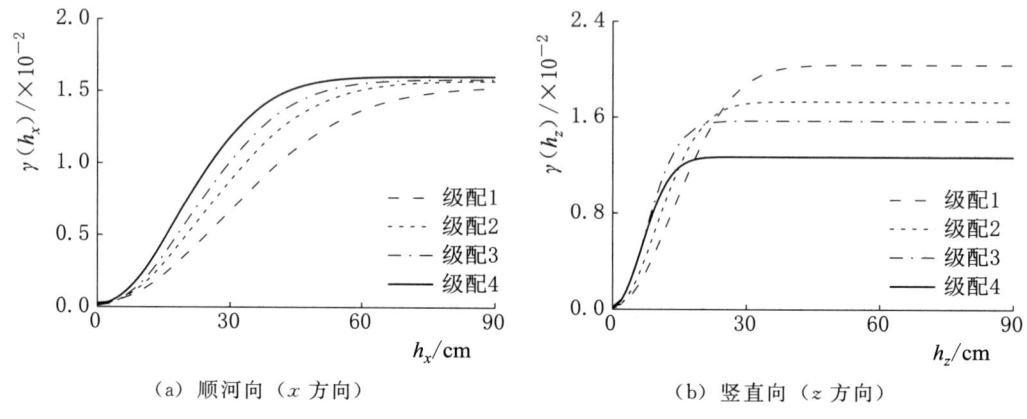

(a) 顺河向（x 方向）   (b) 竖直向（z 方向）

图 4.12 不同级配时孔隙比变异函数曲线对比

表 4.3 不同级配时孔隙比变异特征参量

因素级配	x 方向				z 方向			
	C_0	C	a/cm	$I/\times 10^{-4}\,\mathrm{cm}^{-1}$	C_0	C	a/cm	$I/\times 10^{-4}\,\mathrm{cm}^{-1}$
级配 1	0.0003	0.0150	64.59	2.32	0.0002	0.0197	29.27	6.73
级配 2	0.0002	0.0155	57.85	2.68	0.0001	0.0167	24.01	6.96
级配 3	0.0001	0.0157	51.65	3.04	0.0002	0.0155	17.80	8.71
级配 4	0.0002	0.0158	45.16	3.50	0.0002	0.0125	15.75	7.94

滑源土料颗粒级配对堰塞体孔隙比的空间变异特征影响显著。4 种级配的粗颗粒含量不同，粗颗粒含量越高，颗粒料经过斜坡运动至河谷堆积后上下部细粒含量差异越显著，相应空间变异程度范围（拱高）越大；因堰塞体横剖宽度显著大于其高度，导致水平方向的空间变异特性与垂直方向相反。

4.4.2 不同级配时孔隙比空间插值结果

采用泛 Kriging 空间插值方法进行了不同级配的堰塞体孔隙比变化场计算，并截取了宽度和长度中心断面，绘制了相应云图，如图 4.13 所示。

从图 4.13 可知，相同级配下堰塞体孔隙比存在典型空间变异特征，具体如下：

（1）在宽度方向上，最小孔隙比处于坝体下部中间，并沿宽度两侧、高度竖直向增大；最大孔隙比分布于堆积体上部、中部或下部表层。

（2）在长度方向上，堆积体远滑侧孔隙比大于近滑侧，上部孔隙比显著大于下部。

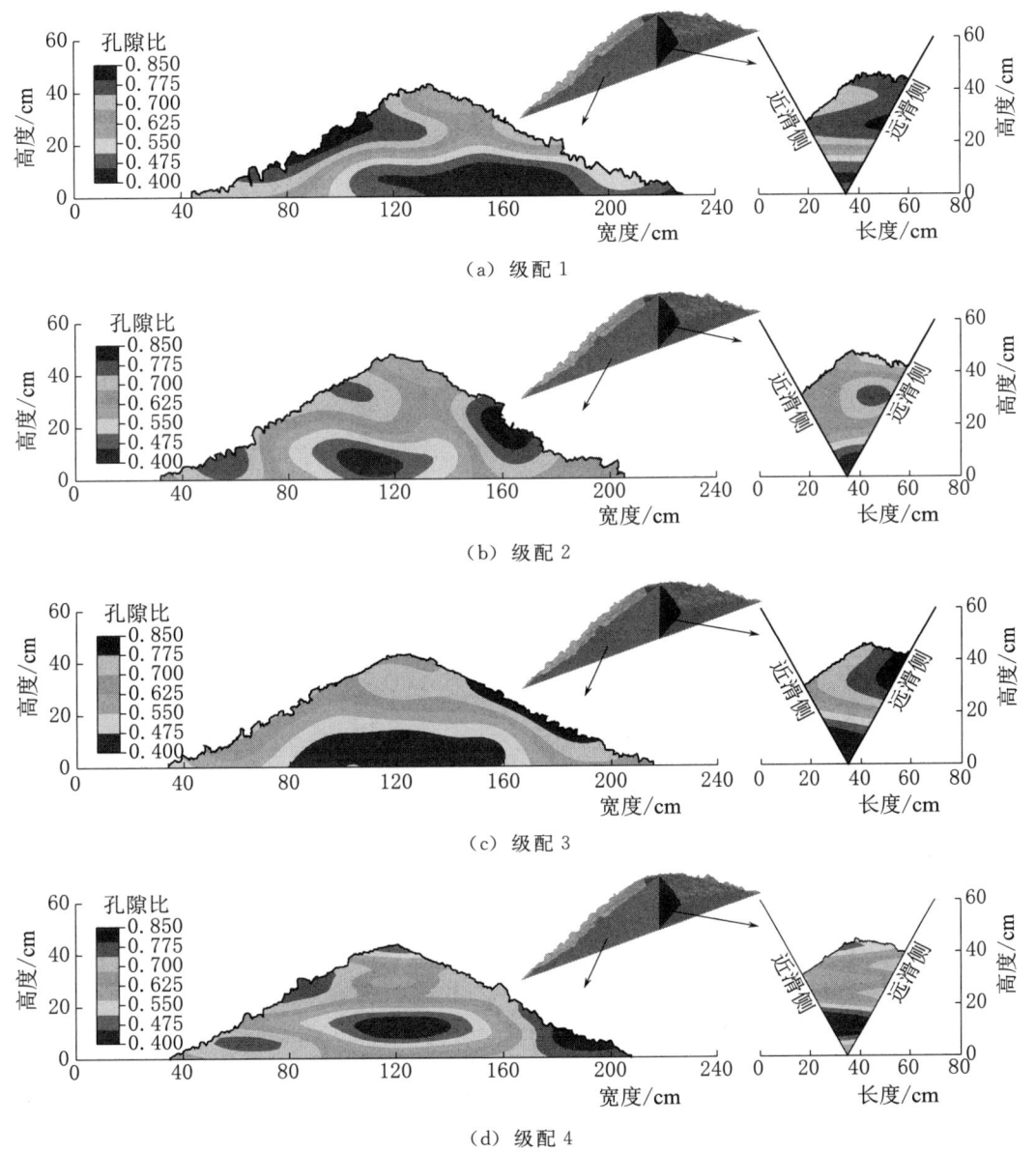

图 4.13 不同级配时孔隙比空间插值结果

(3) 坝体下部 1/3 处色带分布较为密集,表明此区域内插值孔隙比变动较为剧烈。

(4) 带状椭圆特征按级配 1、2、3、4 的顺序逐渐显化。

初始级配不同时,堰塞体孔隙比在水平向与竖直向的分布存在差异性。在竖直方向上,色阶数量按级配 1、2、3、4 的顺序减小,水平方向则与之相反;这表明堆积体孔隙比空间变异的强方向随粗粒含量增加从竖直方向逐渐转为水平方向,与前述变异函数高斯模型的拱高变化规律一致。

4.5 滑坡角对孔隙比空间分布影响

4.5.1 滑坡角对变异曲线影响

图 4.14 是滑坡角为 27°、36°、45° 和 52° 时堰塞体孔隙比变异函数值随取样间距的分布，仍采用高斯函数进行了 x 和 z 方向的数据匹配。

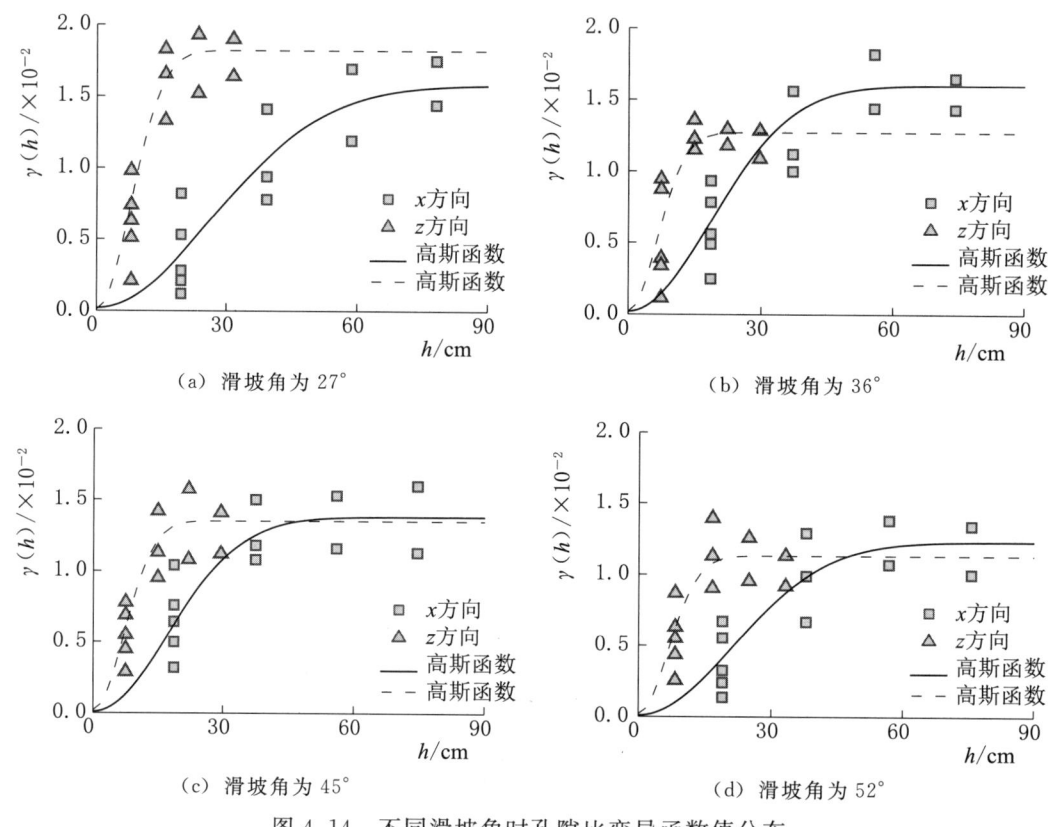

图 4.14　不同滑坡角时孔隙比变异函数值分布

在滑坡角为 27° 时，相同取样距离条件下 x 方向上曲线和数据点位置均低于 z 方向，且高斯函数曲线拱高显著小于 z 方向，表明变异函数属于带状各向异性；当滑坡角为 36° 时，x 方向的拱高大于 z 方向，仍属于带状各向异性。当滑坡角持续增大至 45° 时，x 和 z 方向拱高几乎相等，孔隙比空间变异演变为几何各向异性；但随着滑坡角继续增大至 52°，孔隙比的空间变异结构特征又出现向带状各向异性演化的趋势，如图 4.14（d）所示。这表明当斜面坡度较小，所形成的堰塞体属于竖直向变异程度强于水平向；随着滑坡角度增大，水平向变异程度强于竖直向，且存在从带状各向异性向几何各向异性演化的趋势。

同样，将图 4.14 中同一方向的高斯函数曲线分别绘制于同一坐标，如图 4.15

所示，与之相应计算参数见表4.4。在x方向，滑坡角27°与36°时孔隙比高斯函数的拱高几乎相等，但后者各向异性变化率高于前者；当滑坡角大于36°时，拱高和变异速率均随滑坡角增加而减小。在z方向上，变异函数的拱高和变异速率均随滑坡角度增加而减小。与级配的影响相似，不同滑坡角时孔隙比在z方向上各向异性变化率均显著高于x方向。

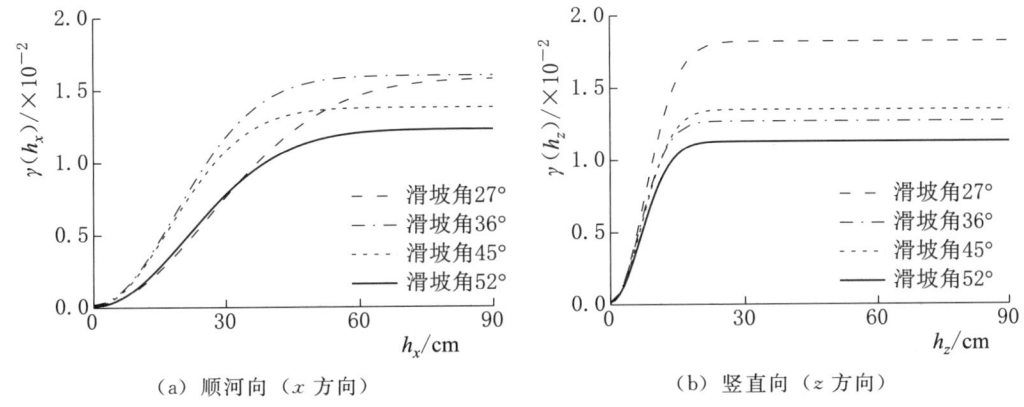

(a) 顺河向（x方向）　　　　　(b) 竖直向（z方向）

图4.15　不同滑坡角时孔隙比变异函数曲线对比

表4.4　　　　　　　　不同滑坡角时孔隙比变异特征参量

滑坡角	x方向				z方向			
	C_0	C	a/cm	$I/\times10^{-4}\mathrm{cm}^{-1}$	C_0	C	a/cm	$I/\times10^{-4}\mathrm{cm}^{-1}$
27°	0.0002	0.0156	64.47	2.42	0.0001	0.0181	18.53	9.77
36°	0.0002	0.0158	45.16	3.50	0.0002	0.0125	15.75	7.94
45°	0.0001	0.0137	42.01	3.26	0.0002	0.0133	16.92	7.86
52°	0.0001	0.0122	51.96	2.35	0.0002	0.0111	16.35	6.79

斜槽滑坡角对堰塞体孔隙比空间变异特征影响存在复杂性。一方面，当滑坡角较小（如27°，小于休止角）时，颗粒流经过斜面运动时存在颗粒分选，导致河谷堆积后竖向变异拱高显著大于水平方向；随着滑坡角逐步增大（如36°），颗粒受到沿斜面方向重力分量增大，导致颗粒流在斜面运动时后部颗粒推挤前端颗粒的减弱，减弱了颗粒分选作用，致使所形成堆积体孔隙比水平方向的空间变异特征大于竖直方向。另一方面，当斜面坡度持续增加，颗粒流受到斜面支撑作用更弱，诸多颗粒倾向于主要受重力斜面分量作用，颗粒流快速运动，冲击至河谷堆积，进而使得所形成堰塞体在水平方向和竖直方向上的变异范围缩小，强度减弱。自然而然，空间变异强度也随之降低。

4.5.2　不同滑坡角时孔隙比空间插值结果

图4.16是斜面滑坡角度为27°、45°和52°时堰塞体孔隙比在宽度和长度方向上空间插值结果。从图4.16可知，滑坡角度对堰塞体孔隙比空间变异特征的影响表现为：

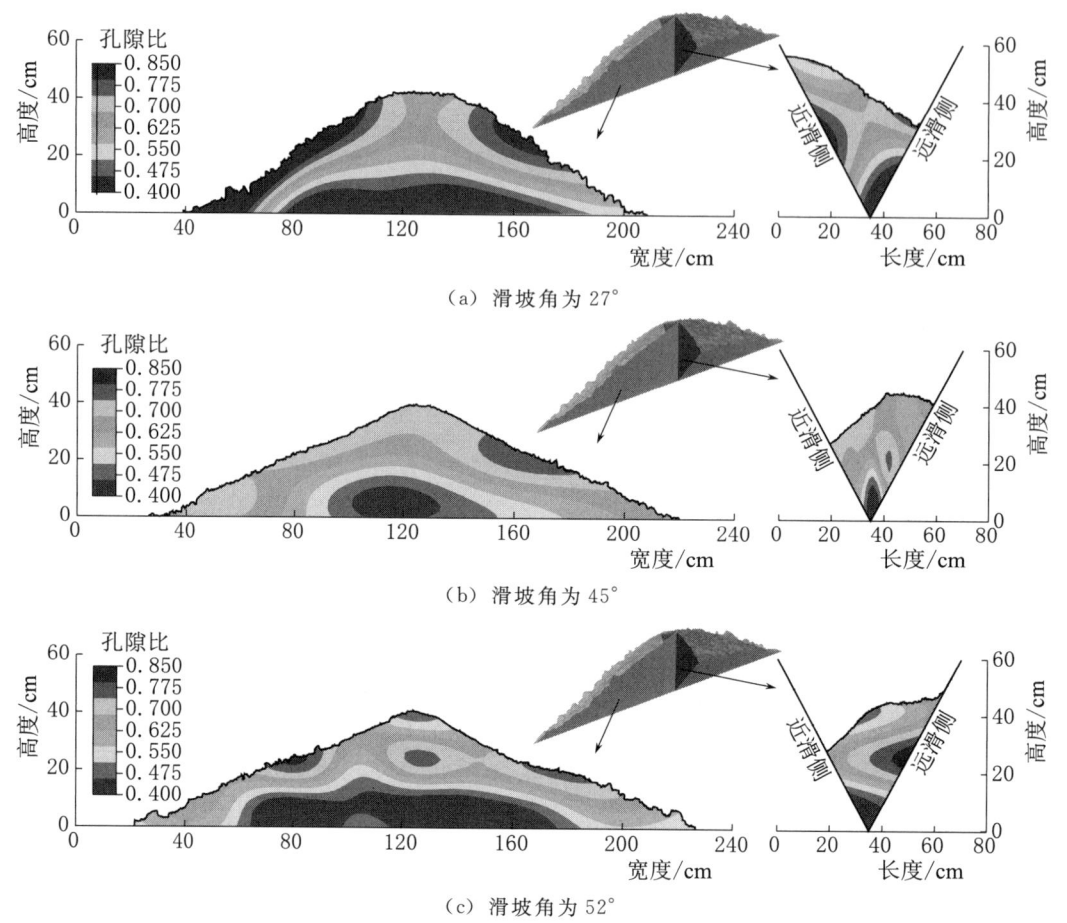

图 4.16　不同滑坡角时孔隙比空间插值结果

（1）在宽度方向上，堰塞体最小孔隙比位于坝体下部中间，并沿宽度两侧、高度竖直向增加。

（2）在长度方向上，当滑坡角为 27°时，最大孔隙比位于近滑侧中部；当滑坡角为 52°时，最大孔隙比位于远滑侧中部。

（3）坝体下部 1/3 位置处色阶较为集中，则插值孔隙比变动较为剧烈。

（4）堰塞体孔隙比空间变异强势方向随着滑坡角度增加而从竖直向转变为水平向，从带状各向异性演为几何各向异性，与其变异函数高斯模型的拱高变化规律一致。

4.6　滑距对孔隙比空间分布影响

4.6.1　滑距对变异曲线影响

图 4.17 是滑距为 0.9m、2.7m、3.6m 和 4.2m 时孔隙比变异函数值随取样间

距的分布，并进行了高斯函数的匹配。当滑距为 0.9m 时，堰塞体孔隙比在 x 方向拱高小于 z 方向；滑距为 2.7m 时，两方向拱高相等；超过 3.6m 时，前者小于后者。这表明滑距为 2.7m 时孔隙比空间变异属于几何各向异性，其他滑距条件下为带状各向异性。

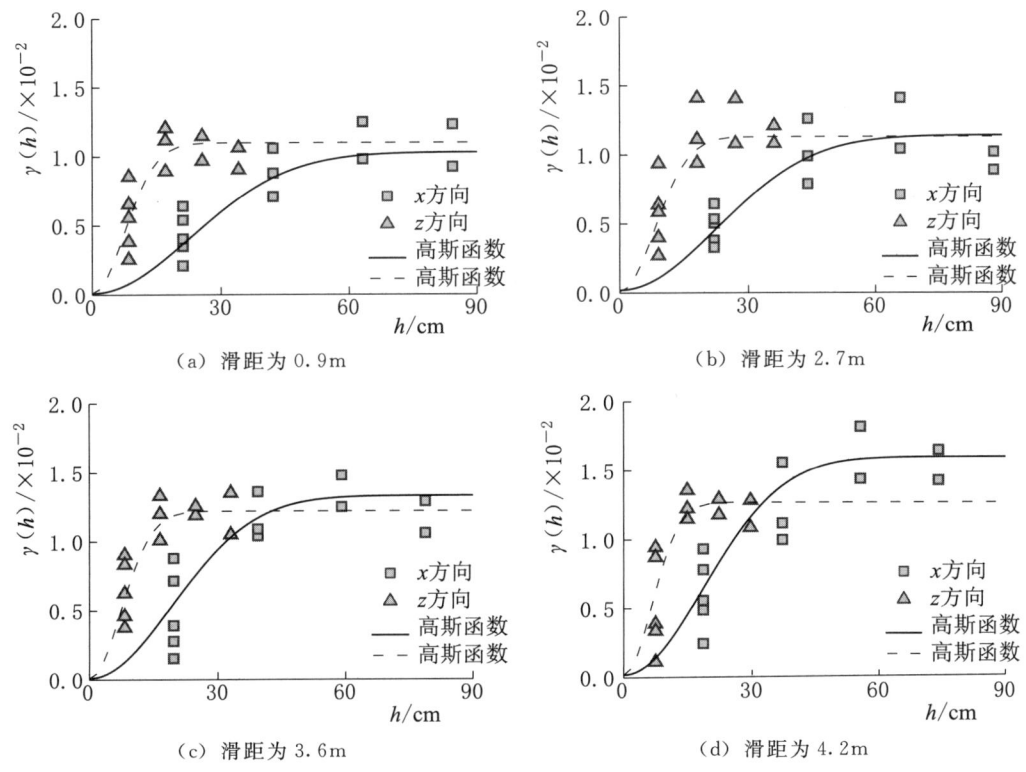

图 4.17 不同滑距时孔隙比变异函数值分布

绘制图 4.17 中同一方向的高斯函数曲线，如图 4.18 所示；并计算相关参数值，见表 4.5。孔隙比高斯变异函数的拱高在 x 和 z 方向上均随滑距增加而增大，且 x 方向上数值大于 z 方向；从变化快慢角度，z 方向上各向异性变化率仍显著高于 x 方向。

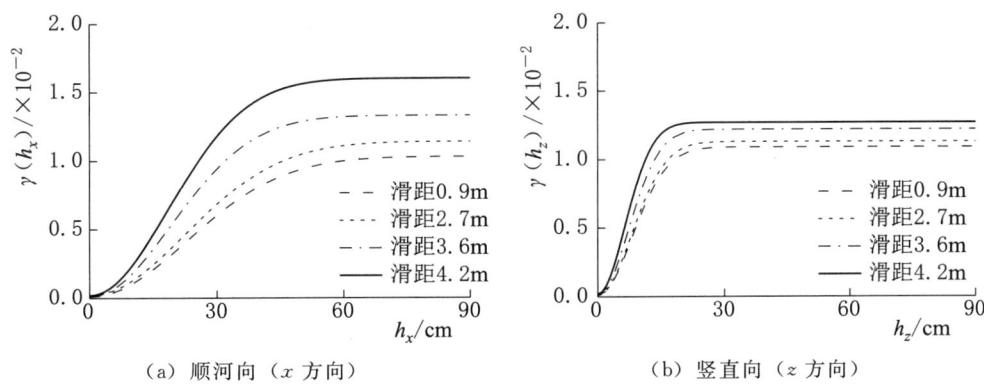

图 4.18 不同滑距时孔隙比变异函数曲线对比

表 4.5　　　　　　　　　　不同滑距时孔隙比变异特征参量

滑距 /m	x 方向				z 方向			
	C_0	C	a/cm	I/×10^{-4} cm^{-1}	C_0	C	a/cm	I/×10^{-4} cm^{-1}
0.9	0.0001	0.0102	55.74	1.83	0.0001	0.0107	18.76	5.70
2.7	0.0002	0.0112	54.84	2.04	0.0001	0.0112	19.59	5.72
3.6	0.0001	0.0132	46.91	2.81	0.0001	0.0121	17.79	6.80
4.2	0.0002	0.0158	45.16	3.50	0.0002	0.0125	15.75	7.94

滑距对堰塞体孔隙比空间变异特征的影响相对单一，即随着颗粒料沿斜面滑距增加，其空间变异的程度加剧且范围增大。值得注意的是，空间变异的强方向随着滑距增加从垂直方向演化为水平方向，随之穿插着几何各向异性结构特征。颗粒流分选作用是这种规律的内在机制。滑距越大，颗粒流在斜面运动过程分选效果越为显著。

4.6.2　不同滑距时孔隙比空间插值结果

图 4.19 是颗粒料沿斜槽滑动 0.9m、2.7m 和 3.6m 后所形成堰塞体孔隙比在宽度和长度方向上空间插值结果。

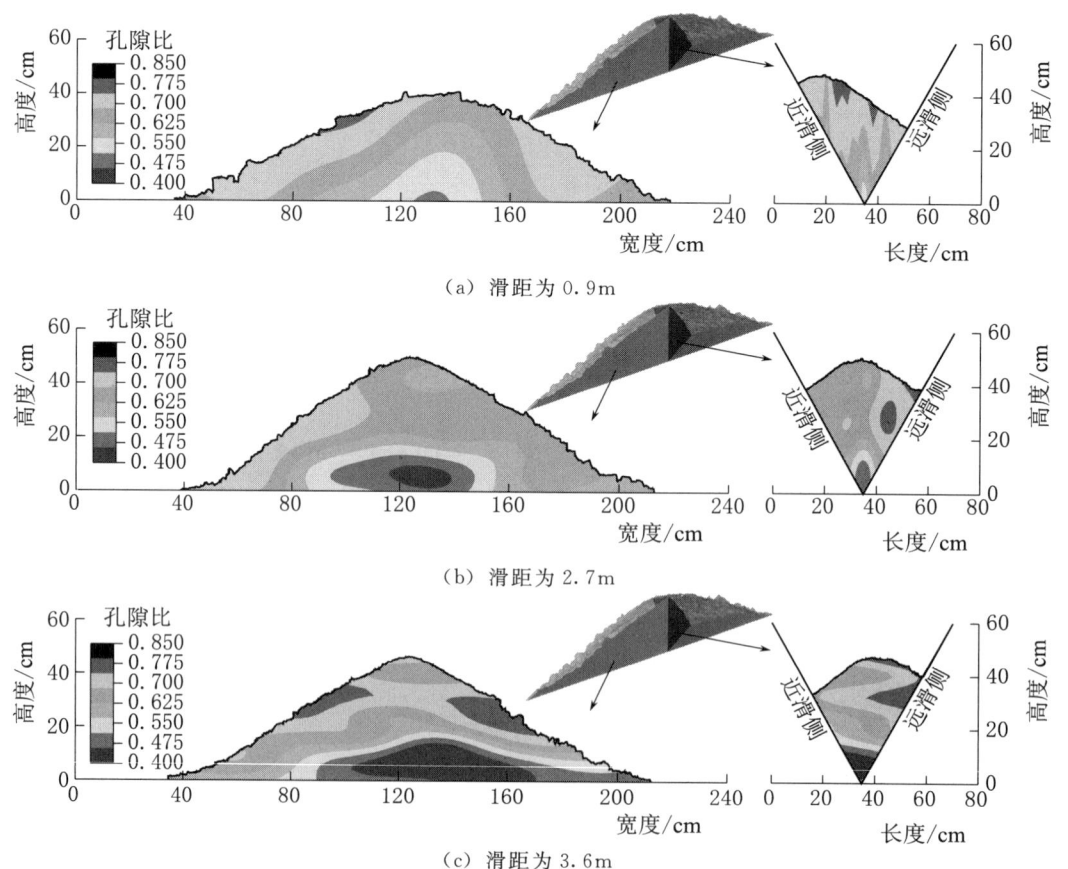

(a) 滑距为 0.9m

(b) 滑距为 2.7m

(c) 滑距为 3.6m

图 4.19　不同滑距时孔隙比空间插值结果

从图 4.19 可知，滑距对堰塞体孔隙比空间变异特征的影响表现为：

(1) 滑距为 0.9m 时，堰塞体最小孔隙比位于坝体下部中间，呈均匀带状向外部扩散，且最大孔隙比位于堆积体上部表层。整体上孔隙比带状分布特征较为显著。

(2) 滑距为 2.7m 时，最小孔隙比仍分布于坝体底部中间位置，近似呈带状向外部扩散，即出现切割后的椭圆形状。最大孔隙比位于远滑侧中部位置。

(3) 当滑距为 3.6m 时，坝体下部 1/3 位置处色阶较为集中，则此区域插值孔隙比变动较为剧烈。最大孔隙比同样位于远滑侧中上部位置。

(4) 堰塞体孔隙比空间变异强势方向随着滑动距离增加从竖直向转变为水平向，椭圆形带状分布特征从竖向带状逐渐演变为水平拉伸状。

4.7 最大粒径对孔隙比分布影响

4.7.1 最大粒径对变异曲线影响

图 4.20 是颗粒料最大粒径为 40mm 和 20mm 时所形成堰塞体孔隙比变异函数值随取样间距的分布，仍采用高斯函数进行试验数据点对的匹配。在图 4.20 中，最大粒径为 20mm 和 40mm 时孔隙比变异函数在 x 方向上拱高均显著大于 z 方向，呈现带状各向异性结构特征。

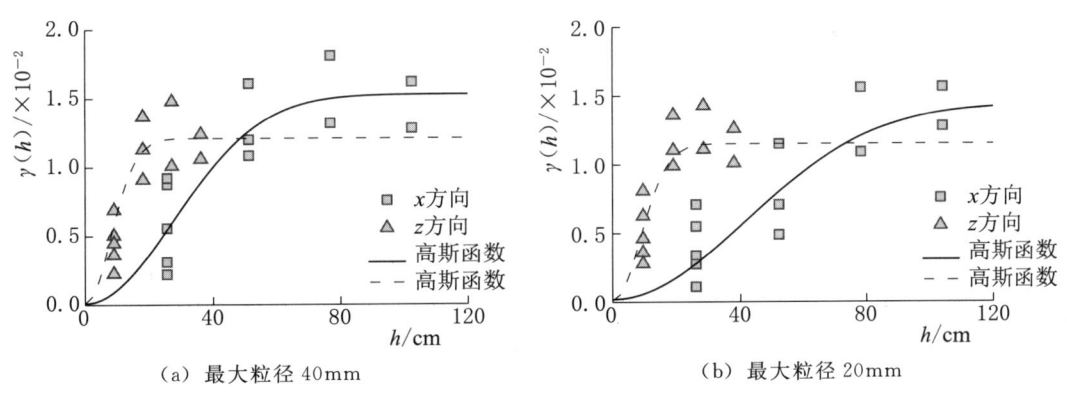

(a) 最大粒径 40mm　　　　(b) 最大粒径 20mm

图 4.20　不同最大粒径时孔隙比变异函数值分布

堰塞体孔隙空间变异特征的拱高和各向异性变化率在 x 和 z 方向上均随最大粒径减小而减小，变程在两方向上随最大粒径减小而增大，如图 4.21 所示。从变化快慢角度，z 方向上各向异性变化率仍显著高于 x 方向。

整理了图 4.21 中高斯函数参数值和各向异性变化率，见表 4.6。堰塞体孔隙比在水平向和垂直向的空间变异程度随最大粒径减小而减弱。最大粒径越小，颗粒间尺寸差异性愈小，斜面运动时颗粒分选作用将被削弱，所形成堰塞体在各个方向上变异强度和范围也自然地随之降低。

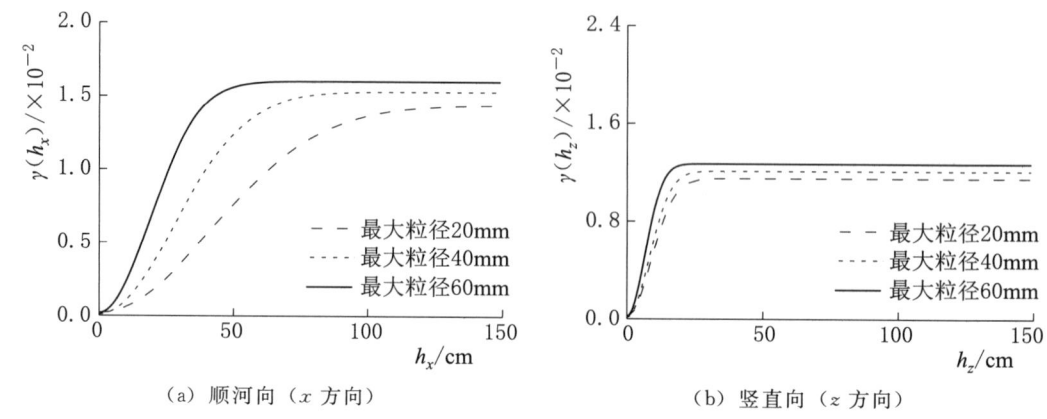

(a) 顺河向（x 方向）　　　　　　　　(b) 竖直向（z 方向）

图 4.21　不同最大粒径时孔隙比变异函数曲线对比

表 4.6　　　　　　　　　不同最大粒径时孔隙比变异特征参量

最大粒径 /mm	x 方向				z 方向			
	C_0	C	a/cm	$I/\times 10^{-4}\,\text{cm}^{-1}$	C_0	C	a/cm	$I/\times 10^{-4}\,\text{cm}^{-1}$
60	0.0002	0.0158	45.16	3.50	0.0002	0.0125	15.75	7.94
40	0.0001	0.0152	67.36	2.26	0.0001	0.0120	19.45	6.17
20	0.0002	0.0142	100.77	1.41	0.0001	0.0114	21.01	5.43

4.7.2　不同最大粒径时孔隙比空间插值结果

整理了滑源物料最大粒径为 40mm 和 20mm 时孔隙比空间插值剖面图，如图 4.22 所示。从图 4.22 中可知，最大粒径为 40mm 和 20mm 时堰塞体孔隙比空间变异特征存在相似性，即：

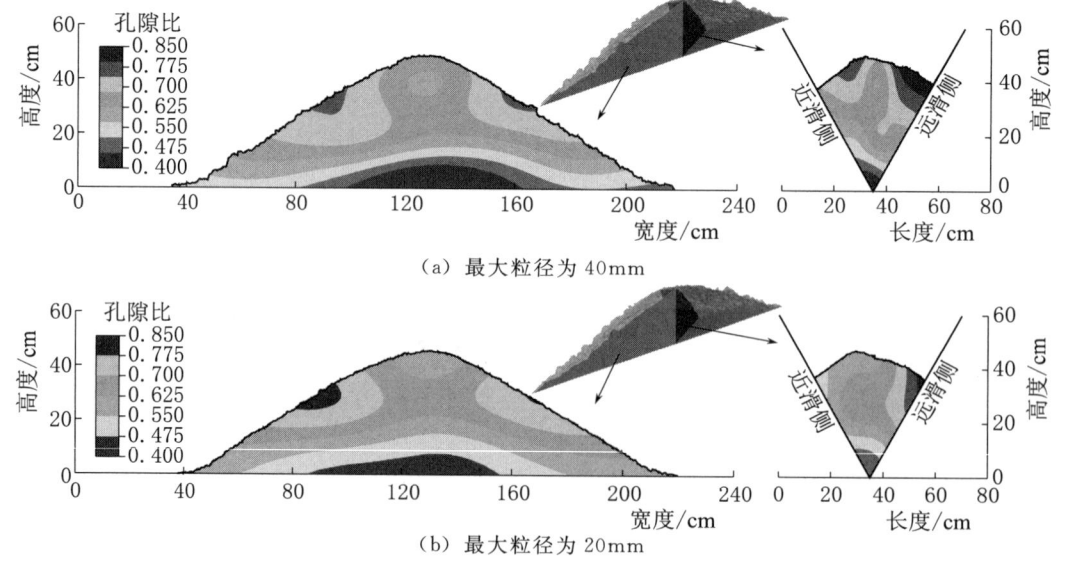

(a) 最大粒径为 40mm

(b) 最大粒径为 20mm

图 4.22　不同最大粒径时孔隙比空间插值结果

(1) 最小孔隙比位于坝体下部中间，且呈均匀带状向上部扩散，且最大孔隙比位于堆积体上部靠近远滑侧表层。整体上，孔隙比水平向带状分布特征较为显著；这表明水平向为空间变异强方向。

(2) 坝体下部 1/3 位置处色阶较为集中，则此区域插值孔隙比变动较为剧烈。

同样，两者存在不同，即最大粒径为 40mm 时的孔隙比带状密集程度高于 20mm 状态，这与其变异函数曲线拱高变化规律相一致。

至此，通过上述试验与理论分析，从结构性和强方向两个角度汇总了颗粒级配、滑坡角、滑距和最大粒径对堰塞体各向异性特征影响，并简述诱发原因，详见表 4.7。

表 4.7　　　　　　　　不同影响因素下孔隙比空间变异特征

因素	水平	各向异性特征		主要诱因
		结构性	强方向	
级配	1	带状	竖直向	粗细颗粒相对含量越高，堆积体变异性越显著
	2	带状	竖直向	
	3	几何	相当*	
	4	带状	水平向	
滑坡角	27°	带状	竖直向	坡度越大，颗粒分选和重力沿斜面分量共同诱发变异程度将减弱
	36°	带状	水平向	
	45°	几何	相当*	
	52°	带状	水平向	
滑距	0.9m	带状	竖直向	滑距越大，颗粒分选作用显著，空间变异程度增强
	2.7m	几何	相当*	
	3.6m	带状	水平向	
	4.2m	带状	水平向	
最大粒径	60mm	带状	水平向	随最大粒径减小，空间变异程度降低
	40mm	带状	水平向	
	20mm	带状	水平向	

* 相当指水平向与竖直向的强弱程度无显著差异。

4.8　本章小结

依托地统学中融合了区域化变量的变异函数理论，引入各向异性变化率的套合方法改善了不同类型变异函数结构分析，并将其作为堰塞体材料孔隙比空间分布随机性与结构性量化工具；依据泛 Kriging 空间插值方法，将孔隙比空间变异规律有效地进行了空间场化。依据物理模型试验数据点对，探究了颗粒级配、滑坡角、滑距和最大粒径对孔隙比各向异性结构性和强方向的影响，并从粗细颗粒相对含量、颗粒分选和重力沿斜面分量三个角度进行解译。主要得到了以下结论：

(1) 在不考虑材料空间变异结构性条件下，堰塞体材料孔隙比的随机特征符合正态分布统计规律。对比了球状、指数和高斯变异函数理论模型对顺河向和横河向模型试验数据的刻画，发现球状函数曲线稳定性不足，指数函数的变程过大、平滑性欠佳，两者均不能反映试验数据的分布规律。高斯函数在稳定性、拱高、变程和平滑程度方面均能较好表征堰塞体孔隙比顺河向变异特征的分布规律。

(2) 依据各向异性变化率的变异函数结构套合方法，利用泛 Kriging 空间插值理论，得到了复杂几何形态堰塞体孔隙比的无偏估计三维空间分布场，将试验数据"点特征"拓展至"空间特征"，起到了孔隙比空间变异特征场量化的作用。

宽度与长度剖面结果表明，水平方向上，滑坡型堰塞体孔隙比在下部的中间比较小、两侧较大；竖直方向上，坝体中上部孔隙比较大，下部 1/3 位置处变化较为剧烈，最小孔隙比位于底部中间，最大孔隙比的分布较为复杂，与堰塞体形成过程密切相关。

(3) 滑源土料颗粒级配对堰塞体孔隙比的空间变异特征影响显著。粗颗粒含量越高，所形成堰塞体孔隙比空间变异程度范围（拱高）越大，各向异性从竖直带状特征发展为几何带状特征、再演化为水平带状特征。

滑坡角对堰塞体孔隙比空间变异特征影响存在复杂性。当滑坡角较小时，河谷堆积后堰塞体孔隙比的竖向变异拱高显著大于水平方向；随着滑坡角增大，孔隙比水平方向的拱高大于竖直方向。各向异性从竖直带状特征发展为水平带状特征、再退化为几何带状特征，并最终演化为水平带状特征。

滑距和最大粒径对堰塞体孔隙比空间变异特征的影响相对单一。随着颗粒料沿斜面滑动距离增加，孔隙比各向异性从竖直带状特征发展为水平带状特征，空间变异的程度加剧且范围增大。最大粒径越小，孔隙比空间变异性越弱，且始终呈现水平带状各向异性特征。

第 5 章 堰塞体颗粒级配空间变异特征

5.1 概述

作为宽级配、多粒组的散粒材料，堰塞体坝身材料因颗粒尺度差异而普遍存在空间变异性，这对堰塞体强度、变形和渗流等特性起到了关键控制作用。当前，在室内溃决物理试验或数值模拟中，大多采用有限取样点颗粒级配平均线作为滑源物性初始状态，并将堰塞体视为均质材料或作简单分层处理；这种处理措施很大程度上能够简化边界条件，但不可避免地影响堰塞体灾害链产生、发展及演化过程的研判与评估。因此，如何准确表征和量化堰塞体颗粒级配空间分布特征，是关系到科学分析堰塞体强度、变形和渗流特性的发展演化规律的重要前提和基础。

在前述章节中详细阐述并讨论分析了 U 形河谷中堰塞料内部堆积特征，因三维状态下取样剖面仅为坝体横剖向，难以进行更为细致与深入地分析不同颗粒粒组的空间分布规律和变异特性。

鉴于此，本章沿用粒组相对含量的研究思路，以第 15 号堰塞体为例，详细论述了堰塞体粒组变异特征及其空间分布规律，并讨论了初始级配、滑坡角、滑距和最大粒径 4 种因素对粒组变异性强弱程度及其分布范围影响。考虑到单一粒组变化性难以代表颗粒级配整体空间变异性，采用了级差指标来表征宽级配、多粒组土体颗粒级配的空间差异规律。随之，根据 4 种因素的级差指标数据，将其作对数处理，以满足正态分布要求。与堰塞体孔隙比空间变异性量化方式相似，引入变异函数理论，用以表征级差指数空间变异的结构性、随机性和方向性；依据高斯变异函数，采用泛 Kriging 插值方法进行了级差指数的空间无偏最优估计延展，以达到从取样点到空间场延伸的目的。至此，本章完成了从粒组到级配的堰塞体颗粒材料空间变异特征的参量化与场量化。

5.2 颗粒粒组变异特征

5.2.1 粒组变异特征及其空间分布

以第 15 号堰塞体为例，阐述堰塞料不同粒组数据的处理过程与结果，并以不同方向上典型取样点为例，论述堰塞体横剖、纵剖和竖直方向上粒组分布规律。图 5.1 是第 15 号堰塞体不同离散次序下 7 种粒组相对含量 RC 的分布图，分 5 层总计 24 次取样分区按上下次序依次为顶部、上部、中部、下部和底部。

在顶部两次分割取样中，粒径位于 2～20mm 的颗粒含量不同程度增加，位于 0.5～2mm 的细颗粒存在减少趋势；位于 20～60mm 的粗颗粒相对含量变化存在较大的离散性，尤其以 40～60mm 最为显著，如第 1 次取样中 40～60mm 的颗粒相对含量剧增至 2.33，但第 2 次相同粒组的含量却为 0。

上部四次取样中，第 3 次和第 5 次取样位置相邻，均位于河谷的近滑侧，颗粒相对含量分布规律较为相似，即：0.5～5mm 的细粒段含量显著增加，5～60mm 的粗粒组显著减小。第 4 次和第 6 次取样位置相邻，且位于河谷的远滑侧，相对含量存在相似性和特殊性：①相似性，5～20mm 的含量增加，但两者程度不同，前者缓慢增加，后者显著增加；②特殊性，0.5～20mm 区段，前者减小，后者增加，但减小与增加的程度均较小；40～60mm 区段，前者显著增加，后者显著减小。

中部六次取样中，第 7 次、第 9 次和第 11 次位于近滑侧，其余为远滑侧。在近滑侧三次取样中，位于 0.5～10mm 区段的颗粒含量不同程度增加，粒径介于 10～60mm 的颗粒含量不同程度地减小；在增加与减小的程度上，位于中间的第 9 次取样显著大于两侧的第 7 次和第 11 次取样。与近滑侧分布规律相比，远滑侧的三次取样的颗粒含量变化规律与近滑侧的相反；特别地，远滑侧中间的第 10 次取样，0.5～1mm 与 40～60mm 区段的相对含量分别为 1.11 和 1.84，这将显著扩大此分割块体内最大与最小粒径颗粒含量的差异程度。

下部和底部均进行了六次取样分割，其颗粒含量分布存在相似性，但也存在各自特殊性。相似性：①两端的细颗粒含量显著减小、粗颗粒含量显著增加，如第 13 次、第 18 次、第 19 次和第 24 次的 0.5～5mm、5～40mm；②中间位置粒径介于 0.5～2mm 的细颗粒相对含量以增加为主，部分变动微弱，为与初始状态含量相当，5～40mm 的颗粒相对含量以减小为主。特殊性：40～60mm 区段颗粒含量的分布较为离散，下部中前三次（第 13 次、第 14 次和第 15 次）为 1.51、1.51 和 1.35，属于剧增状态；后三次为 0.62、0.60 和 0.30，属于骤减状态；底部中第 19 次、第 20 次、第 22 次和第 23 次为骤减状态，其中第 23 次取样中此区段颗粒含量为 0；第 21 次和第 24 次相对含量分别为 1.24 和 1.22，属于显著增加。

为消除粒径量纲、便于数据内在规律发掘，利用最大粒径对颗粒尺寸进行了归一化处理，并在同一平面内绘制了相对含量随归一化粒径的分布，如图 5.2 所示。在图 5.2（a）中，第 15 号堰塞体 24 次取样、7 个粒组的数据点有界性地分布于相对含量为 1.0 的直线两侧；其中，相同归一化粒径时数据点上界与下界的差值即为粒组相对含量 RC 的分布范围，称之为变异界限。

5.2 颗粒粒组变异特征

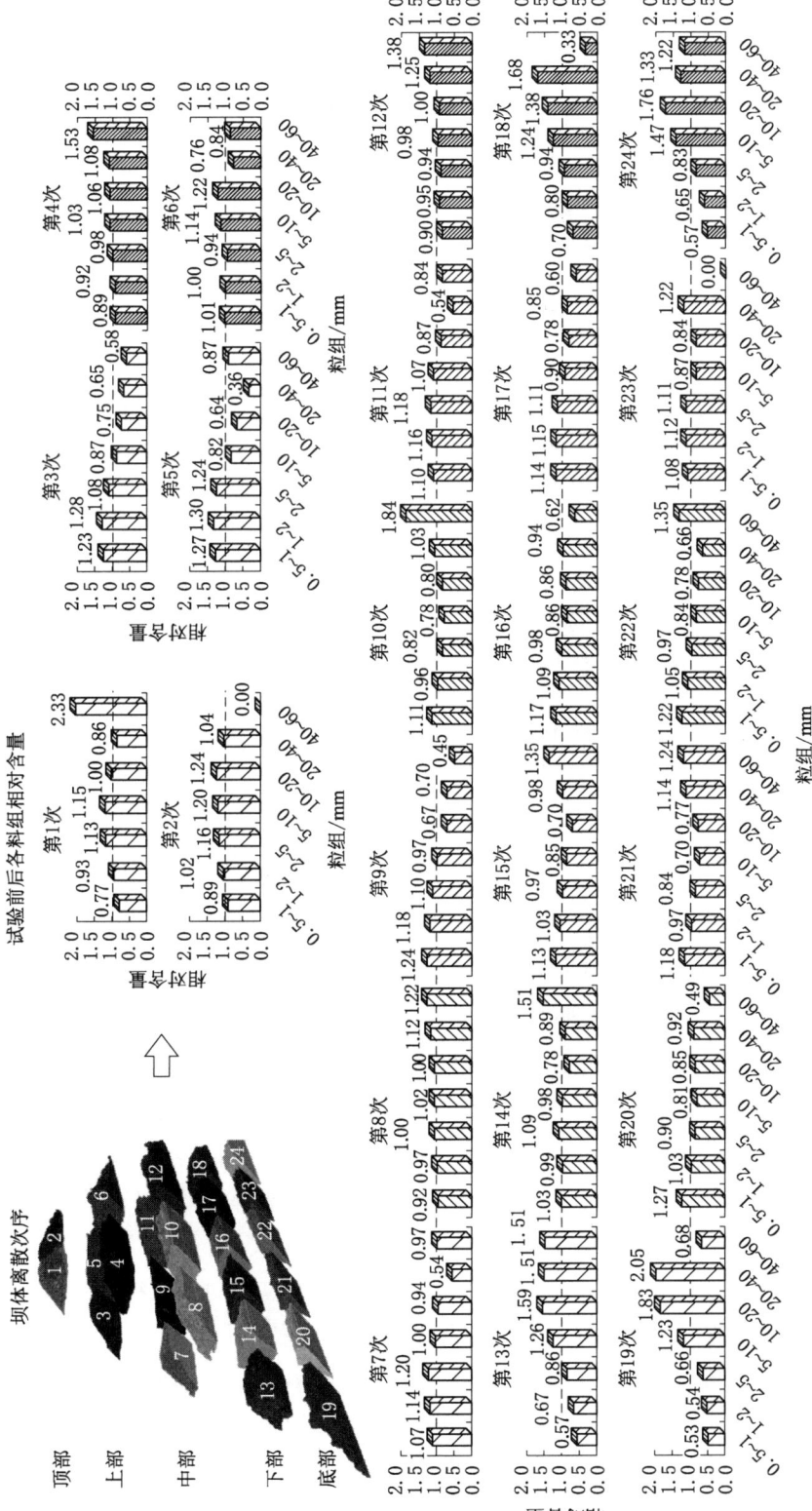

图 5.1 第 15 号堰塞体不同离散次序下各粒组相对含量

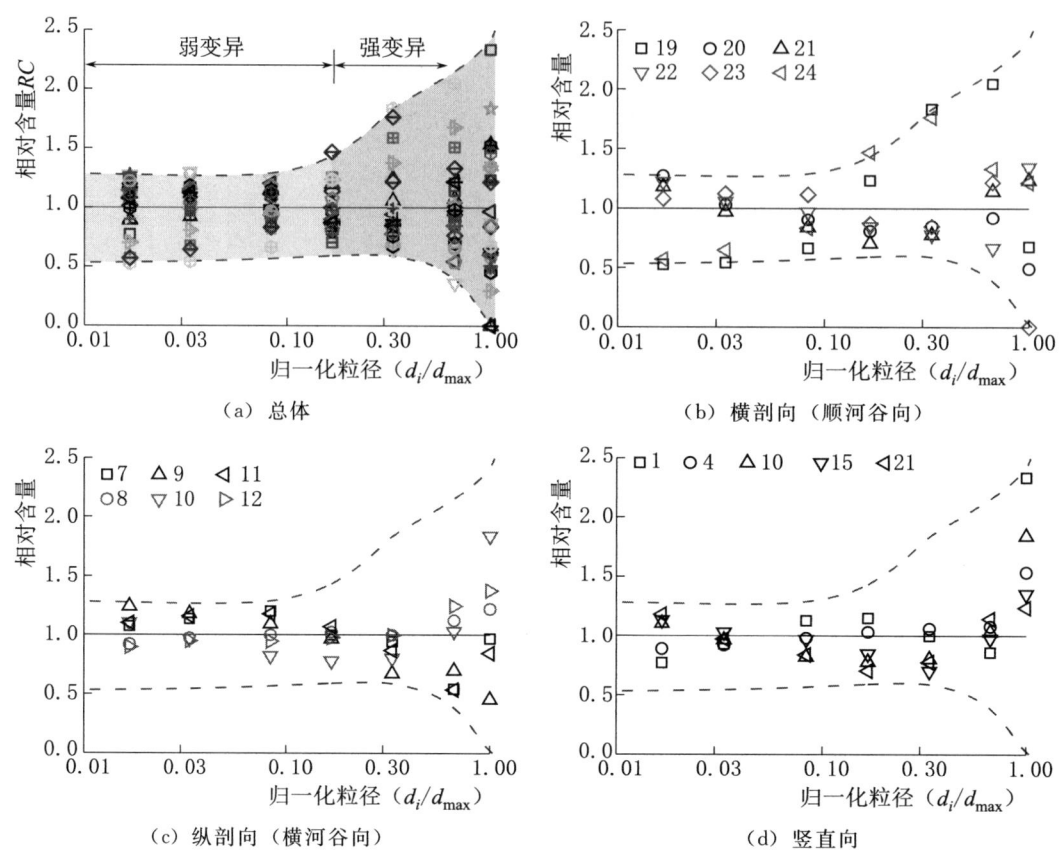

图 5.2 第 15 号堰塞体粒组相对含量随归一化粒径分布

当归一粒径小于 0.167 时，颗粒相对含量数据点分布较为紧密，数值从 0.523 到 1.432，其变异界限为 0.716~0.842，属于弱变异区段；当归一粒径大于 0.167 时，相对含量数据点分布呈喇叭状扩散，变异界限从 0.842 剧增至 2.330，此时属于强变异区段。数据点分布边界大小和形状一定程度上表征了不同分割块体间颗粒变化区间，同时也是判断堰塞体材料不同粒组离散性大小的重要参考。

为更清晰对比横剖、纵剖和竖直向颗粒变化状态，依据取样空间位置，选择了第 19 次至第 24 次、第 7 次至第 12 次分别作为堰塞体横剖向、纵剖向的典型分布；竖直向选择了第 1 次、第 4 次、第 9 次、第 15 次和第 21 次取样作为典型分布，如图 5.2 (b)、(c) 和 (d) 所示。对于横剖向，除归一粒径为 1.0 情形外，第 19 次和第 24 次的相对含量分布较为相似，呈小粒径状态减小、大粒径增加的状态；其他四次的分布规律较为相似，且与第 19 次和第 24 次的相反。对于纵剖向 [图 5.2 (c)]，近滑侧与远滑侧的分布规律完全相反，远滑侧归一粒径小于 0.333 的颗粒含量以减少为主，大于 0.33 的含量均不同程度增加；近滑侧则与之相反，且以 0.167 为界限。在竖直向 [图 5.2 (d)]，第 1 次和第 4 次相对含量的分布规律较为相似，第9次、第15次和第21次较为相似，即：上部细粒含量减少、细粒含量增多，中部粗粒含量减少，下部细粒含量与最大粒径含量均增加。

从上述分析可知，V形河谷中堰塞体材料的级配空间变异特征受不同粒组颗粒相对含量的变化影响，是多个粒组不同强弱变异程度的叠加体现。粗、细粒组相对含量的分布规律与取样位置密切相关，横剖向上靠近坝体两端的部分粗粒含量高，纵剖向上近滑侧细粒含量高，竖直向顶部和上部的粗粒含量多于中下部，且底部的最大粒径存在较为显著的差异性，部分区域未有最大颗粒，部分区域却显著增加。

结合图3.8可知，粒组的差异性分布同样与颗粒流运动和堆积过程中分选作用密切相关。颗粒流在斜槽中运动是颗粒分选的初始状态，此时，粗细颗粒间位置仅为上覆下伏的状态。随后，颗粒流在滑入河道沉积过程时，由于持有能量和自身形状的差异，小颗粒能量迅速降至零，并保持稳定状态。大颗粒在冲击耗能后仍然保留少许剩余能量，加之其形态较大，保持稳定的下垫面更为苛刻；这促使大颗粒沿已堆积表面继续运动，直至能耗降为零，并维持稳定状态。

5.2.2 不同级配时粒组变异分析

图5.3是4种设计级配条件下堰塞体颗粒粒组相对含量随归一化粒径的分布图。从分布形式上，4种级配下数据点沿相对含量为1.0的直线两侧均呈有界性分布，随着归一化粒径逐渐增大而呈先收缩后扩张的状态。根据RC数据点离散程度，将收缩区域确定为弱变异段；在结合粒径区间范围，确定了强变异段以及介于强弱之间的中变异段。

对于设计级配1而言，归一化粒径处于0.167~0.667（10~40mm）时粒组相对含量属于弱变异段，相应变异界限为0.548~0.912；当归化粒径小于0.167时，RC属于强变异段，其变异界限为1.713~0.912；当归化粒径大于0.667时，RC属于中变异段，其界限为0.842~1.410。级配1中细颗粒含量较少，粗颗粒含量较多；自然而然，百分比含量少的粒组在形成堰塞体过程中表现出离散程度最大。另外，处于弱变异区段中间的是10~20mm粒组，并非百分比含量多的粒组。更进一步，粒径属于40~60mm的颗粒普遍出现较为强烈的离散性。

设计级配2的强、中和弱变异区段分布规律与级配1相似，仅在弱变异段归一粒径范围减小至0.167~0.333（10~20mm），且中变异段的界限存在扩张的演化趋势。

与设计级配2相比，设计级配3的弱变异段的变异界限显著减小，其归一粒径范围为0.083~0.167（2~10mm）；小颗粒区段为中变异段，大颗粒区段为强变异段。级配3与级配2的强弱变异区段位置分布相反。级配4与级配3的变异区段分布形式相同，但前者强变异区段的界限扩大为0.622~2.325，显著宽于后者。

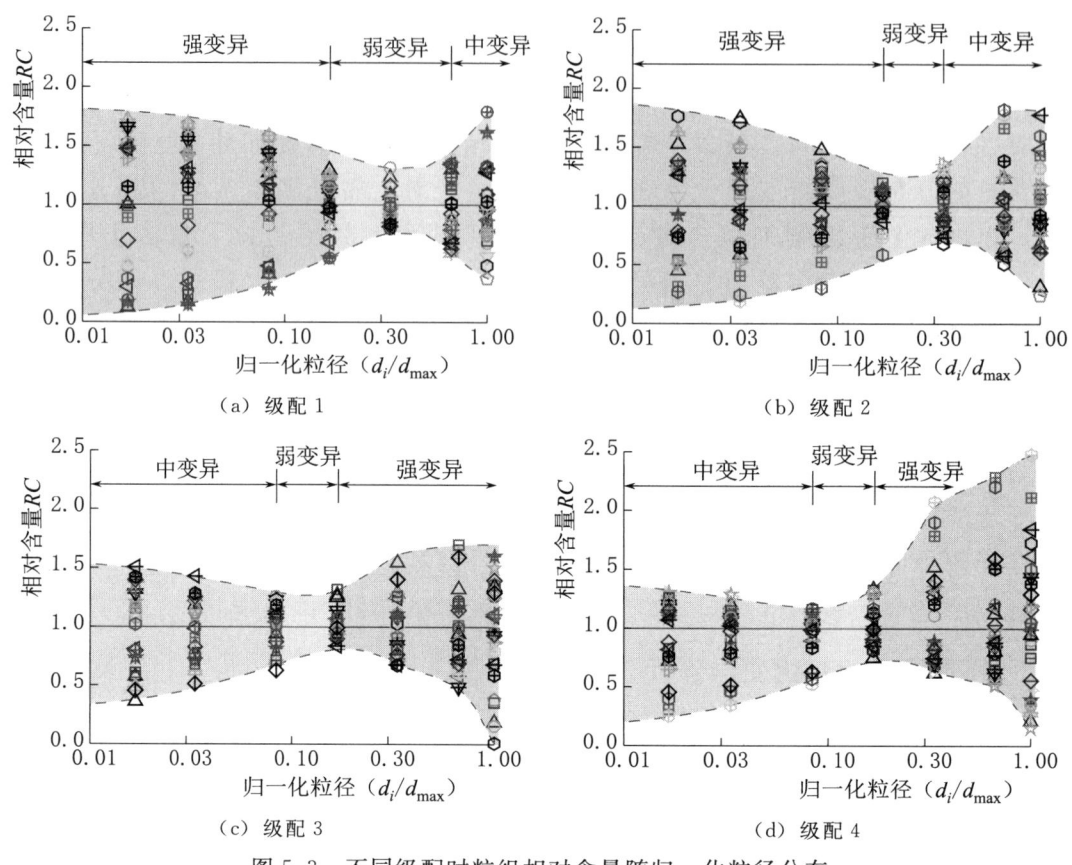

图 5.3 不同级配时粒组相对含量随归一化粒径分布

从 4 种设计级配强弱变异的变化界限和归一粒径可知，粗细颗粒间总是存在一个弱变异段的粒径范围，随着粗粒含量减小、细粒含量增加，且此范围有向细粒含量靠近的发展演化趋势。

5.2.3 不同滑坡角时粒组变异分析

图 5.4 是 4 种不同滑坡角时粒组相对含量随归一粒径的分布图。

对于滑坡角为 27°时，中变异段归一粒径为 0～0.083（0～5mm），粒组相对含量变异界限为 1.419～0.895；弱变异段的归一粒径为 0.083～0.167（5～10mm），变异界限为 0.895～0.979；强变异段为 0.167～1.000（10～60mm），与之相应界限为 0.979～2.485。滑坡角较小（小于静态休止角）时，粗细颗粒在斜面运动时颗粒分选程度更为充分，河谷堆积时不同区域间颗粒含量差异性更为显著，导致各粒组颗粒变异界限均变大。同样，处于 40～60mm 粒组的颗粒离散性仍然较为强烈。

当滑坡角为 36°时，粒组 RC 的变异界限按中、弱和强变异段依次为 1.188～0.617、0.617～0.622 和 0.622～2.325，其值均小于滑坡角为 27°状态，但两者数据点边界形状较为相似。滑坡角变为 45°时，中变异段退化为弱变异状态，仅存在强弱变异两个区段，其分界归一粒径为 0.167（10mm），RC 变异界限从 0.679 陡增至 2.485。

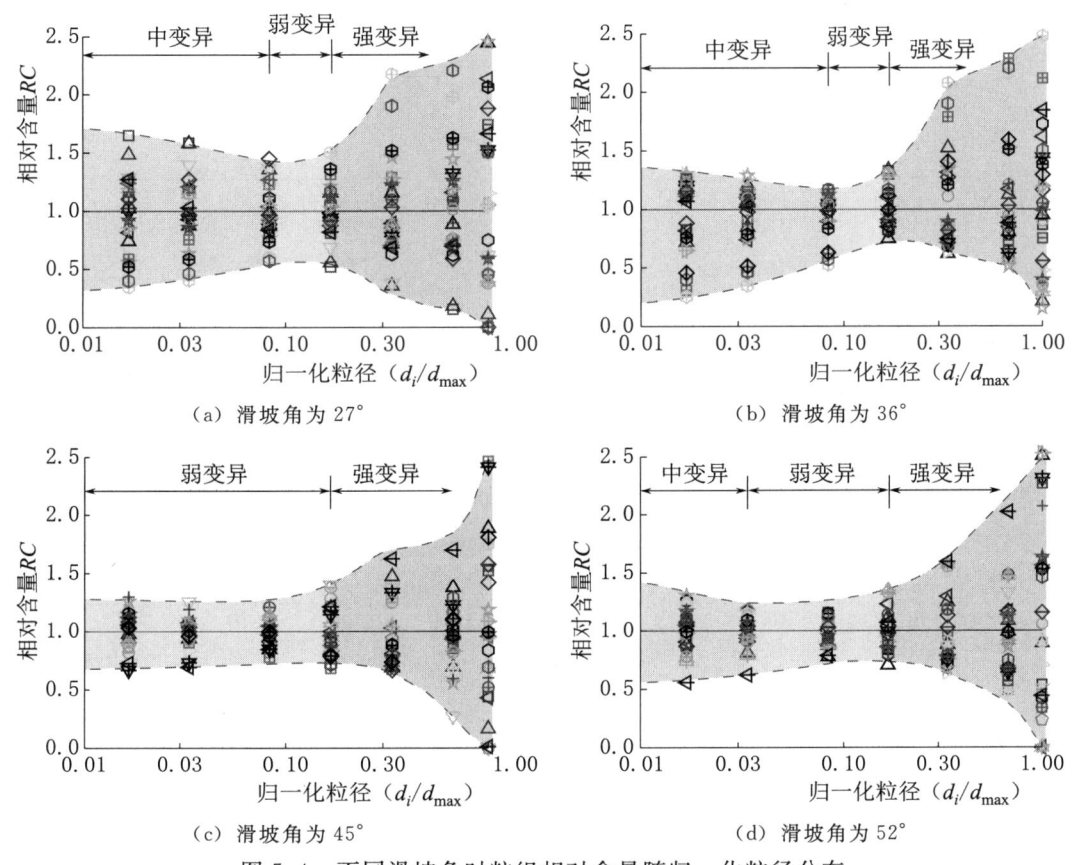

图 5.4 不同滑坡角时粒组相对含量随归一化粒径分布

对于滑坡角增至 52°状态，细颗粒 RC 在归一粒径 0~0.033（0~2mm）区间内的离散性大于 0.033~0.167（2~10mm），即中变异段的状态又从滑坡角 45°的弱变异区段中演化显现。强变异段的归一粒径与 45°时一致，但变异界限曲线更为光滑。

从 4 种滑坡角的 RC 变异界限随归一粒径的分布可知，随着滑坡角度增加，细粒组的变异界限呈逐渐减小后有缓增的趋势，且中变异区段在此过程逐渐退化为弱变异状态后又恢复；强变异段的变异界限也表现出先减后增的状态，强弱变异段的分界线始终保持为 0.167（10mm）。

5.2.4 不同滑距时粒组变异分析

图 5.5 是滑距 0.9m、2.7m、3.6m 和 4.2m 时不同粒组 RC 随 d_i/d_{max} 的分布图。

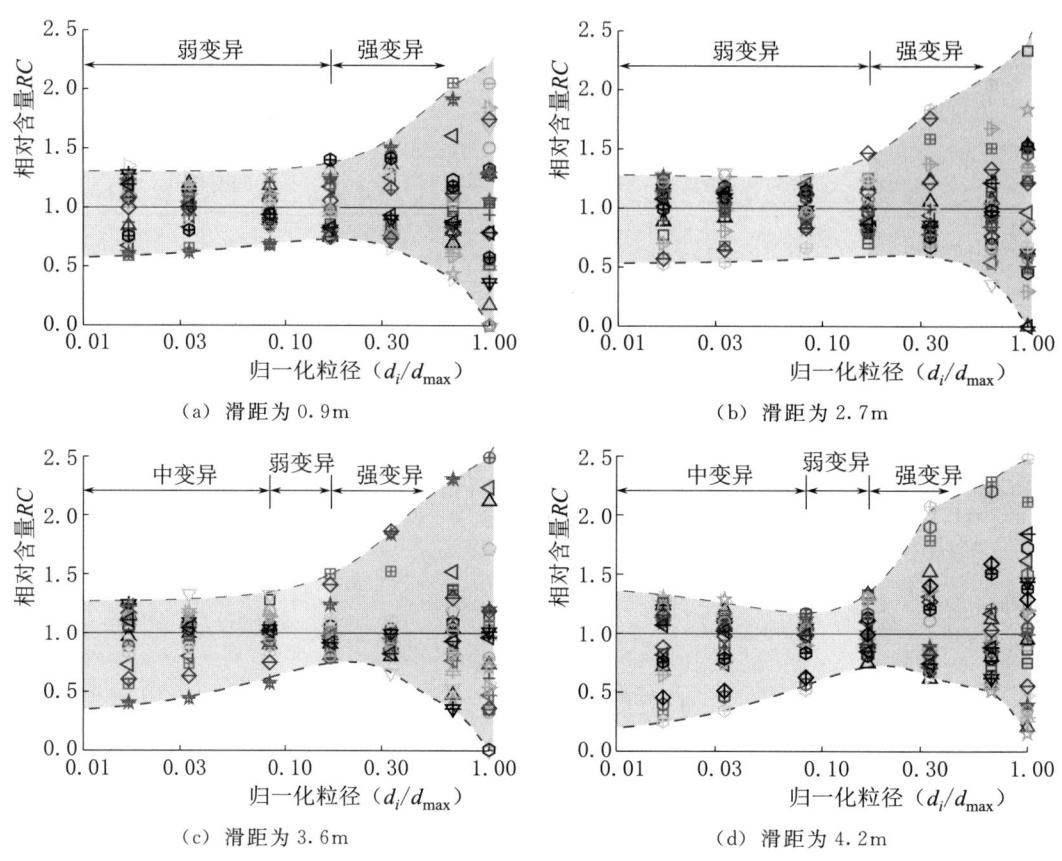

图 5.5　不同滑距时粒组相对含量随归一化粒径分布

当滑距为 0.9m 时，d_i/d_{max} 值处于 0~0.167（0~10mm）区间为弱变异段，相应变异界限为 0.738~0.647；当 d_i/d_{max} 值大于 0.167 时为强变异段，界限为 0.647~2.100。当滑距变为 2.7m 时，弱变异段的 d_i/d_{max} 值变化为 0~0.167，其界限为 0.762~0.842；与弱变异段相应，强变异区段变异界限为 0.842~2.400。当滑距增至 2.7m 时，粒组 RC 值分布规律与 0.9m 时一致。值得注意的是，滑距 2.7m 时强变异段内数据点分布比 0.9m 时更为离散，这表明滑动距离的增加激发了 10~60mm 范围内更多颗粒差异分布，造成相对含量 RC 数据点进一步扩散分布。

当滑距为 3.6m 时，d_i/d_{max} 值处于 0.083~0.167（5~10mm）区间为弱变异段，相应变异界限为 0.728~0.754；d_i/d_{max} 值小于 0.083 时为中变异段，其界限为 0.933~0.728；d_i/d_{max} 值大于 0.167 时为强变异段，界限为 0.754~2.491。

当滑距继续增至 4.2m 时，d_i/d_{max} 值位于 0~0.083 区间细颗粒的 RC 值的离散程度增大，重新演变为中变异段，相应的变异界限为 0.617~1.188。

综合上述粒组相对含量 RC 的分布特征可知，滑距的变化对 0.5~5mm 范围内颗粒影响较为显著，即：随着滑距增加，RC 数据点离散性增加，变异界限也随之增大；对 5～10mm 范围的颗粒分布差异性影响不显著，对 10～60mm 范围内颗粒 RC 数据点的离散程度影响，但对此范围内粒组变异界限影响不显著。

5.2.5 不同最大粒径时粒组变异分析

图 5.6 是最大粒径 d_{max} 为 60mm、40mm 和 20mm 时相对含量 RC 数据点随 d_i/d_{max} 的分布图。从图 5.6 中可知，当 d_{max} 为 40mm 时，RC 值仍以 0.050～0.125（2～5mm）区段为界将整个数据空间划分为中、弱和强三个变异段，相应的变异界限依次分别为 1.048～0.585、0.585～0.412 和 0.412～1.500。

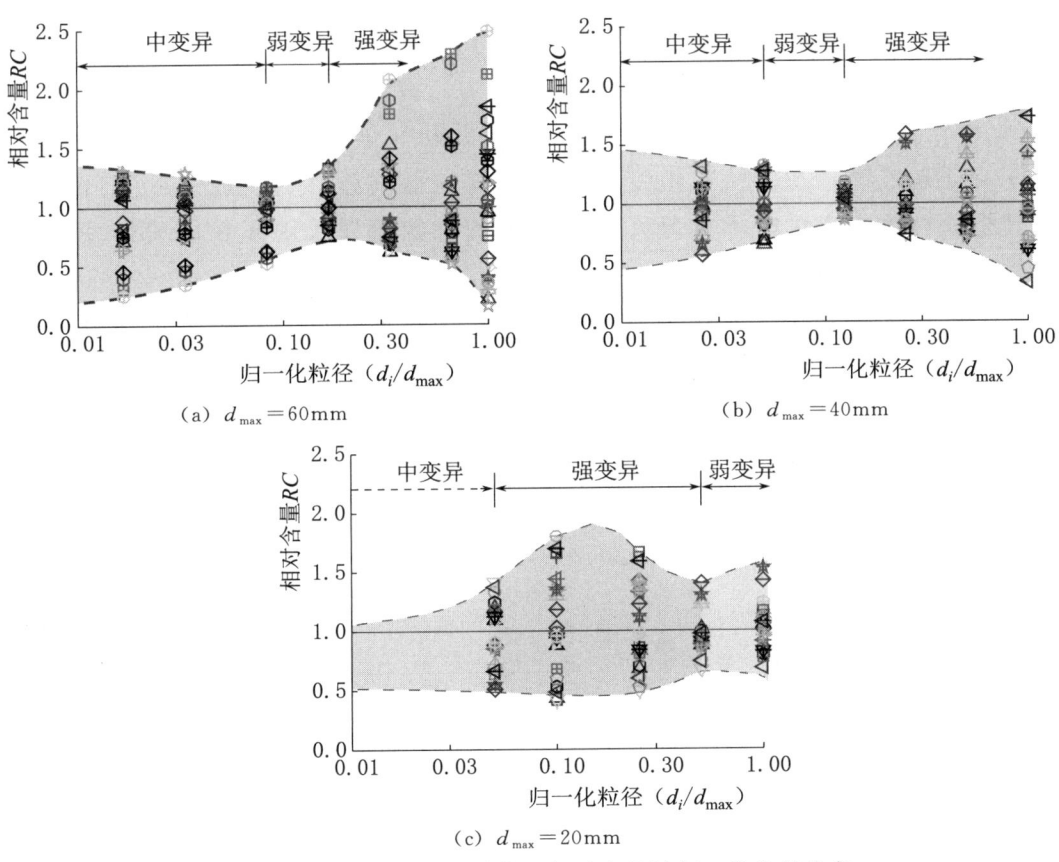

图 5.6 不同最大粒径时粒组相对含量随归一化粒径分布

若 d_{max} 缩小至 20mm 时，相对含量 RC 值强变异段的归一粒径为 0.05～0.5（1～10mm），相应变异界限为 1.189～0.724；与之相应，弱变异段归一粒径为 0.5～1（10～20mm），其变异界限为 0.724～0.843。因小于 0.5mm 范围内未设置粒组，通过曲线斜率光滑顺接，在 0～0.05 段进行了趋势延伸，将其概化为中变异段，如图 5.6（c）所示。

对比 d_{max} 为 20mm、40mm 和 60mm［图 5.6（a）］的 RC 值分布可知，最大

粒径的减小对粒组相对含量分布存在重要影响。与 $d_{max}=60\text{mm}$ 相比，d_{max} 为 40mm 时，RC 值分布界限基本保持了原有形状，但变异界限显著减小；d_{max} 为 20mm 时，RC 值界限表现出小颗粒段为强变异段，大颗粒为弱变异段，且两者变异界限差异的显著性降低。

5.3 颗粒级配空间变异特性

5.3.1 级配变异特征量化指标 V_g 的提出

当前，主要从级配曲线和粒组含量两个角度来完整地描述散体材料颗粒级配特征。级配曲线主要有分形理论、Weibull 模型、Fuller 方程、Talbot 函数、Swamee 方程、Rosin 方程和朱俊高方程等[165]，粒组含量主要有 d_{10}、d_{30}、d_{50}、d_{60}、d_{90}、C_u、C_c 和 P_5 等。为了便于工程实践和科学研究，仅用单一参数描述颗粒级配特征是最优状态。从粒组变异特征可知，堰塞体材料颗粒级配空间变异规律与其组成粒组的变化密不可分，单一粒组的参数难以反映多粒组整体变化特征的全貌，易出现以偏概全。

依据分形理论的分形维数是描述颗粒级配整体形态的单一参数，但其从理论上就存在不足，主要表现为两点：一是分形维数适用于单对数坐标系下双曲线形级配曲线；二是压缩或弱化了大粒径颗粒变异性，转而放大了小粒径颗粒变异性。第一点已经被诸多文献所证实，下面仍以第 15 号堰塞体分块颗粒级配为例论述第二点。在双对数坐标系下绘制了第 15 号堰塞体各分块 $\lg P$ 随 $\lg(d_i/d_{max})$ 分布，如图 5.7 所示。

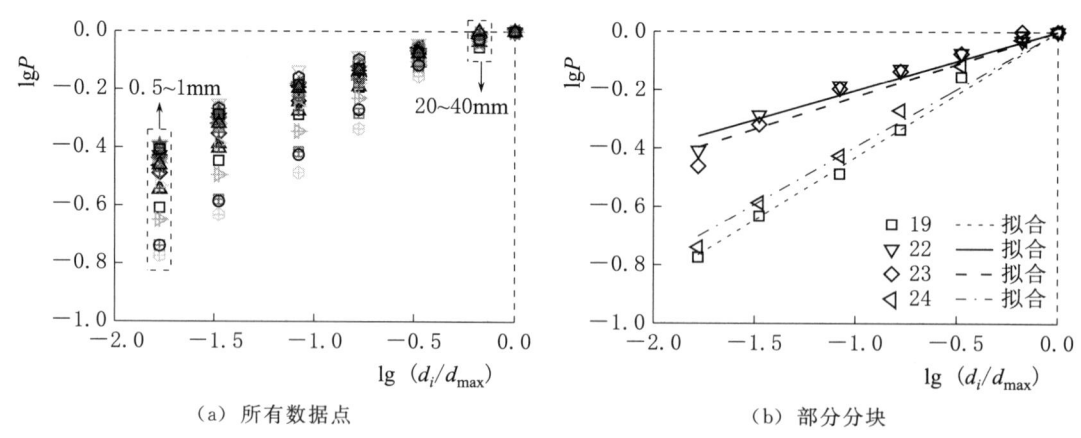

图 5.7 第 15 号堰塞体各分块 $\lg P$ 随 $\lg(d_i/d_{max})$ 分布

从图 5.7（a）中可知，该堰塞体 24 次取样颗粒级配的 $\lg P$ 随 $\lg(d_i/d_{max})$ 呈现略微上凸状，主要是粒组 20～40mm 的数据在分形理论数据处理过程中被压缩，而粒组 0.5～1mm 的数据被放大所致。以第 19 次取样为例，20～40mm 粒组比初始状态增加 2.05 倍，但在求解分形维数过程对结果的影响微弱；无论此粒组颗粒是增加还是减小，均对拟合结果的影响不显著，类似情形同样存在于第 22 次、第 23 次和第 24 次取样的分形维数计算中，如图 5.7（b）所示。因此，分形维数同样不适合作为多粒组颗粒料级配空间变异性的量化参数。

在混凝土和沥青混合料等领域，常用基于方差思想[166]的级配偏差 S^2 来判断骨料级配偏离设计级配的程度，其计算方程为

$$S^2 = \frac{1}{N \cdot N_R - 1} \sum_{i,j=1}^{N \cdot N_R} (P_{i,j} - \hat{P}_i)^2 \tag{5.1}$$

式中：S^2 为级配偏差；N 为粒组数；N_R 为取样数；$P_{i,j}$ 为第 i 次取样中第 j 粒组的相对含量；$\hat{P}_i$ 为第 i 次取样中所有粒组的平均含量。

同样是考虑级配发展演化，颗粒料破碎相关研究是从粒组变化量之和或级配曲线与边界的面积角度定义量化指标，如 Marsal 的 B_g、Hardin 的 B_r、Einav 的 B_E 和郭万里的 B_W 等[167]。受此启发，结合计算方便性，依据级配偏差和 Marsal 定义 B_g 的思路，定义颗粒级配空间差异性的量化指标为级差指数 V_g，表征试验前后堰塞体不同分块各粒组与初始含量的差值绝对值之和，其计算方程为

$$V_g = \sum_{i=1}^{N} |\Delta W_i - \Delta W_i^0| \tag{5.2}$$

式中：V_g 为颗粒级配的级差指数；ΔW_i 为各分块中第 i 个粒组的相对含量；ΔW_i^0 为试验中第 i 个粒组的初始相对含量，或者所有取样点中第 i 个粒组的平均值。

与 B_g 所不同，V_g 是将取样点中所有粒组的变化量进行代数求和，以描述颗粒级配整体变化信息。

图 5.8 是依据式（5.2）对第 15 号堰塞体各分块颗粒级配进行级差指数 V_g 值计算结果。从数值大小可知，与初始状态差异最小的是第 8 次取样，其 V_g 值为 0.060；最大的是第 19 次取样区域，V_g 值为 0.541。更进一步，从 V_g 数值大小也可进行各取样区域颗粒级配差异性排序。结合图 5.1 中各分块粒组相对含量分布可知，V_g 能够汇集所有粒组数据的主要信息并作降维处理，以表征多粒组土体颗粒级配的空间变异特征。

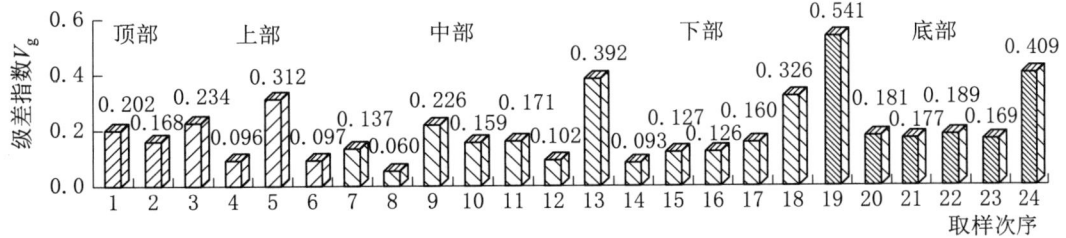

图 5.8 第 15 号堰塞体各分块级差指数 V_g 分布

5.3.2 级差指数 V_g 分布检验

与孔隙比数据分布检验相似，整理了第 15 号堰塞体极差指数 V_g 数据的正态检验和对数正态，并绘制其分布的直方图和曲线，如图 5.9 所示。从正态检验相关参数可知，偏度系数 1.472>0，则 V_g 数据为右偏态；峰度系数 2.027，则 V_g 分布为曲线陡峭；显著性检验指标 S-W 值为 0.003，严重小于 0.05。这表明该样本数据列不服从正态分布。

根据数据特征，对原数据进行取对数处理，并重新进行正态分布检验，如图 5.9（b）所示。从对数正态检验结果可知，偏度和峰度分别为 0.244 与 -0.019，均接近 0；S-W 值为 0.783，显著大于 0.05。这表明，经过该系列数据服从对数正态分布。

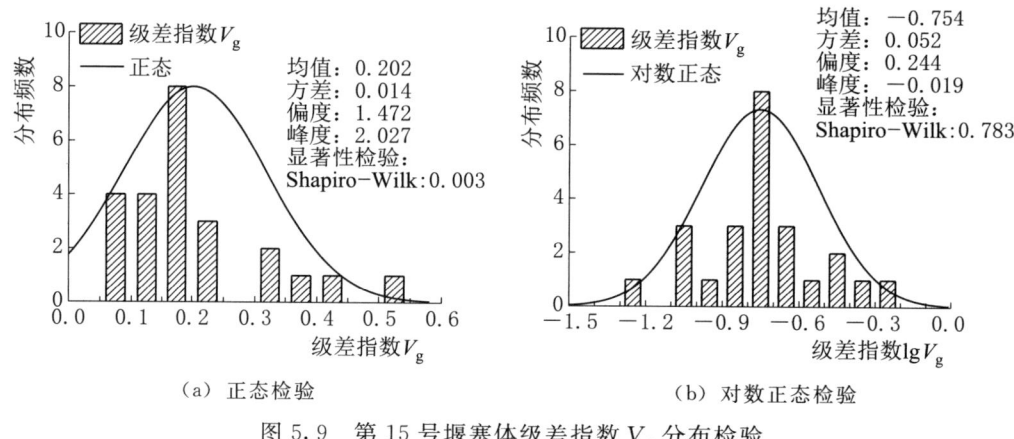

图 5.9 第 15 号堰塞体级差指数 V_g 分布检验

采用类似方法整理各因素不同水平下的试验数据，以 0.05 作为组间距，得到 12 组堰塞料坝体颗粒级差指数 V_g 的分布频数直方图，如图 5.10 所示。从频数直方图分布可知，V_g 的取值介于 0.05~0.65，且大部分集中于 0.1~0.25，具有较长的尾部区段（0.25~0.65）。采用正态和对数正态函数拟合 V_g 分布，得到相关概率密度分布曲线及其显著性指标 S-W 值。计算结果表明，不同级配、滑坡角、滑距和最大粒径条件下数据列与正态分布曲线符合程度低，且 S-W 值普遍小于 0.050；与对数正态曲线符合程度较高，且 S-W 值均大于 0.050。这表明堰塞体颗粒级配的级差指数服从对数正态函数分布特征。

5.3.3 级差指数 V_g 变异函数

源自同一取样分块，第 15 号堰塞体级差指数 V_g 样本数据点对的处理方法与孔隙比相似；随后，用高斯函数进行数据点对匹配，如图 5.11 所示，相应数学表达式见式（5.3）。需要注意的是，在 x 方向上，变异函数截距为 0.0028，并不趋于 0，即该方向上存在块金效应，其截距即为块金常数 C_0。

5.3 颗粒级配空间变异特性

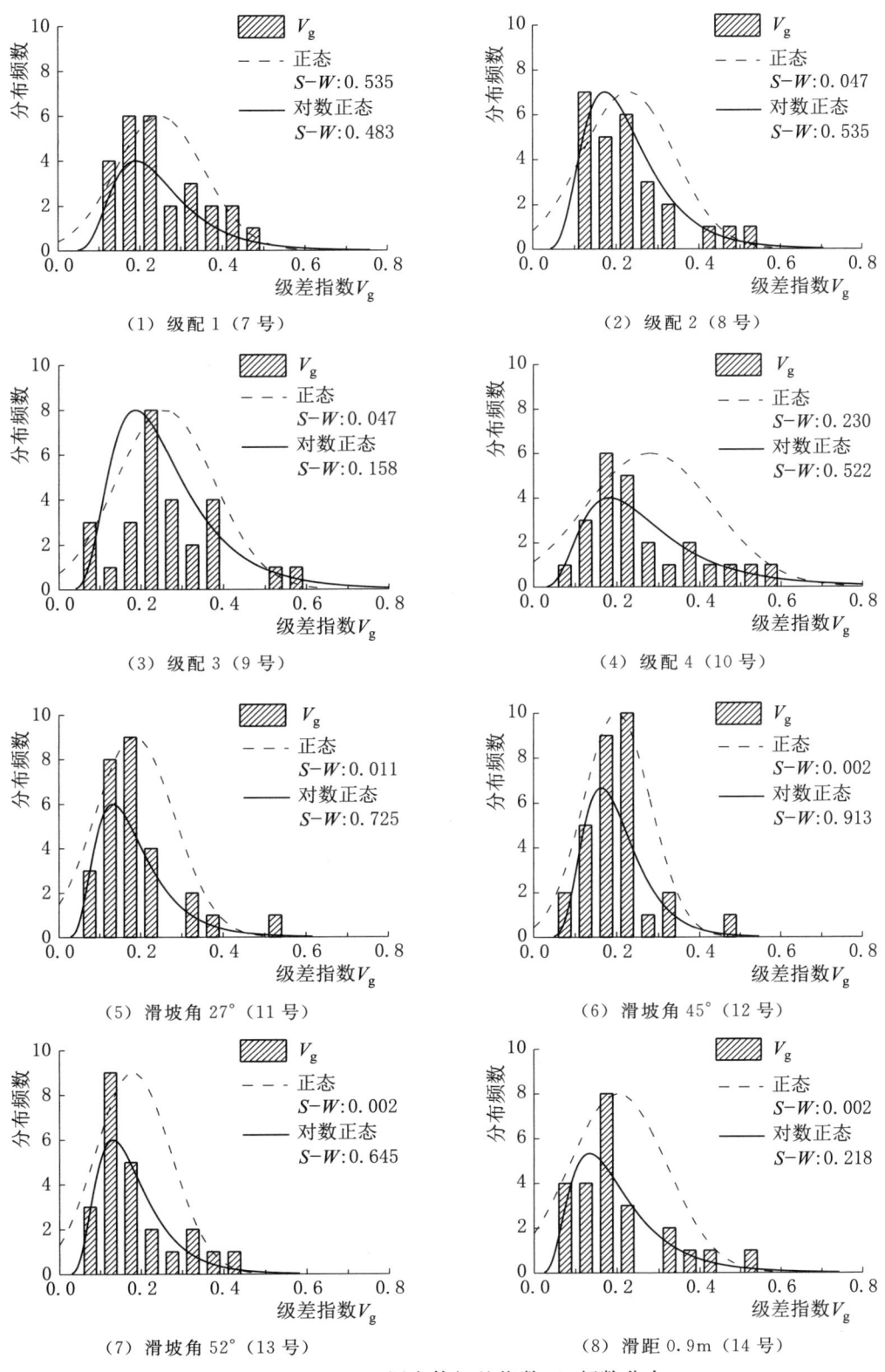

图 5.10（一） 堰塞体级差指数 V_g 频数分布

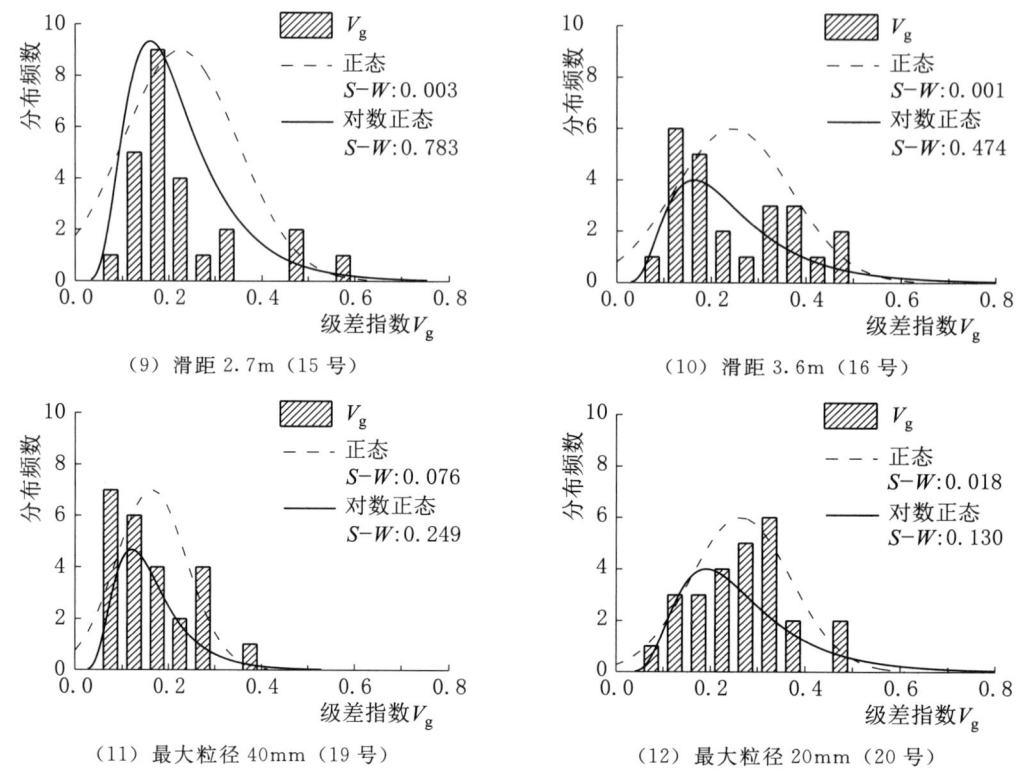

(9) 滑距 2.7m（15号）　　　　　　（10）滑距 3.6m（16号）

(11) 最大粒径 40mm（19号）　　　（12）最大粒径 20mm（20号）

图 5.10（二）　堰塞体级差指数 V_g 频数分布

$$\left.\begin{array}{l}\gamma(h_x)=0.0028+0.0418\times\left\{1-\exp\left[-\left(\dfrac{h_x}{31.67}\right)^2\right]\right\}\\ \gamma(h_z)=0.0001+0.0288\times\left\{1-\exp\left[-\left(\dfrac{h_z}{7.77}\right)^2\right]\right\}\end{array}\right\} \quad (5.3)$$

因块金常数可反映区域化变量随机性大小，其数值主要受两方面因素影响：一是变量固有微观结构，即区域化变量自身存在微观结构，且影响范围小于试验所采用的取样尺度；二是取样方式、测量方法和分析等程序存在系统偏差。诚然，本书试验中取样方式一定程度上可能会导致块金效应，如堰塞体分块大小、取样面扰动等；但测量中一致偏差等系统误差并不在数据点对之间传递；因为样本数据点对进行差值计算时，系统偏差会被自动抵消[168]。因此，块金效应强弱很大程

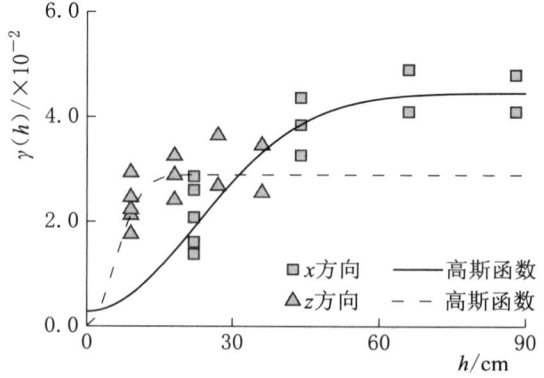

图 5.11　第 15 号堰塞体级差指数 V_g 变异函数值对比

度上受区域化变量微结构与宏观结构特征密切影响，可作为该变量连续性的测度[169]。一般情况下，块金常数值越小，空间结构性越强，相同测量尺度下的区域化变量的连续性愈好。

通常用块金效应［即 C_0 与基台值 $C(0)$ 的比值］来表征区域化变量自相关性变异程度，并划分块金现象强弱性；若其值小于 25%，则表明该方向上呈低块金效应。在 x 轴向上，该比值显著小于 0.25，则顺河向级差指数的块金效应不显著；这进一步表明该变量具有强烈的空间自相关性，块金常数源自堰塞体材料内部颗粒级配在微观尺度上连续性不足所致。

5.3.4 级差指数 V_g 泛 Kriging 插值

因试验数据是经过对数变换后符合正态分布，则利用变异函数进行泛 Kriging 插值后的数据需作反变换，以求取级差指数 V_g 的空间分布场。对于泛 Kriging 而言，逆向变换方法为

$$Z_{OU}^*(x) = \exp\left[Y_{OU}^*(x) + \frac{\sigma_{EU}^2(x)}{2} - \mu\right] \tag{5.4}$$

式中：$Z_{OU}^*(x)$ 为经过对数变换处理后在空间点 x 处的插值；$Y_{OU}^*(x)$ 为泛 Kriging 点 x 处的无偏最优估计量；σ_{EU}^2 为估计方差；μ 为拉格朗日乘子。

图 5.12 是依据变异函数理论采用泛 Kriging 对第 15 号堰塞体极差指数进行空间插值的等直线图，相应估计误差如图 5.13 所示。

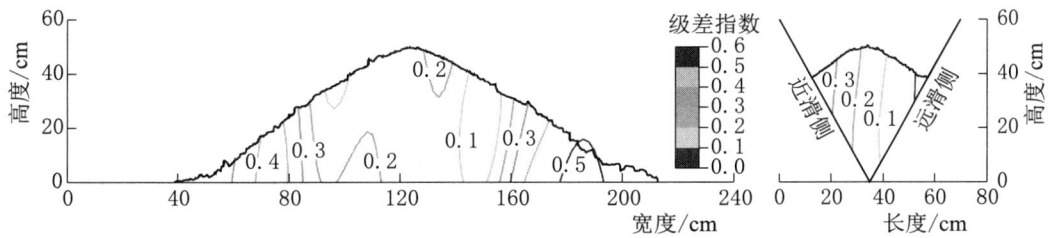

图 5.12 第 15 号堰塞体级差指数空间插值结果

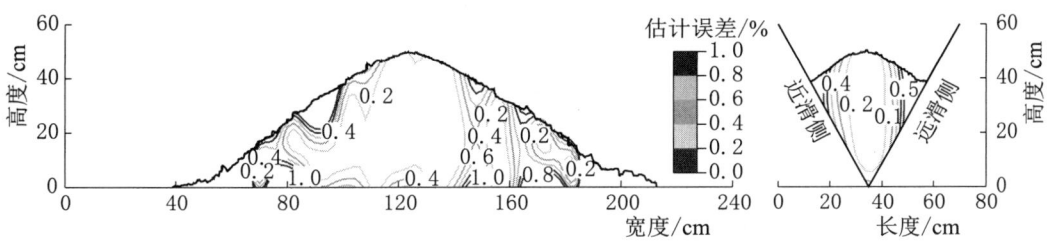

图 5.13 第 15 号堰塞体级差指数 V_g 空间插值估计误差

从图 5.12 可知，宽度方向上，该堰塞体极差指数在两侧数值程度显著大于中间，上部稍大于下部；长度方向上，近滑侧数值显著大于远滑侧。依据级差指数定义，再结合图 5.1 中粒组相对含量分布可知，级差指数数值越大，表明该空间

位置处堰塞料的粗细颗粒含量的变化程度越剧烈。

对于估计误差,在宽度和长度上估计误差数值均小于1.0%,可认为该方法能够将堰塞体内部表征级配差异性的级差指数进行无偏最优地空间插值,生成颗粒级配空间变异特征的量化场。

5.4 级配对 V_g 变异性影响

5.4.1 级配对 V_g 变异曲线影响

采用与第15号堰塞体 V_g 试验数据相似整理方法,分别绘制了设计级配1~级配4的级差指数变异函数值随取样间距的分布图,并作高斯函数匹配,如图5.14所示。

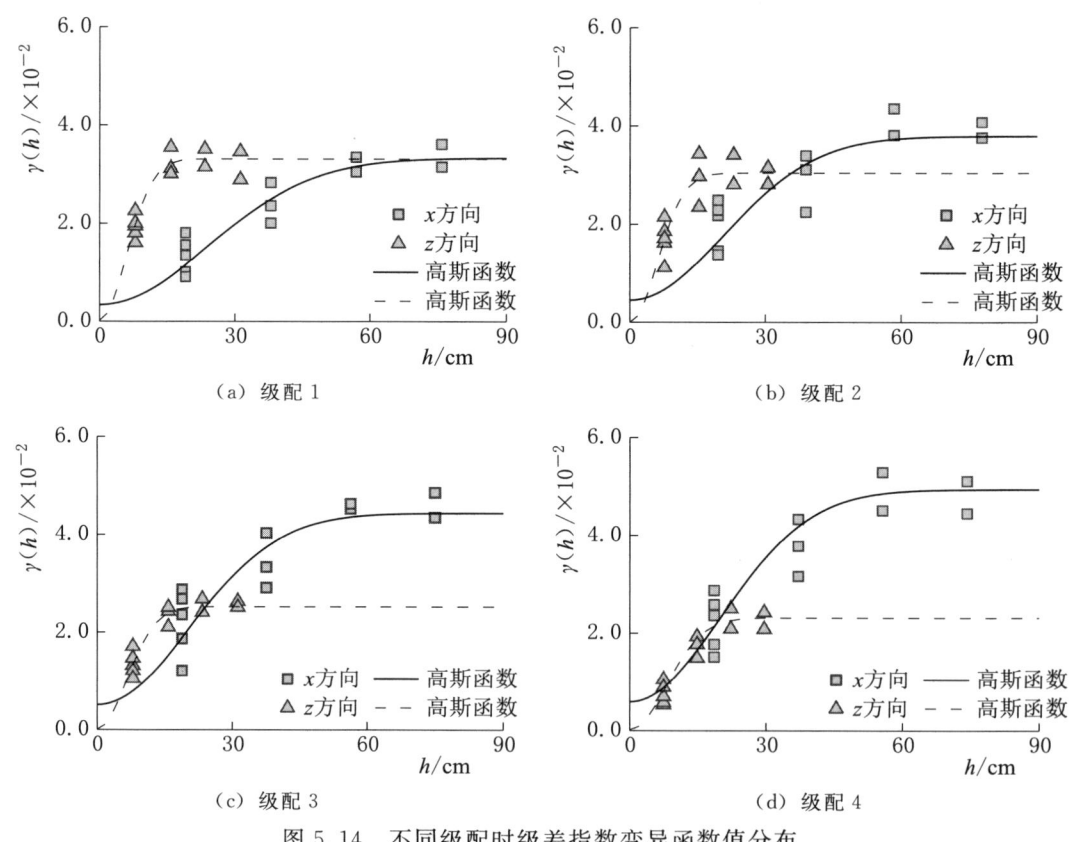

图 5.14 不同级配时级差指数变异函数值分布

对于级配1,x 与 z 方向的基台值相接近,但 x 方向的变程显著大于 z 方向,属于几何各向异性;这表明两个方向上 V_g 的变异程度相同,但在 x 方向上空间变异的影响范围显著大于 z 方向。与级配1相比,级配2、级配3和级配4的 x 方向上变异函数基台值和变程均大于 z 方向,呈现出典型的带状各向异性结构,即 x

方向上的变异程度及其影响范围均显著大于 z 方向。

同理,在同一坐标面内绘制相同方向上 V_g 的变异函数曲线,如图 5.15 所示。最大粒径含量不为 0 时,曲线在 x 方向上按级配 1~级配 4 的顺序从上至下分布,并存在不为 0 的纵轴截距(即块金常数);在 z 方向上的分布次序与 x 方向相反,且纵轴截距几乎趋近于 0。另外,分别计算了 4 种级配条件下变异函数参量,见表 5.1。对比数据可知,在 x 方向上级差指数的块金常数、拱高和各向异性变化率均按级配 1~级配 4 的次序增大,变程呈相反变化规律;在 z 方向上,块金常数趋于 0,块金效应十分微弱,拱高和各向异性变化率按级配 1~级配 4 的次序减小,变程呈相反变化规律。整体上,z 方向的各向异性变化率均显著大于 x 方向,变程却均显著小于 x 方向。

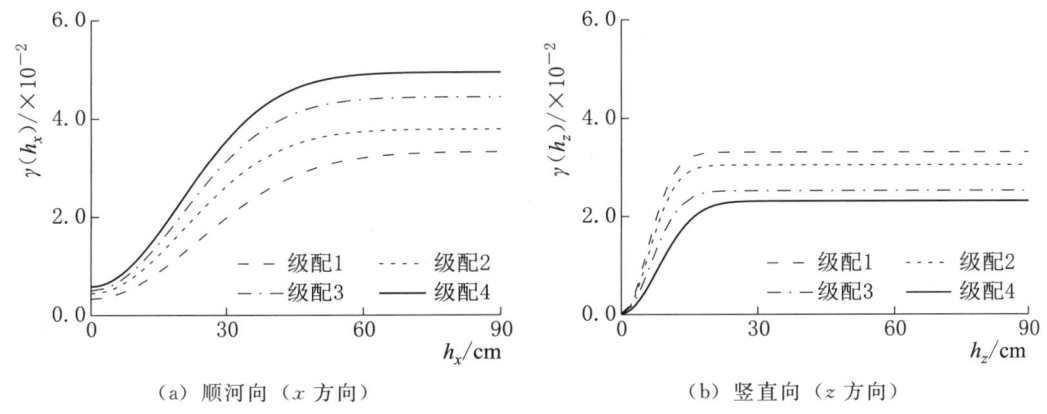

图 5.15 不同级配时级差指数变异函数曲线对比

表 5.1 不同级配时级差指数变异特征参量

级配	x 方向				z 方向			
	C_0	C	a/cm	$I/\times 10^{-4}\text{cm}^{-1}$	C_0	C	a/cm	$I/\times 10^{-4}\text{cm}^{-1}$
级配 1	0.0034	0.0299	58.21	5.14	0.0002	0.0329	14.22	23.14
级配 2	0.0045	0.0334	50.58	6.60	0.0001	0.0304	14.61	20.81
级配 3	0.0051	0.0393	49.45	7.95	0.0001	0.0251	15.68	16.01
级配 4	0.0059	0.0435	48.60	8.95	0.0002	0.0229	19.71	11.62

5.4.2 不同级配时 V_g 插值

采用泛 Kriging 空间插值方法计算了不同级配的堰塞体级差指数的分布场,绘制了坝体宽度和长度中心断面处的云图,如图 5.16 所示。从图 5.16 可知,初始级配对堰塞体级差指数空间变异特征的影响较为显著,主要体现如下:

(1)在宽度方向上,级配 1 所成堰塞体级差指数在上部的差异程度比下部更为显著,级配 4 的级差指数的分布规律与之相反,级配 2 与级配 3 的变化规律可视为处于它们中间过渡状态。

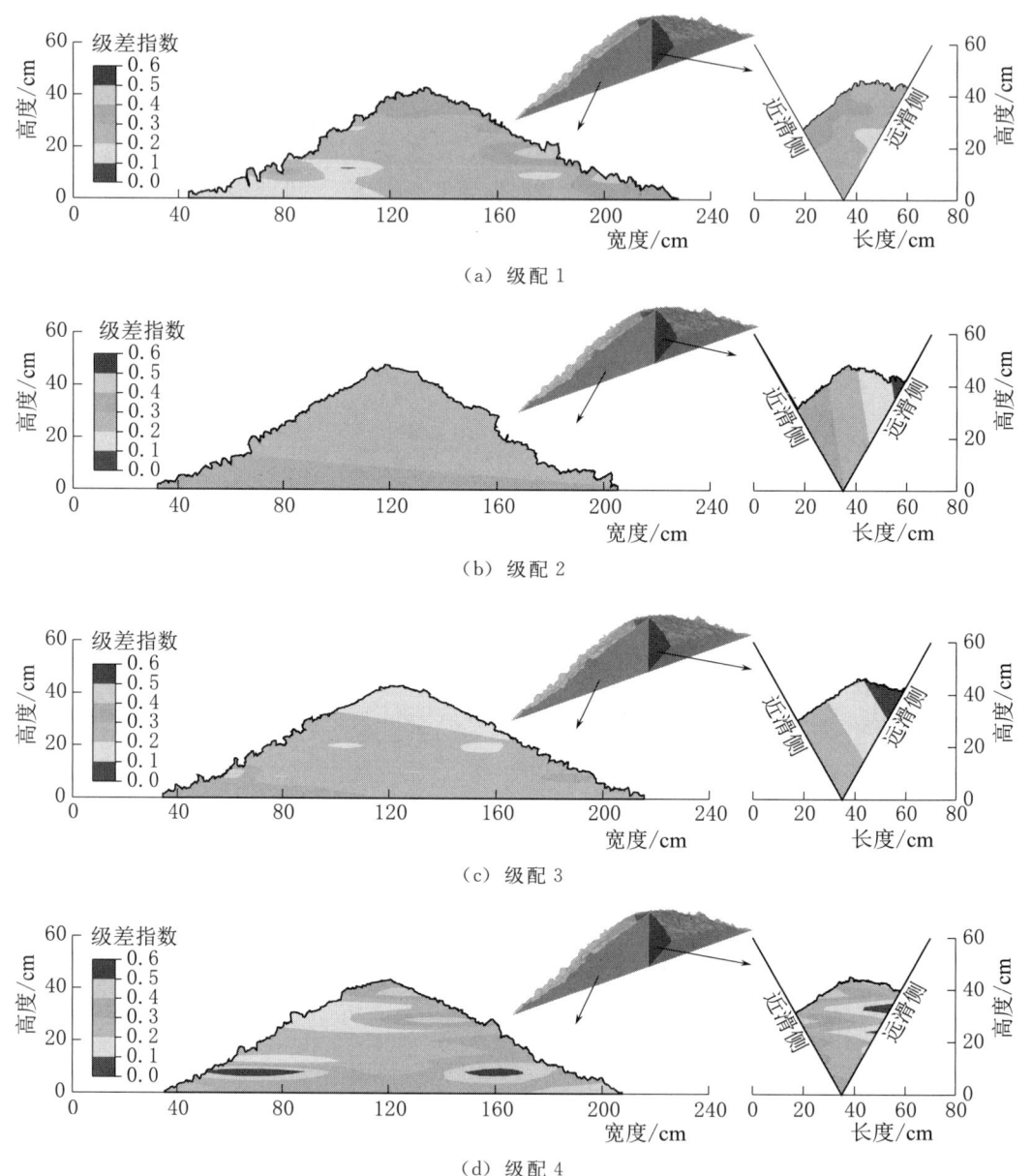

图 5.16　不同级配时级差指数空间插值结果

(2) 在长度方向上,级配 1 所成堆积体远滑侧级差指数小于近滑侧,呈现较为清晰的带状分布;级配 2 与级配 3 的分布规律与级配 1 相似,且条状分布现象更为显著。级配 4 的断面分布规律与前三者有所区别,表现出水平向分布特征,带状或条状特征较弱,且远滑侧的数值小于近滑侧。

(3) 整体上,级差指数数值主要分布于 0.2～0.4 范围内,长度方向的空间变异特征比宽度方向更为显著。

5.5 滑坡角对 V_g 变异性影响

5.5.1 滑坡角对 V_g 变异曲线影响

图 5.17 为 4 种滑坡角时堰塞体级差指数变异函数值随取样间距的分布,用高斯函数拟合了数据点对。当斜面滑坡角为 27°、36°和 45°时,x 方向上变异函数基台值均大于 z 方向,两者差值较为显著,属于带状各向异性;在滑坡角为 52°时,两方向上的基台值差异较小,可视为几何各向异性结构。为更好对比滑坡角影响,将图 5.17 中同一方向的高斯函数曲线绘制于同一坐标,如图 5.18 所示,其相应计算参数见表 5.2。

滑坡角对堰塞体材料级差指数空间变异特征的影响较为复杂。当滑坡角度较小(如 27°)时,x 和 z 方向上的块金常数、拱高和变程均大于其他角度(如 36°或 52°)。当滑坡角持续增加时,在 x 方向上级差指数的块金常数、基台值和变程均持续减小;在 z 方向上变程持续减小,但拱高、各向异性变化率呈先减小后增加的变化趋势。滑坡角为 36°时,z 方向的拱高为 4 种角度中最小值,但变程值却大于 45°和 52°。

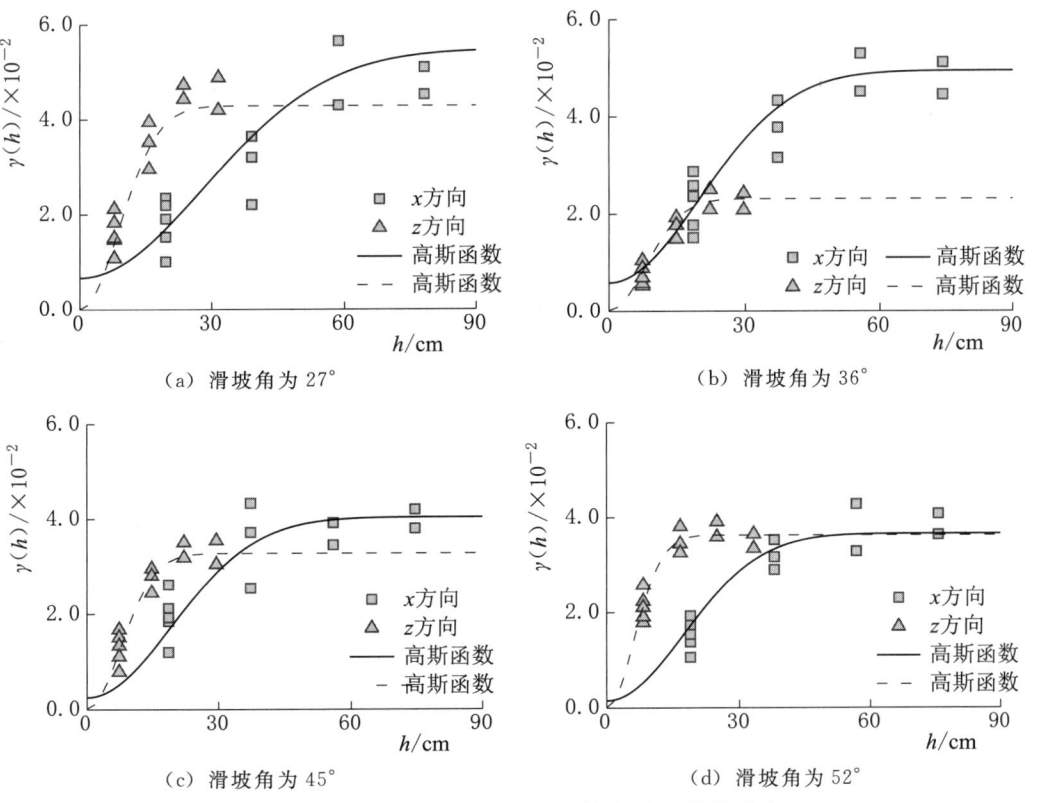

图 5.17 不同滑坡角时级差指数变异函数值分布

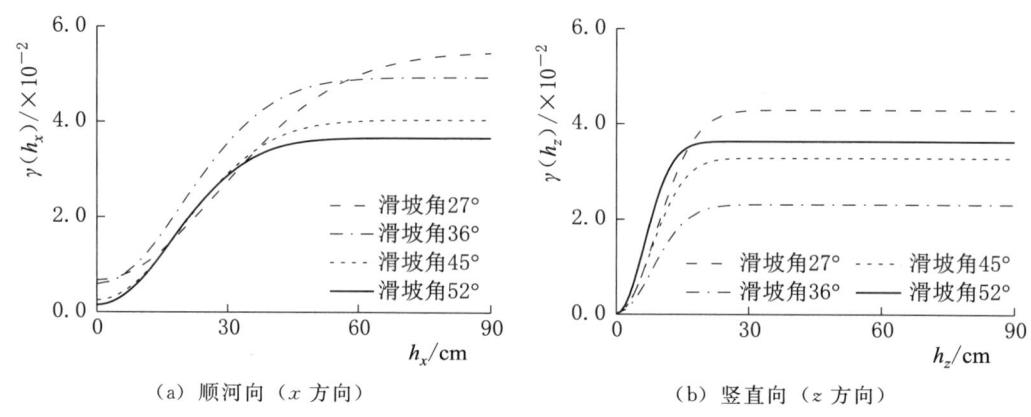

(a) 顺河向（x 方向）　　　　　　　　(b) 竖直向（z 方向）

图 5.18　不同滑坡角时级差指数变异函数曲线对比

表 5.2　　　　　　　　不同滑坡角时级差指数变异特征参量

滑坡角	x 方向				z 方向			
	C_0	C	a/cm	$I/\times 10^{-4}\,\mathrm{cm}^{-1}$	C_0	C	a/cm	$I/\times 10^{-4}\,\mathrm{cm}^{-1}$
27°	0.0067	0.0481	69.02	6.97	0.0001	0.0428	21.81	19.63
36°	0.0059	0.0435	48.60	8.95	0.0002	0.0229	19.71	11.62
45°	0.0025	0.0379	47.22	8.03	0.0002	0.0326	18.90	17.25
52°	0.0015	0.0351	42.51	8.26	0.0001	0.0362	15.29	23.67

上述结果表明，当斜面坡度较小，颗粒流在斜面上运动时分选作用较为充分，促使所形成堰塞体材料在水平向离散程度强于竖直向。当滑坡角度稍增至静态休止角时，斜坡分选作用减弱，导致水平向粒组差异性降低，致使颗粒料级差指数空间变异幅度降低，相应空间自相关范围也随之减小。此后，随着滑坡角持续增加，滑入河谷堆积的颗粒流速率进一步增大，此时水平向不同位置处颗粒粒组差异进一步降低；但因滑入角度太陡而致使堆积过程中沿以有颗粒表层二次扩散程度降低，致使竖向粒组间差异性稍有回增的趋势，表现出从带状各向异性逐渐演化为几何各向异性的变化规律。

5.5.2　不同滑坡角时 V_g 插值

图 5.19 是滑坡角为 27°、45°和 52°时堰塞体级差指数进行空间插值的断面结果。

从图 5.19 可知，斜槽滑坡角对表征堰塞体级配变化特征 V_g 的影响主要表现如下：

（1）在宽度方向上，级差指数变动剧烈的区域位于堰塞体坡脚位置；滑坡角为 27°时级差指数色带集中分布于 0.2～0.4，显著大于 45°或 52°。

（2）在长度方向上，当滑坡角为 27°时，V_g 最大值位于近滑侧上部、最小值位于远滑侧；当滑坡角为 45°时，V_g 最小值为堆积体上部，在 0~0.2 范围内呈上下分层状态；当滑坡角为 52°时，V_g 最小值转移至堆积体中部，整体呈左右带状分布状态。

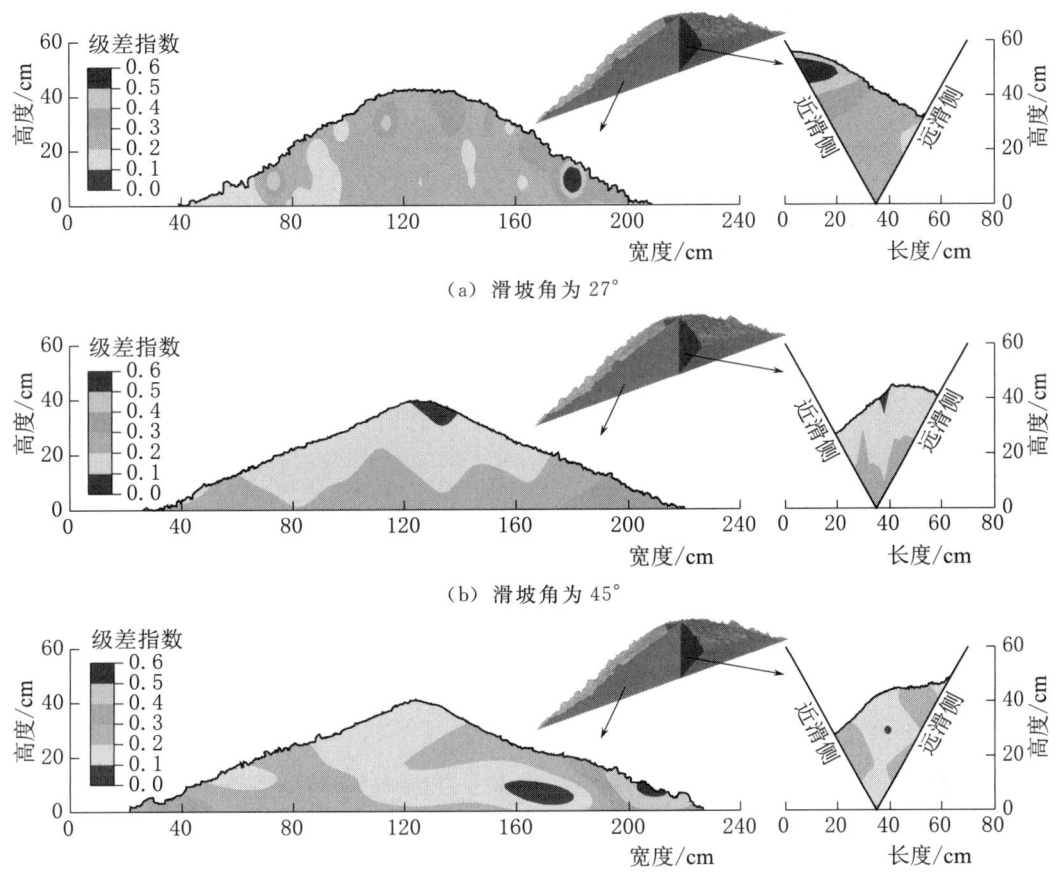

图 5.19 不同滑坡角时级差指数空间插值结果

（3）整体上，斜槽坡面为 45°时所形成堰塞体级差指数变化范围小于 52°，坡度 27°时该参数空间变异程度最为强烈。这表明滑坡角度对堰塞体颗粒级配空间变异程度影响较为显著；当滑坡角趋于材料静态休止角时，其影响相对较小。

5.6 滑距对 V_g 空间分布影响

5.6.1 滑距对 V_g 变异曲线影响

图 5.20 是不同滑距时堰塞体级差指数的变异函数值与间距的分布图，用高斯函数进行了数据趋势匹配。从图 5.20 可知，滑距对堰塞体极差指数的变异函数值及其曲线影响存在相似性，即：x 方向上基台值和变程均显著大于 z 方向，且存在

块金效应，属于带状各向异性。为便于对比，把同方向的变异函数曲线集中绘制于同一平面内，如图 5.21 所示，相关空间变异特征参量值见表 5.3。

表 5.3　　　　　　　　不同滑距时级差指数变异特征参量

滑距/m	x 方向				z 方向			
	C_0	C	a/cm	$I/\times 10^{-4} \text{cm}^{-1}$	C_0	C	a/cm	$I/\times 10^{-4} \text{cm}^{-1}$
0.9	0.0021	0.0398	63.06	6.31	0.0001	0.0315	12.37	25.47
2.7	0.0028	0.0418	54.85	7.62	0.0001	0.0288	13.46	21.40
3.6	0.0047	0.0426	49.53	8.60	0.0001	0.0261	15.52	16.82
4.2	0.0059	0.0435	48.60	8.95	0.0002	0.0229	19.71	11.62

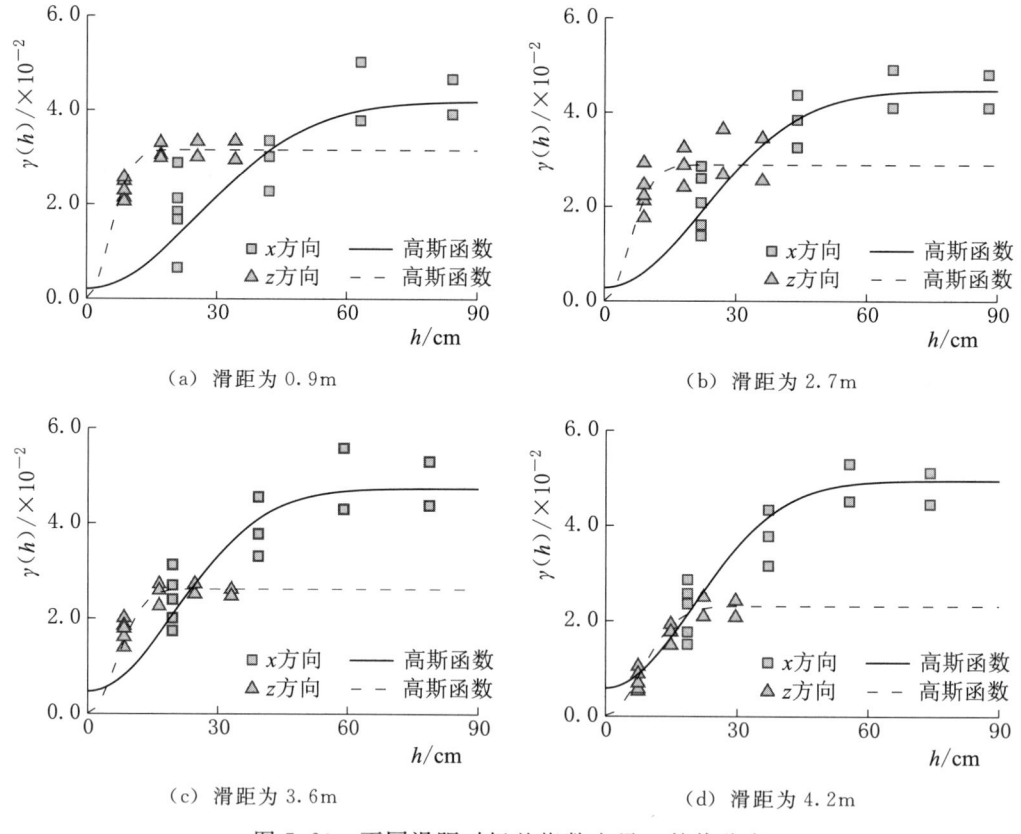

图 5.20　不同滑距时级差指数变异函数值分布

从变异曲线分布及其参量值可知，滑距对堰塞体材料颗粒级配的空间变异特性影响较为单一，即：在 x 方向上，块金常数、拱高和各向异性变化率随滑距增加而增加，变程随滑距增加而减小；在 z 方向上，拱高和各向异变化率随滑距增加而减小，变程随滑距增加而增加，且几乎不存在块金效应。很大程度上，两个方向上相同参量是呈相反发展演化趋势。

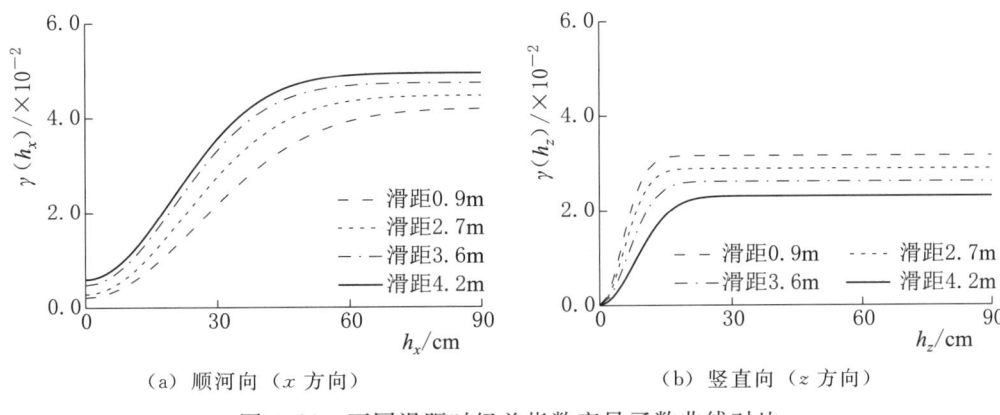

(a) 顺河向（x方向）　　(b) 竖直向（z方向）

图 5.21　不同滑距时级差指数变异函数曲线对比

这种变化规律同样与颗粒流在斜面运动时分选程度密切相关，滑动距离越长，颗粒分选程度愈充分，不同尺寸颗粒分布差异性更为明显，相应空间变异程度随之增强。值得注意的是，对于级差指数而言，水平方向始终是颗粒级配空间变异的强方向，其强度随滑动距离增加而逐渐增加；反之，竖直方向是弱方向，且随滑距增加而减弱。

5.6.2　不同滑距时 V_g 插值

图 5.22 是不同滑距下 V_g 的空间插值云图。从色阶分布可知，在 0.9m、2.7m 和 3.6m 三种斜面滑距下，堰塞体级配变化参量 V_g 的分布特征存在相似性，主要表现如下：

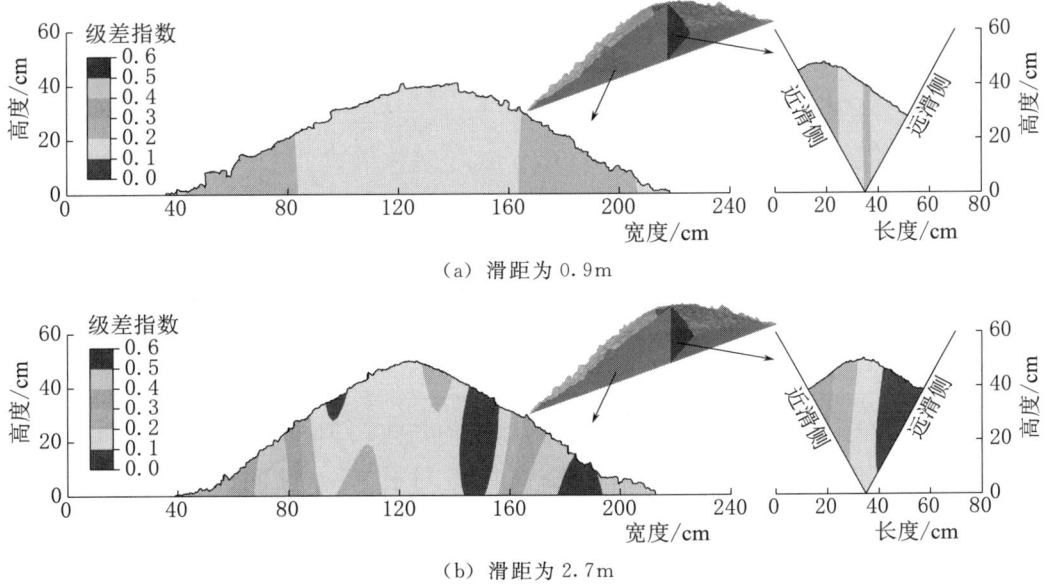

(a) 滑距为 0.9m

(b) 滑距为 2.7m

图 5.22（一）　不同滑距时级差指数空间插值结果

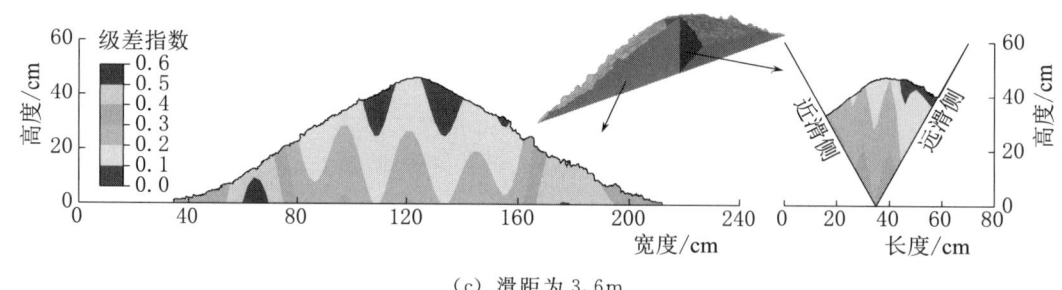

(c) 滑距为 3.6m

图 5.22（二） 不同滑距时级差指数空间插值结果

（1）在宽度方向上，堰塞体底部两侧坡脚处颗粒尺寸差异性比其他区域突出，级差指数变动剧烈；滑距为 0.9m 时色阶集中于 0.1~0.3，其范围显著小于其他滑距下的宽度。随着滑距的增加，介于 0.0~0.2 范围内的 V_g 的空间插值云图范围逐渐减小，0.2~0.4 范围的逐渐增加。

（2）在长度方向上，当滑距为 0.9m 时，V_g 最大值位于近滑侧上部、最小值位于远滑侧；当滑距为 2.7m 时，V_g 最小值位于堆积体远滑侧；整体呈左右分层状态，且在 0~0.2 范围的 V_g 值占据变动的主体区间；当滑距为 3.6m 时，V_g 最小值转移至堆积体上部，整体呈斜向带状分布状态。

（3）滑距对堰塞体颗粒级配空间变异程度影响较为显著。整体上，斜槽滑距为 0.9m 时所形成堰塞体级差指数变化范围小于其他距离，滑距越大，堰塞体材料不同位置处颗粒尺寸差异性增加，其空间变异程度增大。

5.7 最大粒径对 V_g 变异性影响

5.7.1 最大粒径对 V_g 变异曲线影响

图 5.23 是最大粒径为 40mm 和 20mm 时堰塞体级差指数变异函数值和取样间距的数据点对分布图及其高斯函数拟合曲线。对比结果可知，在两种不同最大粒径状态下变异函数 x 方向上基台值均大于 z 方向，两者差值较为显著，均属于带状各向异性。图 5.24 为同一方向的高斯函数曲线，相应模型参数见表 5.4。

最大粒径对两个方向上级差指数空间变异特征的影响较为相似。随着最大粒径的减小，x 和 z 方向上的块金常数、拱高、变程和各向异性变化率均减小。值得注意的是，x 方向上的拱高和变程均显著大于 z 方向，但各向异性变化率却小于后者。这种发展演化规律的内在原因与最大粒组对孔隙比空间分布的影响存在相似性。

5.7.2 最大粒径时 V_g 插值

图 5.25 是滑源物料最大粒径为 40mm 和 20mm 时堰塞体级差指数空间插值宽

度约长度方向上剖面图。结合最大粒径 60mm 时 V_g 的空间插值云图 [图 5.16 (d)] 可知，最大粒径对堰塞体颗粒级配空间变异特征的主要影响如下：

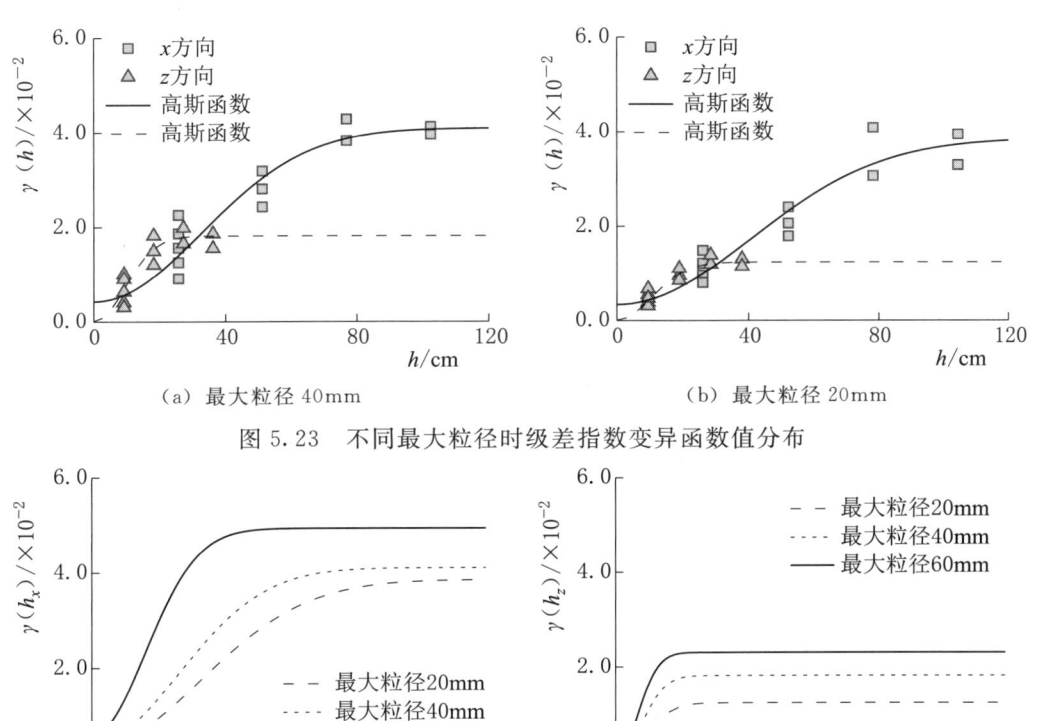

(a) 最大粒径 40mm　　(b) 最大粒径 20mm

图 5.23　不同最大粒径时级差指数变异函数值分布

(a) 顺河向（x 方向）　　(b) 竖直向（z 方向）

图 5.24　不同最大粒径时级差指数变异函数曲线对比

表 5.4　　　　　　　　不同最大粒径时级差指数变异特征参量

最大粒径/ mm	x 方向				z 方向			
	C_0	C	a/cm	$I/\times 10^{-4} cm^{-1}$	C_0	C	a/cm	$I/\times 10^{-4} cm^{-1}$
60	0.0059	0.0435	48.60	8.95	0.0002	0.0229	19.71	11.62
40	0.0043	0.0367	79.68	4.61	0.0001	0.0181	22.71	7.97
20	0.0034	0.0351	99.28	3.54	0.0001	0.0123	25.85	4.76

（1）上部级差指数小于下部，最大值分布于坝坡的坡脚处；整体上，远滑侧级差指数小于近滑侧，宽度向上带状分布特征较为显著，这表明水平向为空间变异强方向。

（2）随着最大粒径的减小，坝体级差指数在剖面上色阶数目逐渐减少，这表明堰塞体材料颗粒级配的空间变异程度随最大粒径减小而逐渐降低。

鉴于上述陈证、剖析与讨论，对比孔隙比和级差指数，虽不同因素下诱导两者发展演化的主要内在机制存在相似性,但两者宏观空间变异特征存在差异性,主要体现为各向异性特征强方向,即:级差指数主要以水平向为空间变异强方向,仅在级配 1 和滑坡角为 52°时两方向变异强度相当,为几何各向异性结构。不同因素对堰塞体颗粒级配空间变异特征分布规律的影响,见表 5.5。

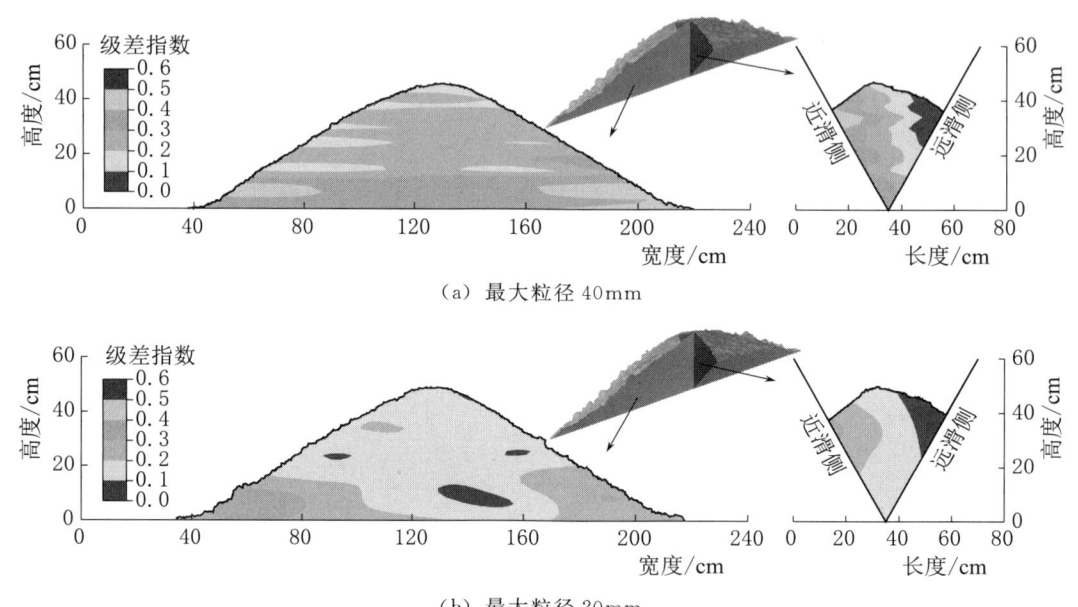

图 5.25 不同最大粒径时级差指数空间插值结果

表 5.5 不同影响因素下级差指数空间变异特征

因 素	水 平	各 向 异 性 特 征		主 要 诱 因
		结构性	强方向	
级配	1	几何	相当*	粗细颗粒相对含量越高,堆积体水平向变异性越显著,竖直向越减弱
	2	带状	水平向	
	3	带状	水平向	
	4	带状	水平向	
滑坡角	27°	带状	水平向	坡度越大,颗粒分选和重力沿斜面分量共同诱发变异程度将减弱
	36°	带状	水平向	
	45°	带状	水平向	
	52°	几何	相当*	
滑距	0.9m	带状	水平向	滑距越大,颗粒分选作用显著,水平向变异程度增强,竖直向减弱
	2.7m	带状	水平向	
	3.6m	带状	水平向	
	4.2m	带状	水平向	

续表

因　素	水　平	各向异性特征		主　要　诱　因
		结构性	强方向	
最大粒径	60mm	带状	水平向	随最大粒径减小，空间变异程度降低
	40mm	带状	水平向	
	20mm	带状	水平向	

* 相当指水平向与竖直向的强弱程度无显著差异。

5.8 本章小结

依据初始设计级配，从散体材料粒组角度分析颗粒级配空间变异特征，并详细讨论了初始级配、滑坡角、滑距和最大粒径对粒组变异规律的影响。随后，亟待汇集粒组数据主要信息并作降维处理，提出用级差指数 V_g 来描述坝体不同区域间颗粒尺寸差异性的全貌，用以量化堰塞体颗粒级配空间变异整体特征。最后，基于对数正态分布检验结果，将级差指标进行对数化处理，进行了不同因素条件下级差指数变异函数的求解及其特征分析，并进行了泛 Kriging 空间插值，达到了堰塞体颗粒级配空间变异特征量化及空间场化的目的。经过详细论证、分析与凝练，得到了主要结论有：

（1）V 形河谷中堰塞体材料级配空间变异特征受不同粒组颗粒相对含量的变化影响，是多个粒组不同强弱变异程度的叠加体现，基于单一粒组的量化参数难以反映多粒组整体变化特征的全貌。粗细颗粒间总是存在一个弱变异段的粒径范围，随着粗粒含量减小、细粒含量增加，且此范围有向细粒含量靠近的发展演化趋势。

随着滑坡角度增加，细粒粒组的变异界限呈逐渐减小后有缓增的趋势，强变异段的变异界限也表现出先减后增的状态；滑动距离的变化对 0.5~5mm 范围内颗粒影响较为显著，对 5~10mm 范围的颗粒分布差异性影响不显著。

（2）将试验前后堰塞体不同分块各粒组与初始含量的差值绝对值之和定义为量化指标级差指数 V_g，以量化多粒组土体颗粒级配的空间变异规律，并论证了滑坡型堰塞体 V_g 服从对数正态函数分布特征。

V_g 越大，表明该空间位置处堰塞料的粗细颗粒含量的变化程度越剧烈。滑坡型堰塞体 V_g 在宽度方向上存在低块金效应，且在上下游坡面数值程度显著大于中间，上部稍大于下部；长度方向上，近滑侧数值显著大于远滑侧。

（3）初始级配对堰塞体 V_g 空间变异特征较为显著。V_g 的块金常数和拱高在水平方向上均随粗粒含量减小而增大，各向异性变化率在竖直方向上随粗粒含量减小而减小。整体上，竖直方向的各向异性变化率均显著大于水平方向，变程呈相反的变化规律。

滑坡角对 V_g 空间变异特征的影响较为复杂。当滑坡角较小时，V_g 在水平向离散程度强于竖直向。当滑坡角稍增至静态休止角时，V_g 空间变异幅度降低，相应空间自相关范围也随之减小。随着滑坡角持续增加，V_g 水平向进一步降低，竖直向稍有回增，呈现从带状各向异性逐渐演化为几何各向异性的变化规律。

滑距和最大粒径对堰塞体材料颗粒级配的空间变异特性影响较为单一。水平方向始终是颗粒级配空间变异的强方向，其强度随滑距增加、最大粒径增加而逐渐增加；竖直方向是弱方向，其变化规律与水平向相反。

第 6 章 堰塞体空间变异机制

6.1 概述

室内物理模型试验已复现了滑坡型堰塞体从滑源物质启动—斜面运动—河谷堆积的全过程,并利用计算机视觉理论和空间信息理论进行了堰塞体外部几何形态特征与材料内部孔隙比与颗粒级配的空间变异特征的量化。溯源分析,堆积体材料变异特征与其形成过程密切相关,还需深入剖析颗粒流形成、发展与演化过程,以揭示堰塞体空间变异形成机制。但由于此过程具有大位移和高频撞的特点,同时涉及颗粒平动与滚动、接触生效与分离以及流态转换等细观力学行为。与物理模型试验相比,数值模拟能够很好地捕捉颗粒体内的颗粒运动和相互作用,成为诸多研究者优先选择的研究方法。

借助离散元 PFC^{3D} 软件,依据模型试验结果,用剖面形状与颗粒分布、孔隙比和级差指数验证模拟效果有效性。以颗粒料的流态化运动为指引,用断面流速和剪切率表征流态;计算 N_{Sav} 值,用以判别流体内部粒间摩擦与碰撞等力学行为。将视角转换为堰塞体形成全过程,从 8 种能量转化视角深化分析堰塞形成过程颗粒流态特征。最后,从地质灾害链式过程角度,将滑坡型堰塞体形成过程划分为滑源启动、斜坡运动和河谷堆积三个顺接过程,提出了堰塞体长度与宽度剖面的反粒序沉积结构,并厘清了堰塞体三维空间变异特征与滑源物性、路径运动分选和河谷形态的关系。

6.2 颗粒流运动堆积模拟

6.2.1 滚动阻力接触模型

采用离散元直接模拟大量不规则颗粒的物理力学行为,往往因巨大计算量而阻碍其工程应用。从现实角度而言,引入粒间阻力机制的球形颗粒(或简单颗粒簇)来近似模拟颗粒运动的做法是当前较为可行的途径[170]。根据微观作用不同,粒间阻力机制有接触区域黏附、接触带粗糙度或非球形接触空间效应等。与切向摩擦模型相似,滚动阻力机制认为颗粒抗滚动的内在原因是受接触对上抵抗滚动的转矩影响,并指出其值随着接触对在接触点处的累积相对旋转而线性增加,其斜率为滚动刚度,累积最大极限值与当前法向力、滚动摩擦系数和有效接触半径成正相关关系。

目前,基于颗粒-颗粒(或墙)的力学行为而在接触对中增加了滚动阻力机制的接触模型有可变向常转矩模型、黏性模型和弹塑性弹簧阻尼模型等[171];其中,考虑弹塑性弹簧阻尼的滚动阻力模型(Rolling Resistance Linear Model,RRLM)将滚动刚度表示为接触对的剪切刚度和有效接触半径的相关函数,这使得由滚动刚度引起的旋转固有频率与剪切刚度引起的旋转固有频率密切相关,从而形成了颗粒运动时的滚动阻力机制。图 6.1 是以两个球形颗粒 i 和 j 为例示意了离散元软件 PFC^{3D} 软件中 RRLM 接触模型的主体结构,包含法向、切向和滚动三部分,由弹簧、滑块和黏壶三类元件组合而成,通过元件力学特征与能量耗散来发挥颗粒间 RRLM 的接触力学行为与能量耗散作用。

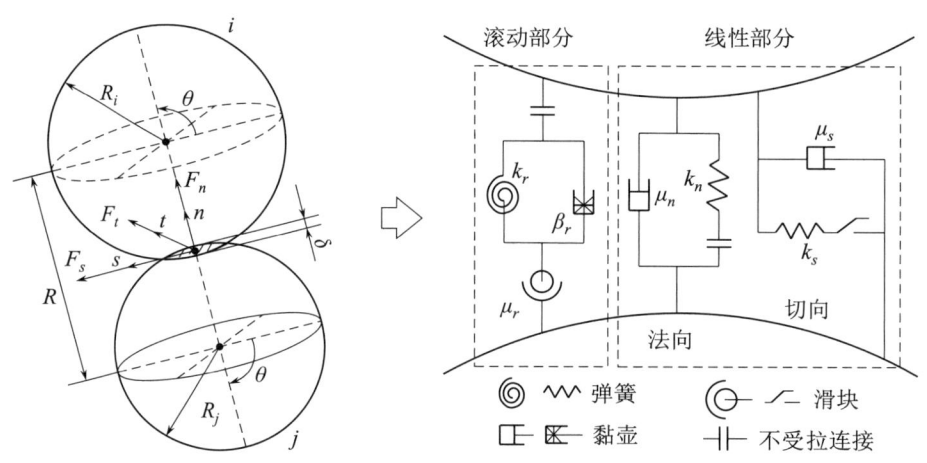

图 6.1 滚动阻力线性模型(RRLM)结构示意图

6.2.1.1 力学行为

均质、各向同性和连接良好的颗粒集合体在小应变变形时的力学行为符合各向同性弹性模型。该模型的弹性模量 E 和泊松比 ν 两个参数与离散元接触模型中的有效模量 E^* 和法向切向刚度比 κ^* 相关联,即:E^* 随 E 增加而增加,κ^* 随 ν 增加而增大,直至最大值。在颗粒接触中,接触刚度的计算方法为

$$\left.\begin{array}{l} k_n = \dfrac{AE^*}{L} \\ k_s = \dfrac{k_n}{\kappa^*} \end{array}\right\} \tag{6.1}$$

式中:A 和 L 分别为接触面积和长度,均与接触颗粒的半径相关。其数学表达式为

$$A = \begin{cases} 2rt, & \text{二维} \\ \pi r^2, & \text{三维} \end{cases}$$
$$L = \begin{cases} R_i + R_j, & \text{颗粒} - \text{颗粒} \\ R_i, & \text{颗粒} - \text{墙体} \end{cases} \quad (6.2)$$

其中

$$r = \begin{cases} \min(R_i, R_j), & \text{颗粒} - \text{颗粒} \\ R_i, & \text{颗粒} - \text{墙体} \end{cases}$$

当且仅当表面间隙小于或等于零时，与 RRLM 的接触才有效。对于非活动触点，力-位移理论将不起作用。在 RRLM 中，颗粒 i 与颗粒 j（或墙体）间的接触对所受到的总接触力 F_{ij} 及总抗滚动力矩 M_{ij} 可拆分为两部分：一是弹簧元件的弹性力 F_{ij}^r 及其转矩 M_{ij}^r；二是黏壶元件的黏滞力 F_{ij}^d 及黏滞阻尼转矩 M_{ij}^d，即

$$\begin{aligned} F_{ij} &= F_{ij}^r + F_{ij}^d \\ M_{ij} &= M_{ij}^r + M_{ij}^d \end{aligned} \quad (6.3)$$

与理想弹塑性应力-应变曲线相似，单一方向上弹簧转矩 M_{ij}^r 与先呈线性增加至最大值 M_{ij}^c 后保持不变，其变化规律如图 6.2 所示。M_{ij}^c 与法向应力 F_n、颗粒滚动摩擦系数 μ_r 和有效接触半径 $\bar{R}$ 成正相关关系，即

$$M_{ij}^c = \mu_r \bar{R} |F_n| \quad (6.4)$$

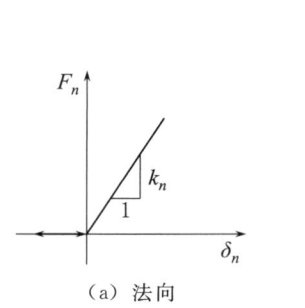
（a）法向

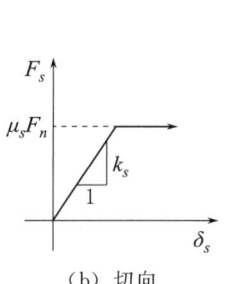
（b）切向

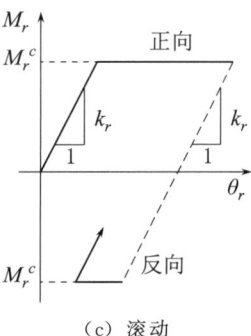
（c）滚动

图 6.2 RRLM 力学特征

式中：F_n 为 F_{ij} 在接触面局部坐标系 stn 下沿接触面指向球心法向的应力；μ_r 为斜面滚动阻力扭矩与重力作用在颗粒上产生的扭矩间关系，与斜面最大角度正切值相关；$\bar{R}$ 为产生接触对的两个颗粒的空间位置属性，其计算方式为

$$\bar{R} = \frac{r_i r_j}{r_i + r_j} \quad (6.5)$$

式中：r_i、r_j 分别为颗粒 i、j 的半径，若为颗粒与墙体之间接触，则将墙体半径取为无穷大。在线性增量计算中，若 t 时刻接触对受到的弹簧转矩为 $M_{ij}^r |_t$，则经

过 Δt 时间后弹簧转矩增量 ΔM_{ij}^r 为

$$\Delta M_{ij}^r = -k_r \theta_{\text{rel}} \Delta t \tag{6.6}$$

式中：θ_{rel} 为接触对的相对滚动角速度；k_r 为滚动刚度，控制弹簧转矩变化曲线的倾斜程度。Iwashita 等[172] 提出了 k_r 与剪切刚度 k_s 和 $\bar{R}$ 的函数关系，即

$$k_r = k_s \bar{R}^2 \tag{6.7}$$

此时，弹簧转矩更新为 $M_{ij}^r |_{t+\Delta t}$，即

$$M_{ij}^r |_{t+\Delta t} = \begin{cases} M_{ij}^r |_t + \Delta M_{ij}^r, & M_{ij}^r |_{t+\Delta t} \leqslant M_{ij}^c \\ M_{ij}^c, & M_{ij}^r |_{t+\Delta t} > M_{ij}^c \end{cases} \tag{6.8}$$

M_{ij}^d 与接触颗粒间瞬时相对角速度 $\dot{\theta}_{\text{rel}}$ 和黏滞阻尼系数 β 相关。经过 Δt 时间后，$M_{ij}^d |_{t+\Delta t}$ 更新为

$$M_{ij}^d |_{t+\Delta t} = \begin{cases} -\beta \dot{\theta}_{\text{rel}}, & M_{ij}^r |_{t+\Delta t} \leqslant M_{ij}^c \\ 0, & M_{ij}^r |_{t+\Delta t} > M_{ij}^c \end{cases} \tag{6.9}$$

6.2.1.2 能量计算方法

微观尺度颗粒团体能量输入与耗散的演化过程是颗粒流宏观物理现象的内因，有助于更加深入理解散粒体材料斜面运动特征。能量不能单独存在，球、簧、墙和接触是能量的实物载体，且在每个增量步中循环积累。在 RRLM 模型中，颗粒流能量主要分为外力做功 ΔW_w、势能 ΔE_{bd}、动能 ΔE_{kc}、阻尼耗散能 ΔE_{dm}、黏滞耗散能 ΔE_{dp}、滑动摩擦能 ΔE_{sp}、滚动摩擦能 ΔE_{rsp}、接触应变能 ΔE_{st} 和滚动应变能 ΔE_{rst}。9 种类型能量间的关系用热力学第一定量描述为

$$\Delta W_w = \Delta E_{\text{bd}} + \Delta E_{\text{dm}} + \Delta E_{\text{kc}} + \Delta E_{\text{dp}} + \Delta E_{\text{sp}} + \Delta E_{\text{rsp}} + \Delta E_{\text{st}} + \Delta E_{\text{rst}} \tag{6.10}$$

通常，外力做功是通过边界条件进行施加。在堰塞体斜槽滑动与河谷堆积过程中，未存在外部做功（$\Delta W_w = 0$），仅为颗粒流的势能向动能、耗散能和应变能转化（未考虑颗粒破碎影响）。为了便于理解，将式（6.10）改写为

$$-\underbrace{\Delta E_{\text{bd}}}_{\text{势能}} = \underbrace{\Delta E_{\text{kc}}}_{\text{动能}} + \underbrace{\Delta E_{\text{dm}} + \Delta E_{\text{dp}} + \Delta E_{\text{sp}} + \Delta E_{\text{rsp}}}_{\text{耗散能}} + \underbrace{\Delta E_{\text{st}} + \Delta E_{\text{rst}}}_{\text{应变能}} \tag{6.11}$$

ΔE_{bd} 为颗粒空间位置的过程量，是通过颗粒数量进行测量，计算方法为

$$\left. \begin{aligned} E_{\text{bd}} |_t &= \frac{1}{2} \sum_1^{N_p} (m_i g x_i) \\ \Delta E_{\text{bd}} &= E_{\text{bd}} |_{t+\Delta t} - E_{\text{bd}} |_t \end{aligned} \right\} \tag{6.12}$$

式中：m_i 与 x_i 为颗粒 i 的质量及 t 时刻的空间位置；$E_{\text{bd}} |_t$ 与 $E_{\text{bd}} |_{t+\Delta t}$ 分别为 t 和 $t+\Delta t$ 的势能；N_p 为计算颗粒数量。

ΔE_{kc} 为颗粒运动特征的状态量，也是通过颗粒数量进行统计，计算方法为

$$E_{kc}|_t = \frac{1}{2}\sum_1^{N_p}[m_i(u_i^p)^2 + I_i(\theta_i^p)^2] \\ \Delta E_{kc} = E_{kc}|_{t+\Delta t} - E_{kc}|_t \right\} \tag{6.13}$$

式中：I_i 为颗粒 i 在 t 时刻的惯性矩；u_i^p 和 θ_i^p 为颗粒 i 在 t 时刻的平动与滚动速度；$E_{kc}|_t$ 与 $E_{kc}|_{t+\Delta t}$ 分别为 t 和 $t+\Delta t$ 的动能。

耗散能包括 ΔE_{dm}、ΔE_{dp}、ΔE_{sp} 和 ΔE_{rsp}。ΔE_{dm} 是根据颗粒数量进行计算，ΔE_{dp} 是按照接触对数量进行统计；ΔE_{sp} 和 ΔE_{rsp} 分别按接触颗粒在切向和转向力-位移曲线的塑性阶段面积进行统计。它们的计算方法为

$$\Delta E_{dm} = \sum_1^{N_p}(\alpha_0 F_i \Delta u_i^p + \alpha_0 M_i \Delta \theta_i^p) \tag{6.14}$$

$$\Delta E_{dp} = \sum_1^{N_c}(\beta_0 |u_i \Delta u_i| + \beta_0 |\theta_i \Delta \theta_i|) \tag{6.15}$$

$$\Delta E_{sp} = \sum_1^{N_c}[\langle F_i^s \rangle (\Delta u_i^s)^{slip}] \tag{6.16}$$

$$\Delta E_{rsp} = \sum_1^{N_c}[\langle M_i^s \rangle (\Delta \theta_i^r)^{roll}] \tag{6.17}$$

式中：N_c 为颗粒间有效接触对的数量；F_i 为颗粒 i 的不平衡力；M_i 为颗粒 i 的不平衡弯矩；α_0 为局部阻尼系数；β_0 为黏滞阻力系数；Δu_i^p 为颗粒 i 的位移增量；$\Delta \theta_i^p$ 为颗粒 i 的转角增量；$\langle F_i^s \rangle$ 与 $\langle M_i^s \rangle$ 为颗粒 i 在时间 Δt 内平均的切向力与接触弯矩；$(\Delta u_i^s)^{slip}$ 为塑性滑动位移增量；$(\Delta \theta_i^s)^{roll}$ 为塑性滚动位移增量。

颗粒接触对的弹性应变能同样按有效接触数量进行计算，其方法为

$$E_{st}|_t = \frac{1}{2}\sum_1^{N_c}\left[\frac{(F_n)^2}{k_n} + \frac{(F_s)^2}{k_s}\right] \\ \Delta E_{st} = E_{st}|_{t+\Delta t} - E_{st}|_t \right\} \tag{6.18}$$

$$E_{rst}|_t = \frac{1}{2}\sum_1^{N_c}\frac{(M_i)^2}{k_r} \\ \Delta E_{rst} = E_{rst}|_{t+\Delta t} - E_{rst}|_t \right\} \tag{6.19}$$

6.2.2 数值计算模型

6.2.2.1 颗粒级配

实测堰塞体组成材料的颗粒粒径分布差异巨大，红石岩堰塞体现场实测级配平均线的粒径达 4 个数量级。考虑到室内仪器的限制，控制最大粒径为 60mm，采用相似级配法对原型级配进行缩尺处理，缩尺后最小粒径为 0.023mm。在模型试验中，考虑到小颗粒受边界和环境的影响以及对视频拍摄的干扰，将试验粒径范围设定为 0.5~60mm；在数值计算中，考虑到计算能力的限制，将颗粒粒径范围

设置为 6~60mm。堰塞料原型、缩尺、试验与模拟级配曲线如图 6.3 所示，相关物理参数见表 6.1。

从表 6.1 可知，相似级配法并未改变缩尺前后级配曲线不均匀系数、曲率系数和分形维数；尽管在试验和模拟中提高了级配曲线粒径范围的下限，但作为控制粒径 d_{60} 的值变化不显著。

6.2.2.2 模拟装置

堰塞体离散元数值计算模型的几何尺寸是依据物理模型试验而设定，如图 6.4 所示。依据试验尺寸，设定河谷两侧边坡角均为 60°，净深度为 60cm；为了防止颗粒溢出，河谷远滑侧高度大于近滑侧。在近滑侧谷坡顶设置一挡板与滑槽顺接，滑

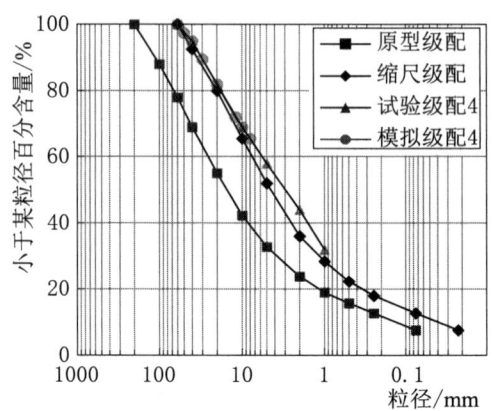

图 6.3 堰塞料原型、缩尺、试验与模拟级配曲线

槽底部距谷底高度为 80cm、宽度为 50cm、长度为 5m；初始颗粒所在的置料箱在 x、y 和 z 方向的尺寸分别为 45cm、70cm 和 60cm，并固定在斜坡箱型槽底板。修改建模几何参数可实现不同滑距和滑坡角的数值模拟。

表 6.1　　　　堰塞料原型、缩尺、试验与模拟级配曲线的物理参数

类　型	级配特征/mm					不均匀系数 C_u	曲率系数 C_c	分形维数 D_0
	d_{10}	d_{30}	d_{50}	d_{60}	d_{90}			
原型	0.13	3.85	14.95	25.54	110.55	196.46	4.46	2.69
缩尺	0.04	1.16	4.58	7.55	35.57	188.75	4.46	2.69
试验	0.62	0.93	3.00	5.87	31.43	9.47	0.24	2.75
模拟	6.26	6.85	7.48	7.81	29.81	1.25	0.96	2.79

初始颗粒生成试样是离散元模拟的重要环节，通常有粒径放大、分层压缩和分散成样等方法，其中分散成样能够在指定空间内生成所需孔隙比的颗粒数量。为了得到自重密实试样，需预设定较小孔隙比后进行内应力释放、施加重力和删除多余颗粒等步骤。预设孔隙比为 0.355，在整个置料箱中随机生成多粒组分散球形颗粒，其数量达 60 多万个；因颗粒间存在体积重叠（即存在初始内应力），需进行内应力释放处理。控制最终高度为 30cm，自顶部向底部按 2cm 高度进行逐次删除多余颗粒；每删除一次颗粒后，需进行内外应力平衡计算，直至完成颗粒料初始状态生成。最终，经过内外应力平衡后，置料箱中按模拟级配 4 生成的颗粒总数约为 17.9 万个，初始孔隙比为 0.380。

6.2.2.3　参数标定与验证

数值计算中 RRLM 模型涉及的物理参数有 12 个，见表 6.2。考虑到内部存在

孔隙，球形颗粒密度取 $2.65\times 10^3\,{\rm kg/m^3}$，球与墙的有效模量、法向切向刚度比和黏壶模式参考 Zhou 等[173] 的研究结果。

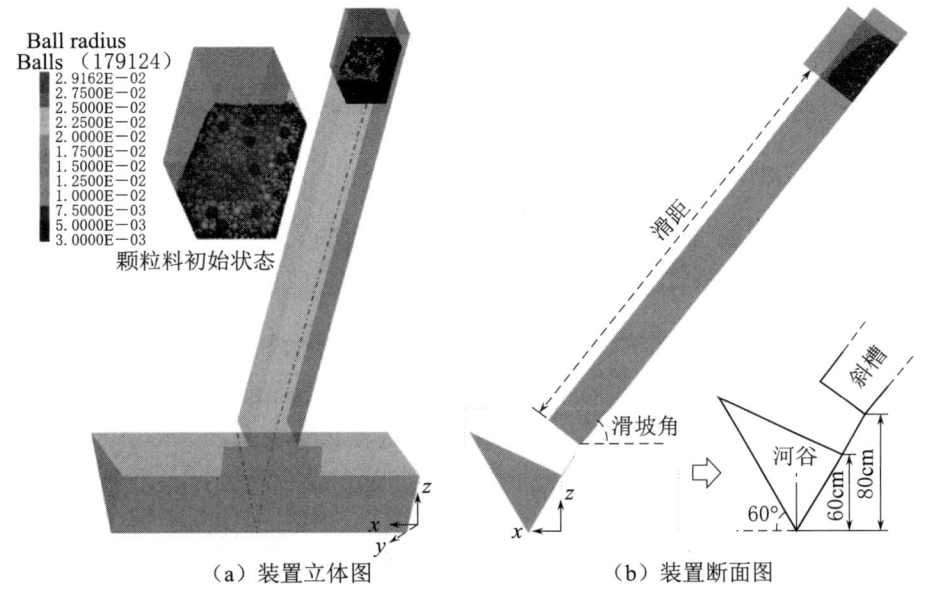

图 6.4　数值计算模型及颗粒初始状态

表 6.2　　　　　　　　　　　离散元中 RRLM 计算参数

参　　数	取　　值	参　　数	取　　值
颗粒密度 ρ	$2.65\times 10^3\,{\rm kg/m^3}$	法向黏滞临界阻尼比 β_n	0.40
颗粒有效模量 E_p	$5.00\times 10^7\,{\rm Pa}$	切向黏滞临界阻尼比 β_s	0.20
法向切向刚度比 κ^*	1.00	墙体有效模量 E_w	$5.00\times 10^8\,{\rm Pa}$
局部阻尼系数 α_0	0.05	墙体摩擦系数 μ_w	0.20
颗粒摩擦系数 μ_p	0.50	墙体滚动阻力系数 μ_{rw}	0.20
颗粒滚动阻力系数 μ_{rp}	0.50	黏壶模式 M_d	3

颗粒在碰撞过程中部分动能转换为振动能量；此时，能量耗散以速度衰减作为载体，PFC^{3D} 中即为施加阻尼力。局部阻尼力始终与引起颗粒受到的不平衡力呈正比，以减小其速度；黏滞阻尼力与各个自由度方向上相对速度呈正比，用以减小该方向上的运动。Zhou 等[174] 认为局部阻尼系数为 0.05、切向与法向黏滞临界阻尼为 0.2 时颗粒回弹系数较为合理，接触理论认为颗粒碰撞在法向与切向力学行为存在差异，Lo 等[175] 根据 Giani[176] 试验结果认为法向和切向临界黏滞阻尼比为 0.40 和 0.20 较为合理。

通过参数敏感性分析发现，对颗粒流运动特性与坝体沉积几何特征影响显著的参数是颗粒间摩擦系数 μ_p 和滚动阻力系数 μ_{rp}，其次是颗粒与墙体的摩擦系数 μ_w 和滚动阻力系数 μ_{rw}。在物理模型试验中，颗粒在斜面上以滑动、滚动和弹跳为主的运动状态,且随边界不同而相互转换。蒋明境等[177]认为颗粒体的 μ_p 小于 μ_{rp},王怡舒[178]认为两参数大小与颗粒粗糙度密切相关;考虑到滚动与滑动转换的复杂力学行为,数值计算中将这两参数取为相同值。因此,模型参数转换为颗粒-颗粒、颗粒-墙体两个相对量的确定,即 (μ_p, μ_{rp}) 和 (μ_w, μ_{rw});经过计算与验证,确定其取值为 0.50 和 0.20。

(1) 颗粒-颗粒参数确定。从滑动与滚动角度,静态休止角试验是确定计算参数的重要途径。首先,查阅相关文献,确定初步参数值;随后依据试验级配 4 的静态休止角试验,同比建立了离散元数值计算模型;采用控制变量法,通过颗粒料坍塌后堆积体形态、高度和静态休止角来逐步修正参数值。经过多次参数调试与匹配,确定了 (μ_p, μ_{rp}) 和 (μ_w, μ_{rw}) 的组合取值为 0.50 和 0.20 时,物理试验与数值试验结果非常相近,如图 6.5 所示。

图 6.5 物理模型试验测定与数值模拟计算的静态休止角

(2) 颗粒-墙体参数确定。在静态休止角测定试验中,颗粒运动可视为拟静态变化,尚未存在大量高频的滑动与滚动特征。为此,将 (μ_w, μ_{rw}) 设为 0.10、0.15、0.20、0.25 和 0.30,分别进行了与颗粒流运动-堆积物理模型试验相同的数值模拟;根据模拟资料中颗粒流不同时刻形态、流态和最终堆积形态特征来校核颗粒-墙体的参数值。图 6.6 为第 13 号堰塞体(滑坡角为 52°、滑距为 4.2m、方量 $8.4 \times 10^4 \mathrm{cm}^3$)颗粒料沿斜面运动不同时刻的流态演变历程。

从图 6.6 中可知,当 (μ_p, μ_{rp}) 和 (μ_w, μ_{rw}) 的组合取值为 0.50 和 0.20 时,物理模型与数值模拟试验的颗粒流在每个时间点的形态与流态均保持相似。图 6.7 是物理模型试验与数值模拟计算下第 13 号堰塞体堆积形态。从定性角度,

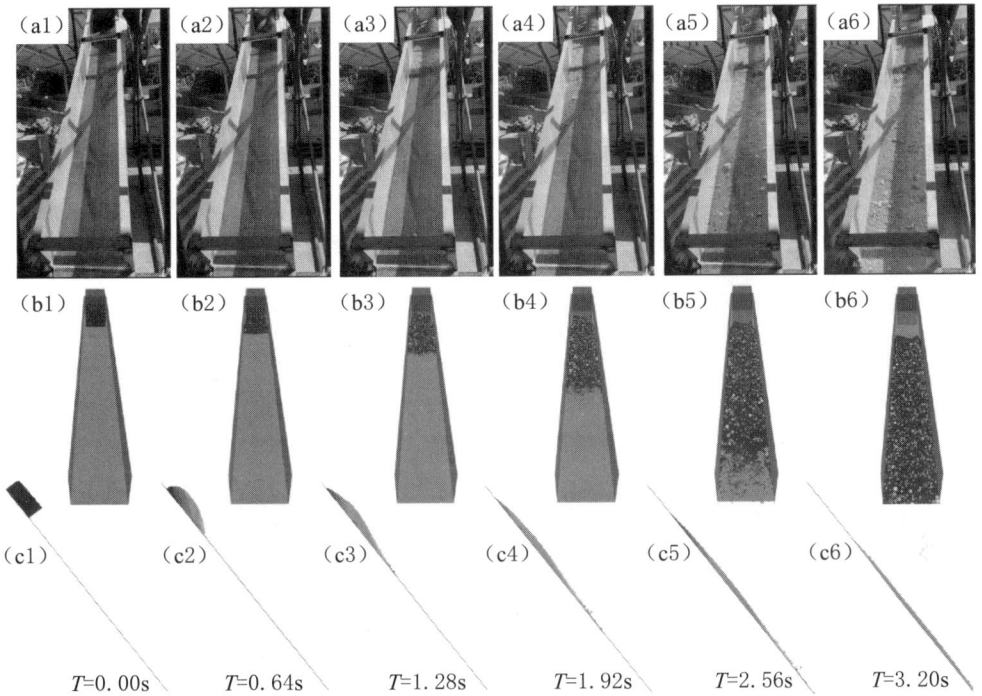

图 6.6 物理模型试验与数值模拟计算中不同时刻颗粒流运动流体态对比

注：截取从启动 $T=0.00s$ 运动至 $T=3.20s$ 过程中颗粒流形态，其中（a1）~（a6）为物理试验中颗粒料运动演化过程，（b1）~（b6）为数值试验中颗粒流运动演化过程，（c1）~（c6）为侧视图。

图 6.7 物理模型试验及数值模拟计算中第 13 号堰塞体堆积形态

数值模拟结果表明，该堰塞体表面大颗粒主要分布于远离滑源的谷坡以及两侧谷底，这与物理模型试验结果完全相符。对比数值模拟试验的结果、SFM 重构图像俯视和侧视图可知，两种方法所成堰塞体的几何形态、表面颗粒空间分布均较为吻合。进一步更改了滑坡角、滑距和方量参数，得到了最终堆积形态，如图 6.8 所示。

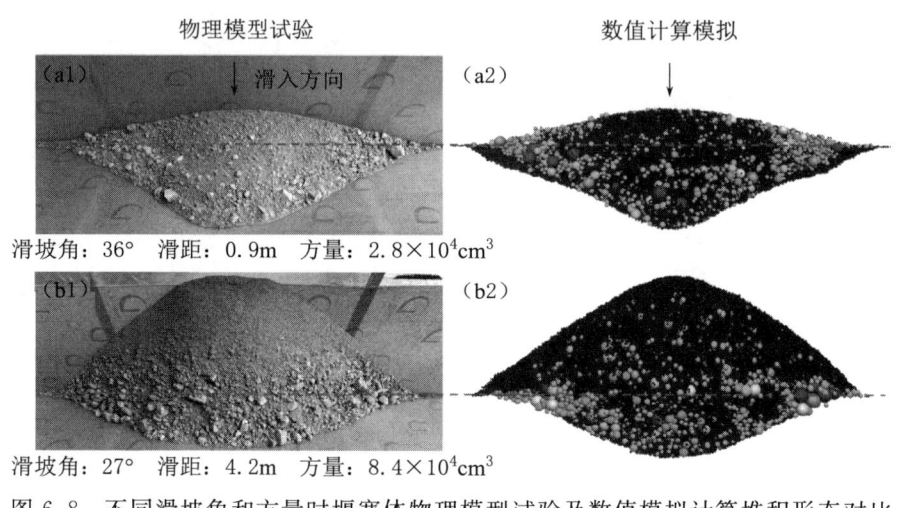

图 6.8　不同滑坡角和方量时堰塞体物理模型试验及数值模拟计算堆积形态对比

数值试验所形成堆积体在形态和颗粒分布特征也吻合物理试验中所观察的结果，两者均呈现出较好的相似性，这同样验证了所取参数的合理性。校准了模型计算参数后，依据物理模型试验方案进行同比数值模拟计算。设定四种滑坡角（27°、36°、45°和52°）、四种滑距（0.9m、2.7m、3.6m 和 4.2m）和两种方量。

6.3　颗粒流运动特性分析

6.3.1　不平衡力比

在数值试验中，将所有颗粒不平衡力均值与机械力均值的比值称为不平衡力比 R_{avg}，用其判定颗粒体经扰动后是否重新恢复至平衡状态。从置料箱转换为河谷堰塞体，颗粒料的 R_{avg} 呈快速变化状态。以第 13 号堰塞体数值试验为例，从 R_{avg} 发展演化角度分析颗粒流整体的性态。图 6.9 为堰塞体形成全过程中颗粒流 R_{avg} 随时间变化的历程曲线。

结合模型边界条件，将曲线大致分为三个阶段：突增暂稳段、剧烈振荡段和缓降复平段；与此相应，颗粒流依次经历斜坡运动、坡谷兼具和河谷堆积三个过程。

（1）突增暂稳段（0～2.65s）。当移除挡板时，颗粒原有平衡被瞬间打破，

R_{avg} 曲线突然增大；随着颗粒从静止逐渐启动，曲线近似呈有序波动增加。当 R_{avg} 暂时近乎呈水平状稳态时，颗粒流也同样在斜坡上运动至近乎稳定流态。

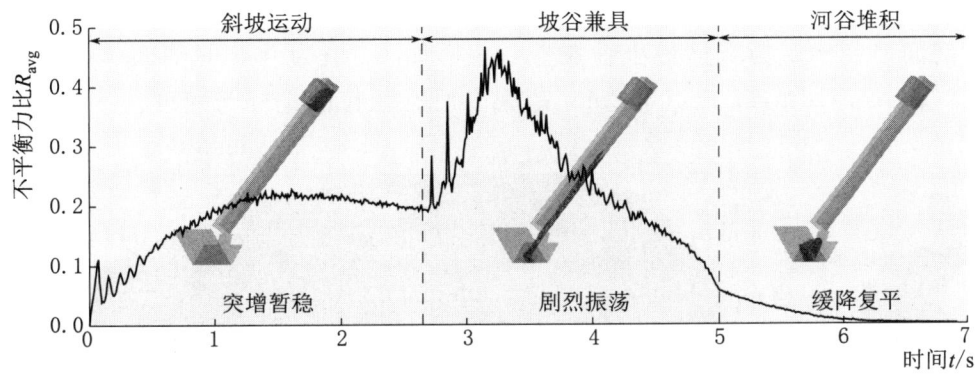

图 6.9 颗粒料不平衡力比 R_{avg} 随时间变化的历程曲线

(2) 剧烈振荡段（2.65~5.00s）。当 R_{avg} 出现剧烈振荡时，表明颗粒流前端已经滑入河谷、开始与谷坡产生强烈碰撞作用；随着颗粒流继续，高频碰撞振荡作用使得 R_{avg} 持续振荡上升。随后，滑入河谷的是颗粒流后部，其与既有堆积体表面相互作用激烈程度降低；加之坝体缓冲效用，进一步削弱了高频碰撞所致不平衡力。R_{avg} 曲线剧烈振荡的特征逐渐消失。颗粒流一部分在斜坡运动，其余正堆积于河谷，属于坡谷兼具过程。

(3) 缓降复平段（5.00~6.78s）。当颗粒流全部进入河谷后，因其尾部以细颗粒为主，颗粒相互作用所致不平衡力大为降低，R_{avg} 曲线持续降低。随着粒间相对位置趋于稳定后，颗粒流堆积作用趋于完成，R_{avg} 曲线处于复平状态。

考虑到计算时间效应，设定 1.0×10^{-3} 为控制标准，即：当颗粒料 $R_{avg}<1.0\times10^{-3}$，表明堆积体整体处于力平衡状态，颗粒流完成河谷堆积过程，形成堰塞体。

6.3.2 运动流态特征

在颗粒流流体力学中，流态化运动是颗粒体的主要运动形式，同时也表征了颗粒流流动行为的主要特征，可从剖面流速、剪切速率和流态参数等角度量化分析。

剖面流速反映流体沿深度方向速度分布的特征，是表征颗粒流流态化运动发展演化的重要指标。为了对比不同时刻的速度剖面，以斜槽中心剖面为坐标平面、颗粒流尾部为坐标原点建立局部坐标系，采用相对位置来刻画颗粒流态发展演化过程，如图 6.10 所示。坐标系横轴为相对长度 L^*，与坡面平行且正方向与颗粒运动速度 u 方向相同，设定颗粒流主体形态的最前端 L 值为 L_{max}、最末尾为 L_{min}。纵轴为相对厚度 H^*，其正方向为垂直于坡面向上，设定距离坡面最远的颗粒 H

值为 H_{max}，最近为 H_{min}。在物理模型试验中，颗粒料初始长度相同；考虑到物理量可比性，采用式（6.20）对滑动时间 t、L、H 和 u 进行去量纲化处理，得到无量纲参量 t^*、L^*、H^* 和 u^*。颗粒流剖面长度不宜过大或过小，考虑颗粒粒径，将各个剖面厚度确定为 2 倍最小颗粒直径，例如 L^* 值为 0.5 的剖面是统计球心坐标位于 ($L-0.012m$，$L+0.012m$) 范围内所有颗粒的坐标与速度。

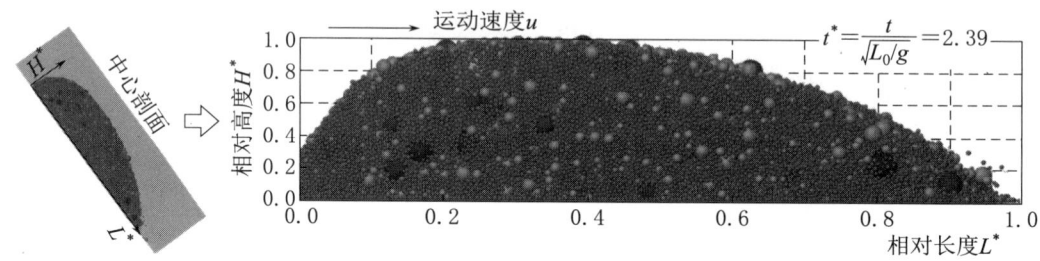

图 6.10 局部坐标系示意图 [$t^* = 2.39$ ($t=0.64$s)]

$$\left. \begin{aligned} t^* &= \frac{t}{\sqrt{L_0/g}} \\ L^* &= \frac{L}{L_{max}} \\ H^* &= \frac{H}{H_{max}} \\ u^* &= \frac{u}{\sqrt{gL_0}} \end{aligned} \right\} \quad (6.20)$$

式中：t 为从挡板开启至当前状态的时间；L 和 H 为速度剖面的长度与高度；L_0 为置料箱长度；g 为重力加速度；L_{max} 和 H_{max} 为颗粒流最大长度与厚度；u 为颗粒运动速度。

图 6.11 是 $t^*=4.79$ 时颗粒流不同 L^* 处颗粒速度分布。从图 6.11 可知，不同 L^* 处，H^* 与 u^* 呈显著的线性正相关分布，其斜率随 L^* 增加呈先增加后减小的变化规律，且在接近坡面的 0.1 倍 H^* 范围内未出现较为明显的边界层效应；这可能是粒径最小粒组含量较高且均匀，导致了下部边界层颗粒差异性不显著。各 L^* 剖面内颗粒速度点分布的离散程度反映了颗粒流内部速度波动程度，$t^*=4.79$ 时颗粒流内部颗粒速度点分布较为分散，离散性较大；这表明此时颗粒流内部颗粒间速度存在紊乱现象，摩擦与碰撞等行为频度较高。又整理了 $t^*=9.58$ 时颗粒流速度分布，如图 6.12 所示。对比图 6.11 及图 6.12 可知，颗粒流前端颗粒滑动（滚动）距离较大，碰撞频度逐渐增加（高于中部和后部）；速度波动频繁，且动能能够得到持续补充。这与葛云峰等[124]试验中观测到的现象相一致。随着 t^* 增

加,颗粒流厚度逐渐变薄,内部颗粒速度从初始较大波动状态趋于稳定,这表明干颗粒流内部从初始紊动状态逐步发展演化为断面流速稳定的状态。

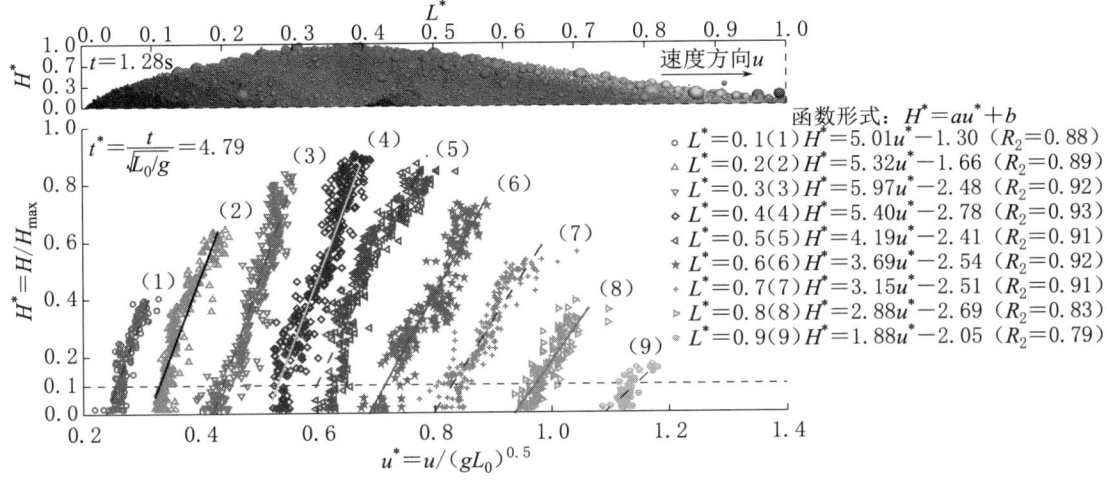

图 6.11 $t^* = 4.79$ ($t = 1.28s$) 时颗粒流剖面的速度分布

剪切速率是反映颗粒流在流动过程中内部变形特征的重要参数。受体积和边界影响,自然界中颗粒流体剖面的剪切速率极易出现非线性分布;受 Froude 数 (u^*) 控制,在简化边界的斜槽模型试验尺度下,剖面颗粒流速也可能呈线性分布[179-180]。这说明数值模拟结果合理。从图 6.11 和图 6.12 可知,H^* 与 u^* 线性函数关系显著,其函数方程为

$$H^* = au^* + b \tag{6.21}$$

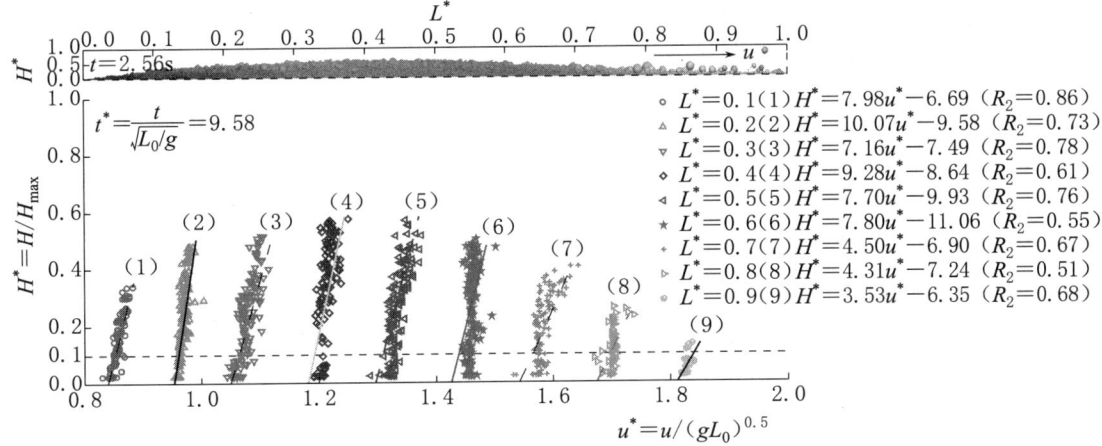

图 6.12 $t^* = 9.58$ ($t = 2.56s$) 时颗粒流断面颗粒速度分布

代入式 (6.20) H^* 与 u^* 的表达式,对变量 H 与 u 取微分,得颗粒流剪切速率 $\dot{\gamma}$,即

$$\dot{\gamma} = \frac{\mathrm{d}u}{\mathrm{d}H} = \frac{\sqrt{gL_0}}{aH_{\max}} \tag{6.22}$$

在干颗粒流斜槽试验中，流体流态主要受颗粒惯性力和粒间接触力的相对大小影响；考虑到颗粒流尺度效应，用无量纲 Savage 数[59] N_{Sav} 值来对比分析，其计算方法为

$$N_{Sav} = \frac{G_s(\dot{\gamma}d)^2}{\rho_b gH \tan\phi} \tag{6.23}$$

式中：d 为颗粒料平均粒径；ρ_b 为颗粒料静态堆积密度；ϕ 为颗粒间接触摩擦角，此处取为静态休止角 φ 值。

在式（6.23）中，分子 $G_s\dot{\gamma}^2d^2$ 表征颗粒间的碰撞作用，分母 $\rho_b gH\tan\phi$ 表征颗粒间的摩擦作用。因此，当 N_{Sav} 值大于 1 时，颗粒流的粒间作用以碰撞为主；当 N_{Sav} 值小于 0.1 时，粒间作用以摩擦为主；介于 0.1 与 1 之间时，两种作用兼具，颗粒流处于过渡状态[68]。

整理了 t^* 为 2.39、4.79、7.18 与 9.58 时刻颗粒流 $\dot{\gamma}$ 及 N_{Sav} 随 L^* 变化曲线，如图 6.13 所示。在图 6.13（a）中，颗粒流前端 0.7～0.9 倍 L^* 长度范围内剪切速率显著大于后部（0.1～0.6 倍 L^*）；随着流动时间增加，颗粒流速逐渐增大、厚度逐渐减小，流体内部颗粒间接触的频度降低；与之相应，颗粒流与边界作用逐渐增加。这导致了颗粒流剪切速率增加，且在前端更为突出。从图 6.13（b）可以看出，在流动初始颗粒流 N_{Sav} 值远小于 0.1，流体内部粒间作用以接触摩擦为主，呈现多面剪切状态；随着时间增加，颗粒流前端 N_{Sav} 值超过 0.1，粒间作用发展为摩擦与碰撞共同发挥作用的过渡状态，中部及尾部仍以摩擦为主。据此可判定，随着流动持续进行，颗粒流体厚度逐渐减小，并逐渐演化为前端以碰撞为主、中部呈过渡状态、尾部为以摩擦为主的流动状态。

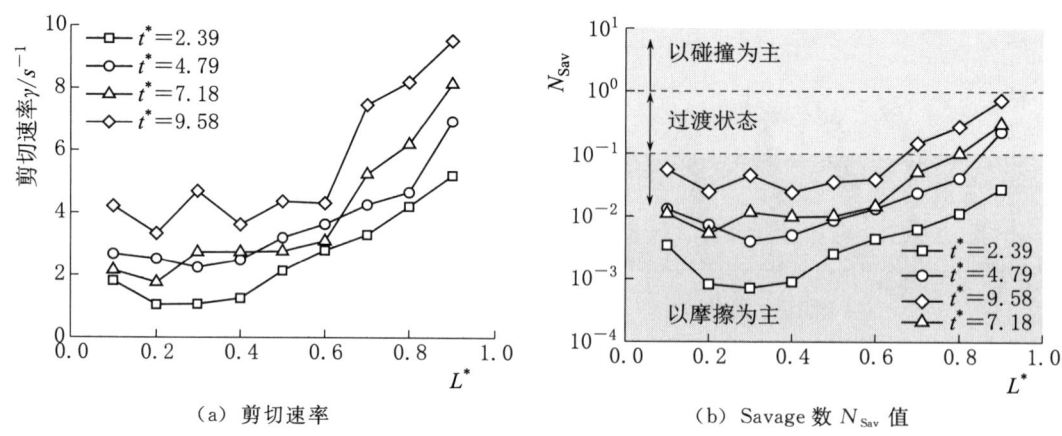

图 6.13 颗粒流断面剪切速率与 Savage 数 N_{Sav} 值分布

在自然界形成滑坡型堰塞体的颗粒流中，通常以"名义剪切速率"进行量化分析流体剪切特性[181]，即假定颗粒流底面速度为0、估算或监测前缘表面速度与特征厚度之比来估算剪切速率。绝大多数高速滑坡运动速率较大，内部易随机形成一系列不连续局部剪切带，促使其流动扩散特性较为复杂，导致其整体"名义剪切速率"处于较低的范围[182]。统计了 24 组滑坡原型数据，原型 N_{Sav} 值与无量纲的颗粒流厚度（H/d）近似呈线性相关性，如图 6.14 所示；在试验室尺度模型试验中，因对滑坡体积大为减小与边界简化等影响，导致 N_{Sav} 值与原型存在数量级差异。尽管缩尺试验难以完全复现高速滑坡中低摩阻力状态，但简化的模型与监测方法仍然可以作为研究单因素对颗粒流宏细观运动特征的方法[183]。在本书数值模拟计算中，N_{Sav} 值从 10^{-4} 变化至 10^{0}，横跨 4 个数量级，所覆盖的颗粒流态范围较广，其结果仍对剖析堰塞体形成过程中颗粒流动特性的发展演化规律提供参考。

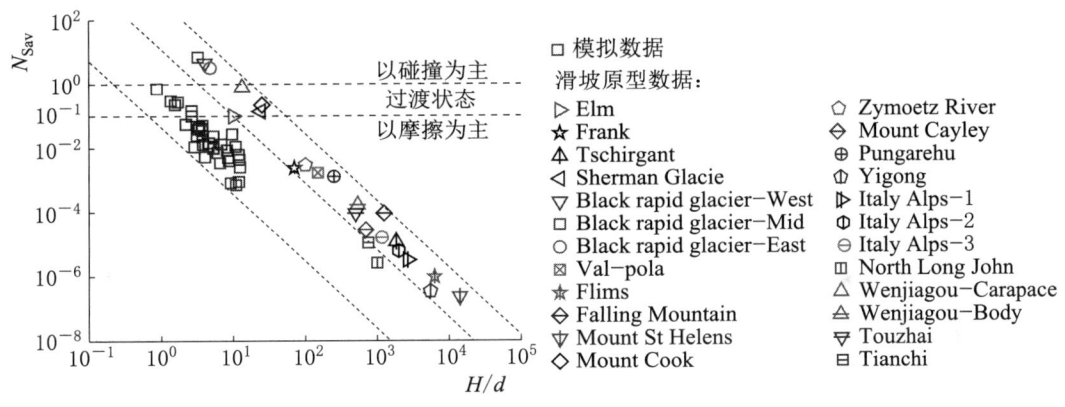

图 6.14 模拟及原型滑坡的 N_{Sav} 值分布

6.3.3 能量转化规律

通过编写动态跟踪程序，实时监测颗粒料在启动、滑动与堆积过程中的多种类型能量转化。依据图 6.4 中堰塞体形成过程数值计算模型，将斜坡散粒体-河谷堰塞体全过程中涉及的能量划分为势能、动能、耗散能与应变能 4 种大类以及累计值与瞬态值 2 种状态。累计值（用符号"Σ"表示）是指从开始至当前状态某类型能量累计耗散的总量，瞬态值是指当前状态下赋存于颗粒或者接触对中某类型能量的量；前者表征不同时段时能量转化与耗散的总量及其相对大小，后者反映不同时刻赋存能量的活跃程度及分配比例。同样，以第 13 号堰塞体数值试验为例，从能量类型占比、颗粒粒径和斜坡河谷 3 个角来讨论能量转化、发展与演化规律，如图 6.15 所示。

(1) 能量类型占比。整理了模拟结果，绘制了颗粒流运动-堆积过程中 ΣE_{bd}、E_{kc}、ΣE_{dm}、ΣE_{dp}、ΣE_{sp}、ΣE_{rsp}、E_{st} 和 E_{rst} 随 t 变化的分布曲线，如图 6.16

所示。在整个过程中，颗粒流驱动力来源为重力势能$\sum E_{bd}$，其随滑动时间t增加呈先急剧增加后缓慢增加，并达到最终稳定状态，分布曲线近似呈S形。从颗粒流初始至形成堰塞体的全过程，累计有5991.11J的E_{bd}转化为其他类型能量。

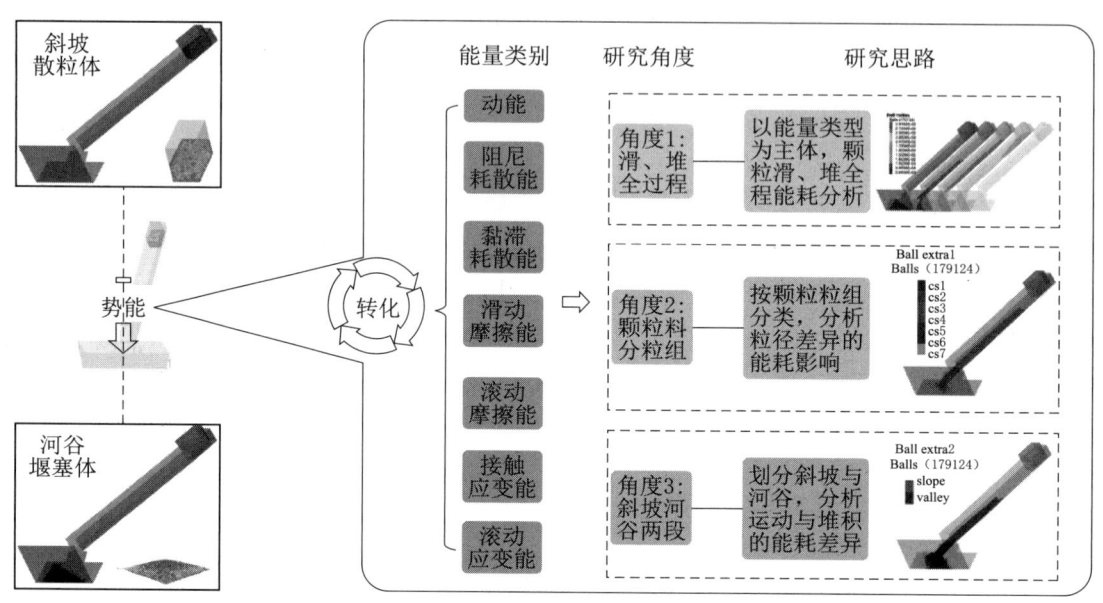

图6.15 颗粒料运动-堆积过程能量耗散分析角度

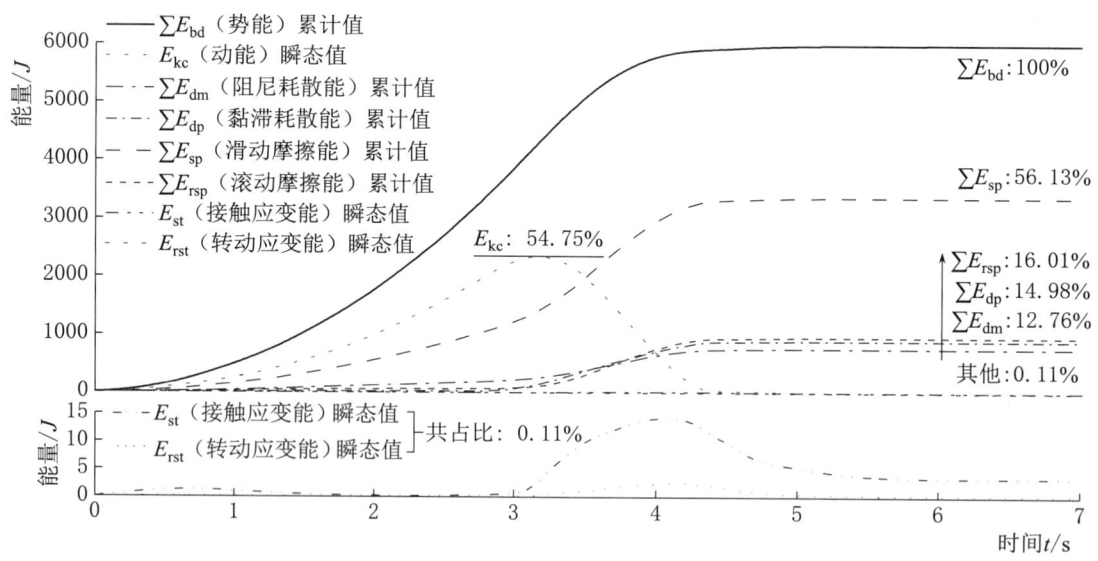

图6.16 颗粒流运动-堆积过程能量历时变化曲线

状态量E_{kc}是依托颗粒速度而存在，其瞬态值随t增加呈先增加后减小的变化，并在$t=3.20$s时取得最大值，此时E_{kc}占总输入能量E_{bd}的54.75%；此后，E_{kc}逐步减小，并在$t=5.60$s趋于0。同为状态量的还有E_{st}与E_{rst}，它们是依托当前有效接触数目而存在,且变化规律存在相似性。初期,两者在颗粒流开始运动时始终处于缓慢变化的状态;随着颗粒流在河谷堆积,接触数目也增加,同时也转化了更多的 E_{st} 与 E_{rst}。当堰塞体稳定时,E_{st} 与 E_{rst} 共同储存的能量占 $\sum E_{bd}$ 的 0.11%。

从 E_{sp}、E_{rsp}、E_{dp} 和 E_{dm} 计算方法可知,它们数值均是依托当前接触数目而存在;但此处统计的是整个过程中累计能耗值 $\sum E_{sp}$、$\sum E_{rsp}$、$\sum E_{dp}$ 和 $\sum E_{dm}$,四者随 t 变化曲线存在相似性,也近似呈 S 形,并在堰塞体稳定时耗能比例依次为 57.12%、15.39%、14.81% 和 12.57%,四种类型能耗占比达 99.89%。经典理论解析解指出,颗粒流中摩擦耗能与重力势能数量级相同[184];在分析白格堰塞体形成过程中能量传递机制时,若不考虑颗粒流体内抗滚动效应,干颗粒流中摩擦耗能约占据总体的 96%[185]。然而,一些试验和数值模拟结果表明[186-187],滚动摩擦增加了颗粒间接触时间,对颗粒物质接触变形产生显著影响;这种影响在颗粒流密度较低时较小或者忽略不计,但对于高密度状态时,滚动摩擦作用效果将会不断累积而不可忽略。

从上述分析可知,颗粒流在斜槽坡面运动时,驱动能量(重力势能)转换为动能的占比较高,超过 50%;这与高杨等[188]得到的结果相一致。在第 13 号堰塞体形成的整个过程中,能量耗散主要集中在河谷堆积阶段:重力势能主要转化为滑动摩擦能,其次是滚动摩擦能,黏滞耗能占比略低于滚动摩擦耗能;最终内部颗粒间碰撞与摩擦所储备弹性接触应变能占比为 0.11%,可以忽略。在三溪村[189]、易贡[190] 和白格[185] 等实际高速远程滑坡碎屑流形成堰塞体的过程中同样存在于类似能量转化、发展与演化规律。

(2)粒组能量占比。粒间接触是颗粒料(流)物理力学的重要媒介,更是能量转化的载体。粒间接触从形成(有效)至分离(失效)过程中必然存在不同类型能量消耗,其累计值是反映此类型能量总体变化规律。但是,在颗粒流运动过程中,始终伴随着诸多既有接触失效、新接触生成的持续更替。因而,能量瞬态曲线才能反映不同时刻下颗粒所携带或者现有接触更新后所赋存的能量大小。

堰塞体的形成过程是强耗散颗粒流体体系,动能与摩擦耗能是较为形象、直观且易监测的两种重要能量类型[191]。通过实时监测接触数目状态,按 7 个粒组统计了颗粒流运动-堆积过程中 E_{sp} 和 E_{kc} 的瞬态变化曲线,并同时统计了 t 在 0.00s、1.92s、3.00s、3.30s 和 6.4s 时刻颗粒流整体的接触数目与接触力的组构,如图 6.17 和图 6.18 所示。

图 6.17 中,不同粒组的 E_{sp}-t 瞬态曲线形状相似,均呈先增加后减小,并最终保持稳定。对比各个粒组发现,有效接触中所涉及的 E_{sp} 占比与粒组质量累积百分比和粒径大小密切相关,如粒组 1(6~8mm)颗粒占比为 65.5%,则该粒组 E_{sp} 占比也最多,最高达 84.41%;尽管粒组 2(8~10mm)占比 3.5%,但其 E_{sp}

占比高于粒组 4（20～30mm）和粒组 5（30～40mm）。在物理模型试验中同样获得了相似结果[95]。值得注意的是，当 $t=0.00$ 时，颗粒料接触数目在 x 与 z 方向不存在显著差异，约为 780 对；但经 1.92s 后，x 方向接触对迅速降低至 260 对；在 $t=3.00$s 时，接触数目持续减小；在颗粒流完成堆积后，堰塞体在 x 方向上接触恢复至 780 对，主方向上接触数目高达 1400 对，其所在平面与 y 轴约为 60°。

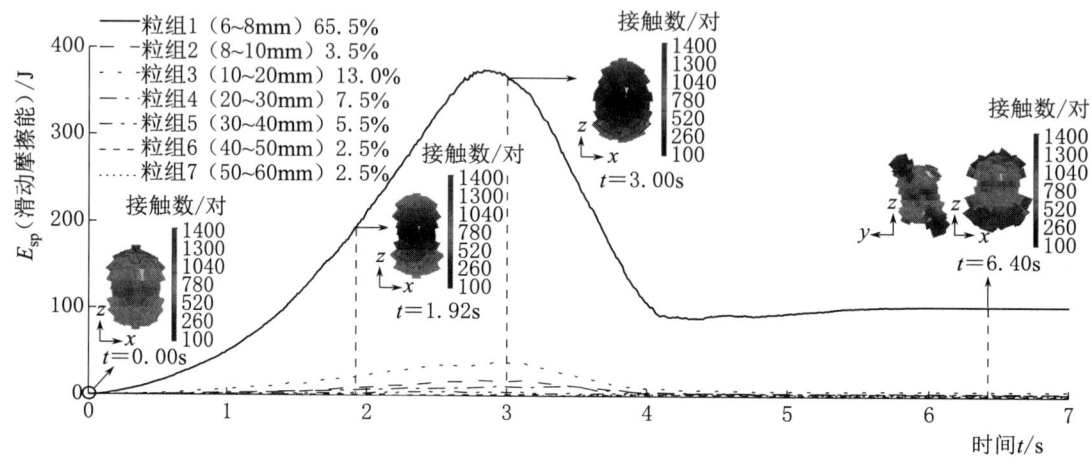

图 6.17 颗粒流运动-堆积过程滑动摩擦能 E_{sp} 瞬态变化曲线

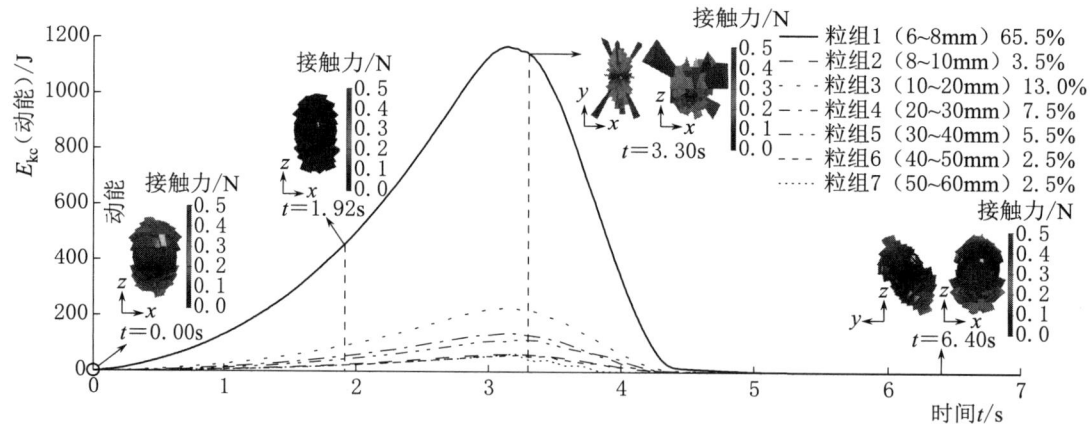

图 6.18 颗粒流运动-堆积过程动能 E_{kc} 瞬态变化曲线

图 6.18 中，不同粒组的 E_{kc}-t 瞬态曲线形状也相似，均呈先增加后减小、并最终为趋于 0。对比各个粒组发现，实时接触中所蕴含的 E_{kc} 占比与粒组质量累积百分比呈正相关，如粒组 1（6～8mm）颗粒占比为 65.5%，则该粒组的 E_{sp} 占比最大；其次是粒组 3（10～20mm）占比 13.0%。当 $t=0.00$ 时，颗粒料接触力在 x 与 z 方向处于 0.0～0.2N 范围，且 z 方向大于 x 方向；但经 1.92s 后，两个方向接触力迅速降低至 0.0～0.1N；在 $t=3.30$s 时，接触力在 xy 平面内共轭对角线

上突然剧增至 0.3~0.5N；最终稳定后，堰塞体接触力恢复至初始 0.0~0.2N 范围，且其分布的方向平面同样与 y 轴呈 $60°$。

从图 6.17 和图 6.18 可知，颗粒流在运动-堆积过程中，接触对数目呈先减小后增加的变化；与之相应，接触力呈先减小、再剧增后演变至初始状态。接触对的动态更替必然伴随着外部驱动力克服接触力做功，从而改变了当前接触对中赋存的滑动摩擦能耗值，此过程与颗粒数量和粒径都密切相关。动能增量瞬态值仅与粒组质量累积百分比相关。综合摩擦能耗与动能瞬态变化规律可知，在重力作为驱动力的颗粒流运动过程中，小颗粒摩擦耗能占比高于大颗粒，大颗粒在滑动过程中重力势能转换为动能的比例大于小颗粒，这导致了大、小颗粒在颗粒流堆积阶段所携带的能量存在差异性。

（3）斜坡河谷占比。以斜坡底部为界限，将颗粒流运动-堆积过程划分为斜坡与河谷两个阶段，分别统计了两阶段不同时刻 E_{kc}、E_{dp}、E_{sp} 和 E_{rsp} 的瞬态值分布曲线，如图 6.19 所示。

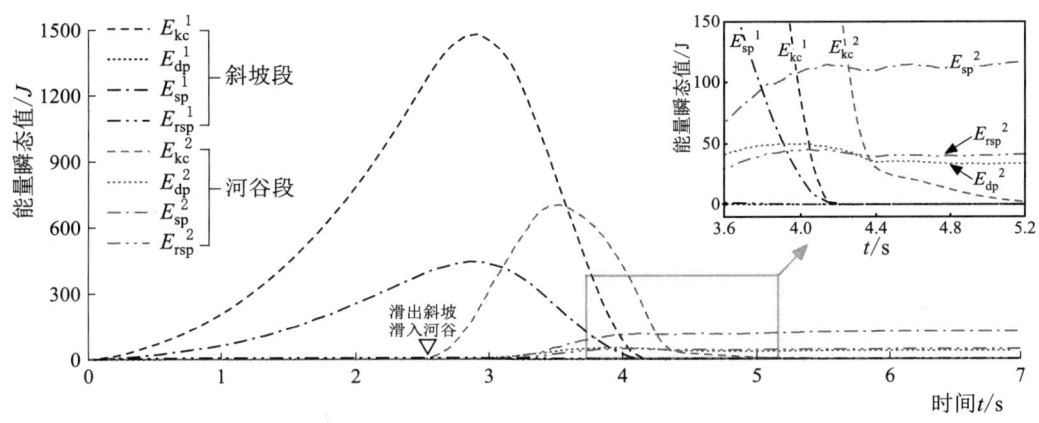

图 6.19 颗粒料在斜坡段与河谷段能量瞬态值分布曲线

在图 6.19 中，在斜坡段，E_{kc}^1 和 E_{sp}^1 变化曲线相似，均随 t 增加呈先增加后减小，且前者曲线位于后者上方；E_{dp}^1 和 E_{rsp}^1 变化相似，均稍大于 0 且远小于 E_{kc}^1 和 E_{sp}^1；这表明颗粒流在斜面运动时动能与滑动摩擦能耗十分活跃。随着颗粒流持续滑出斜坡、滑入河谷堆积时，河谷区段所蕴含的 E_{kc}^2 也呈先增后减小的变化趋势，其峰值远低于斜坡段；与之相应，转化为 E_{sp}^2、E_{rsp}^2 和 E_{dp}^2 的能量以持续性增加并趋于稳定的状态活跃在粒间接触对中。对比两个区段能量瞬态值曲线可知，颗粒流在斜坡运动时，其重力势能主要向动能与摩擦能转化，在河谷堆积时剩余动能和重力势能主要向滑动摩擦能、滚动摩擦能、黏滞耗散能和阻尼耗散能转化。

（4）滑坡角与滑距影响。堰塞体的形成过程可视为重力势能向耗散能转化的过程，动能与粒间接触仅为中转媒介；作为边界条件，滑坡角和滑距是影响颗粒流态化运动的重要因素。整理了颗粒流势能转化为耗散能的比例与不同滑坡角、滑距的变化曲线，如图 6.20 所示。

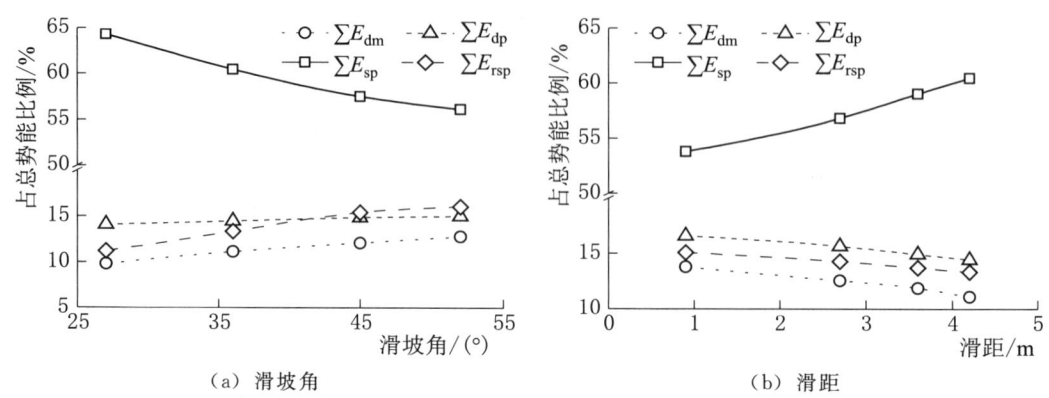

图 6.20　耗散能占总势能比例随坡度、滑距的变化曲线

图 6.20（a）（滑距为 4.2m）中，随着滑坡角从 27°增加至 52°，$\sum E_{sp}$ 占总势能比例从 64.28% 减小至 56.13%；与之相应，$\sum E_{rsp}$ 的占比从 11.19% 逐渐增加至 16.01%，$\sum E_{dp}$ 的占比没有显著变化，$\sum E_{dm}$ 的占比略微增加，但始终小于 $\sum E_{rsp}$ 和 $\sum E_{dp}$。控制滑坡角为 36°，当滑距增加时，$\sum E_{sp}$ 占总势能比例从 53.81% 增加至 60.45%；与此相应，$\sum E_{rsp}$、$\sum E_{dp}$ 和 $\sum E_{dm}$ 三者占比均减小，呈现出相似的变化规律，如图 6.20（b）所示。整体上，滑坡角与滑距对堰塞体形成过程中的四种耗散能（$\sum E_{sp}$、$\sum E_{rsp}$、$\sum E_{dp}$ 和 $\sum E_{dm}$）占比呈近乎相反的影响，即：滑动摩擦能耗占比随滑坡角增加减小、随滑距增加而增加，滚动摩擦能、阻尼耗散能与黏滞耗散能的占比随滑坡角增加而增大，随滑距增加而降低。

作为能量强耗散体系，颗粒流在重力作用下垂直斜面向下的分量随滑坡角增加而减小，相应沿斜面方向分量增加，导致流体运动速率增加，也削弱了侧向扩散与法向分选的程度，并降低了颗粒流内部接触及与边界作用的频度。在滑入河谷堆积时，颗粒流速率越大，强烈的碰撞所激发的滚动弯矩越大，抗滚动能耗随之增加；相应，阻尼耗散能也增加，但其幅度小于滚动摩擦能耗。若颗粒流沿斜面滑动距离增加，颗粒流与周围地形产生接触作用频度增加，滑动摩擦能耗自然增加，运动速率相对减小；随着运动持续进行，内部滑动与滚动的频度降低，剪切作用减小，流动主体逐渐发展演化为稳定状态（图 6.11 和图 6.12）；在此状态下形成堰塞体后，滚动摩擦能、黏滞耗散能与阻尼耗散能的占比均减小。

上述数值模拟结果是基于干燥的球形颗粒，通过增加粒间抗滚动阻力接触模型来量化颗粒流运动-堆积形成堰塞体全过程中流态特征与能量转化、发展与演化规律。自然界中影响滑坡颗粒流能量转化的因素较多，地形地貌、岩性、风化程度、河谷形态、水体和内外驱动力等，涉及运动岩土体与场地之间多因素高度复杂耦合的相互作用，这无疑给流态化运动的判定和能量耗散的定量计算增加了巨大难度。

6.4 颗粒流河谷堆积分析

6.4.1 剖面形态特征

为了能够更为直观对比物理试验与数值模拟结果差异性，分别提取并绘制了物理与数值试验下堰塞体在宽度和长度方向中心剖面轮廓，如图 6.21 所示。

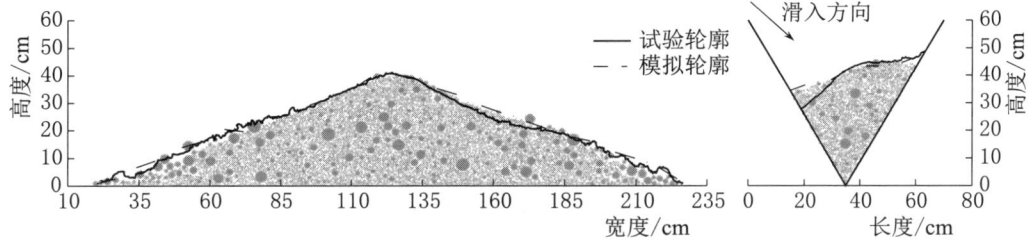

图 6.21 物理与数值试验时第 13 号堰塞体在宽度与长度方向中心剖面

在宽度方向上，两者轮廓走向、倾斜程度、长度和高度均近乎相同；在长度方向上，模拟轮廓在远滑侧与试验轮廓吻合程度较高，在近滑侧坡面存在一定差异。一方面，物理模型试验中真实颗粒存在形状影响；尽管考虑了滚动行为，但因形状所形成咬合与镶嵌作用需细化处理。另一方面，物理模型试验中小颗粒比例较高，在静态休止角中颗粒处于拟稳态，两者差异性未能显现，但此区别可能在颗粒流动态冲击碰撞作用下凸显。整体上，两种方法所成堰塞的断面形态同样较为一致。

6.4.2 剖面粒径分布

在重力驱动作用下，颗粒流在运动过程中会产生分选现象，细颗粒倾向于向流体下部运移，粗颗粒则会"飘浮"到流体自由表面，并逐渐向前端汇集。堰塞体内部结构的颗粒粒径分布特征是颗粒流体分选运动-差异沉积结果的直接体现，采用 x 与 y 方向铅垂面对堰塞体长度与宽度方向中心切割，以获取剖面，如图 6.22 和图 6.23 所示。

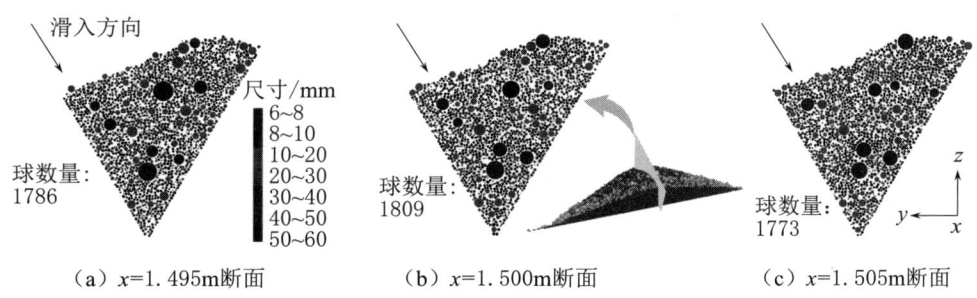

图 6.22 第 13 号堰塞体长度方向断面的颗粒分布

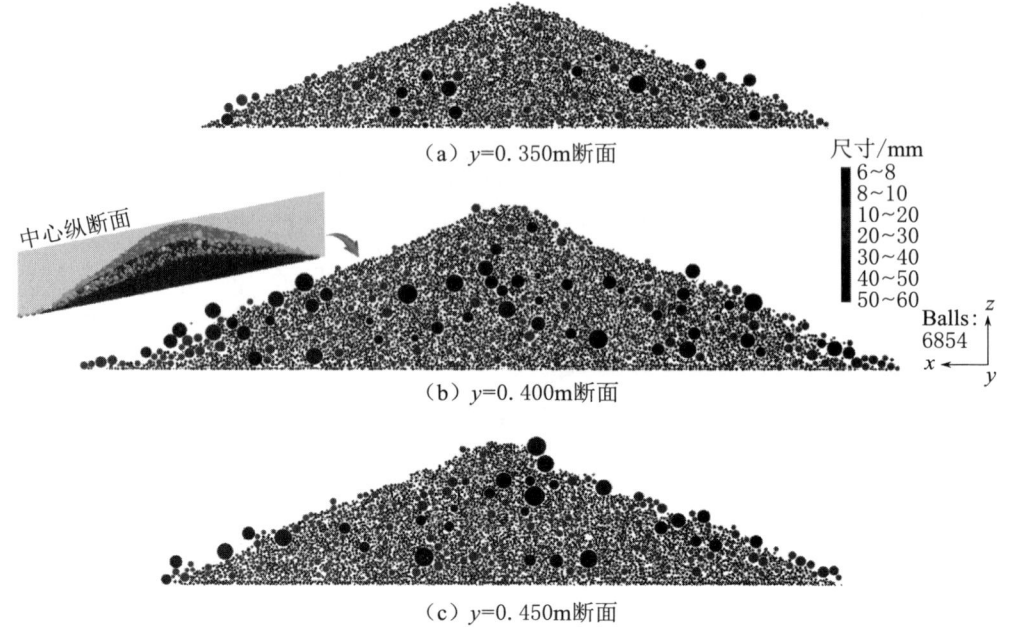

图 6.23 第 13 号堰塞体宽度方向中心剖面的颗粒分布

因球形颗粒最小粒径为 6mm，可能会导致单一断面上圆形颗粒反映此断面上球形颗粒分布存在误差，故切取了堰塞体在长度方向上 $x=1.500\text{m}$ 及其 $\pm 5\text{mm}$ 的三处断面（图 6.22）。从长度方向三个邻近剖面可知，堰塞体内部在远离滑入方向的河谷侧的大颗粒数量显著多于近滑侧；在宽度方向上，坝体中上部大颗粒多于下部，且坡体两侧坡脚处同样存在粗粒集中的特征；距滑源侧越远，此特征越显著（图 6.23）。

堰塞体材料内部结构存在基质支撑和粗粒支撑两种类型[4]，前者粗颗粒分布在细粒基质内，并不形成受力骨架；后者是粗颗粒相互接触，细粒基质存在于粗粒间隙。从图 6.23 可知，第 13 号堰塞体在两侧坡脚处为粗粒支撑型，中上部大颗粒比例也相对较高，其他区域结构呈基质支撑型；坝体内部颗粒分布直接影响堰塞体变形与抗冲蚀性能，近滑侧以细颗粒为主，抗冲蚀能力低于远滑侧。

6.4.3 孔隙比对比

颗粒集合体的孔隙比（密度）是直接影响堰塞体工程性质的重要参数，但受环境和条件限制，坝体形成后难以及时开展测量，缺乏现场实时资料。依据物理模型试验，利用 SFM 结构恢复重建技术，获取了比尺试验堰塞体孔隙比的空间分布数据；同样以第 13 号堆积体为例，对比分析论证数值计算结果可靠程度。

图 6.24 是物理模型试验中堰塞体离散次序空间分布图，整个坝体自上而下分为 5 层，总计离散为 30 个块体；其中，第 9 次、第 11 次、第 10 次和第 12 次是按坝体长度（y 方向）设定，前两次为近滑侧，后两次为远滑侧。物理模型试验中获

取了各块体形心的空间数据，将其导入至离散元数值计算模型中，作为测量球球心的空间坐标。测量球是根据整个球体嵌入堰塞体的程度确定，其直径太大，则球体外露体积过多，所测孔隙比偏大；若太小，则难以囊括大颗粒，所测孔隙比代表性不足。通过临界固相分数，罗伟韬[192]指出取样直径为最大颗粒的2倍时所反映的粒径分布信息较为合理。

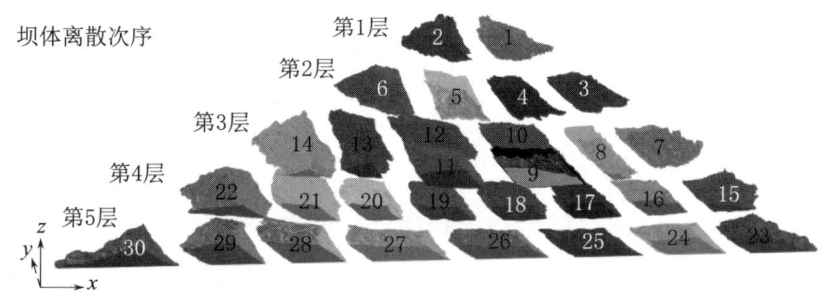

图 6.24　第 13 号堰塞体离散次序空间分布

为了对比不同直径下测量球所测孔隙比差异性，考虑到最大粒径为 6cm，分别进行了测量球直径为 10cm、12cm 和 14cm 的量测，测量球空间分布如图 6.25 所示，所测孔隙比分布如图 6.26 所示。从图 6.26 中可知，三种直径测量球所测孔隙比分布曲线呈相同变化曲线；与直径 12cm 测量球数据相比，直径 10cm 时所测孔隙比偏小，直径 14cm 时所测孔隙比偏大。需要说明的是，当测量球未能嵌入堰塞体内时，若继续增大测量直径，所测孔隙比将失真，如取样次序中的第 23 次至第 31 次。因此，用直径 12cm 的测量球提取堰塞体坝身孔隙比和颗粒级配。

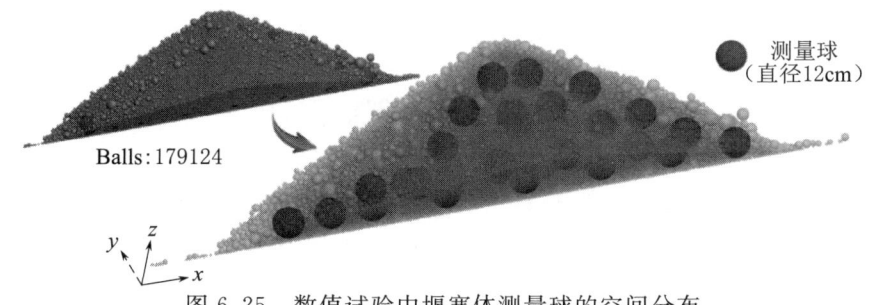

图 6.25　数值试验中堰塞体测量球的空间分布

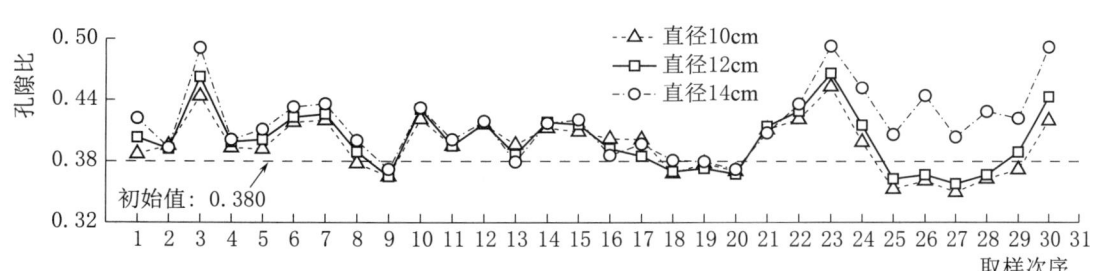

图 6.26　不同直径测量球所测孔隙比分布

整理了物理模型试验与数值模拟计算结果，绘制了第 13 号堰塞体 30 次取样的孔隙比及其与初始状态的变化幅度，如图 6.27 所示。

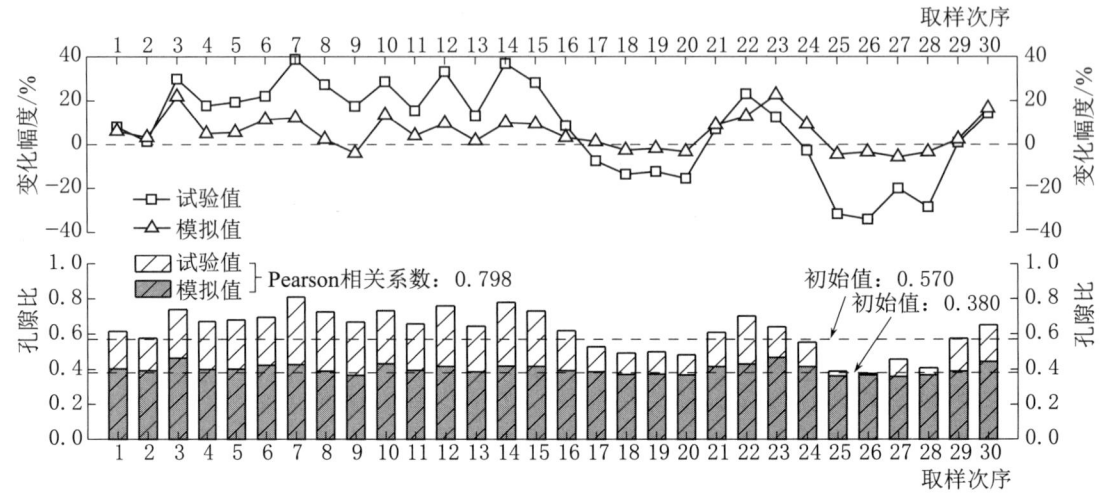

图 6.27 第 13 号堰塞体孔隙比及其变化幅度的试验值与模拟值分布

在物理模型试验中，堰塞体在第 17 次至第 20 次、第 24 次至第 28 次取样中孔隙比小于初始值（0.570），其余各个部分孔隙比均不同程度大于初始状态，以第 7 次和第 14 次为最大，增加幅度分别为 38.80% 和 36.88%。孔隙比在第 3 次至第 15 次的区域（坝体中上部）波动较为剧烈，下部呈两侧增加、中间减小的分布规律。

在数值模拟计算中，堰塞体孔隙比在第 9 次、第 18 次、第 19 次、第 25 次至第 28 次测量区域内呈小于初始值 0.380 的分布，其余坝体孔隙比均大于初始状态；其中，以第 3 次和第 23 次增幅最大，分别为 21.82% 和 22.73%。另外，第 7 次和第 14 次的孔隙比增幅分别为 12.11% 和 10.00%。

对比物理模型试验与数值模拟计算结果可知，孔隙比在 30 次取样次序中的两条曲线呈相同分布形态和变化趋势，仅存在数值上差异。这种差异性可能是源自于模型试验中颗粒尺寸分布范围差异所致，即：颗粒范围分布范围越宽，相应孔隙比变化幅度越大。

6.4.4 颗粒级配对比

从图 6.3 及表 6.1 可知，物理模型试验与数值模拟计算所用级配的控制粒径 d_{60} 相差较小；考虑到级差指数 V_g 表征的是粒径级配曲线整体的变化幅度，故将 d_{60} 与 V_g 均作为堰塞体材料颗粒级配差异性的量化指标。整理第 13 号堰塞体坝身不同区域颗粒级配的试验与模拟结果，如图 6.28 所示。

在图 6.28 中，第 2 次、第 4 次、第 6 次、第 7 次、第 14 次、第 15 次、第 18

次、第 22 次、第 23 次、第 29 次和第 30 次取样块体所在区域试验值 d_{60} 大于初始设计值 5.87mm，表明此范围材料出现粗粒增加、细粒减少的变化，且这些区域大多位于堰塞体表层或坡脚处。其他位置处 d_{60} 小于 5.87mm，即存在细粒增加、粗粒减少的特征，称之为颗粒级配"细化"现象。同样，对于模拟结果，第 6 次、第 10 次、第 15 次、第 19 次、第 20 次、第 23 次、第 29 次和第 30 次测量区域内模拟值 d_{60} 大于初始设计值 7.81mm，其余各次测量区域的 d_{60} 未存在显著性变化。对比试验与模拟结果可知，受最小颗粒尺寸范围限制，数值模拟中难以反映物理模型试验中堰塞体材料颗粒级配"细化"现象。

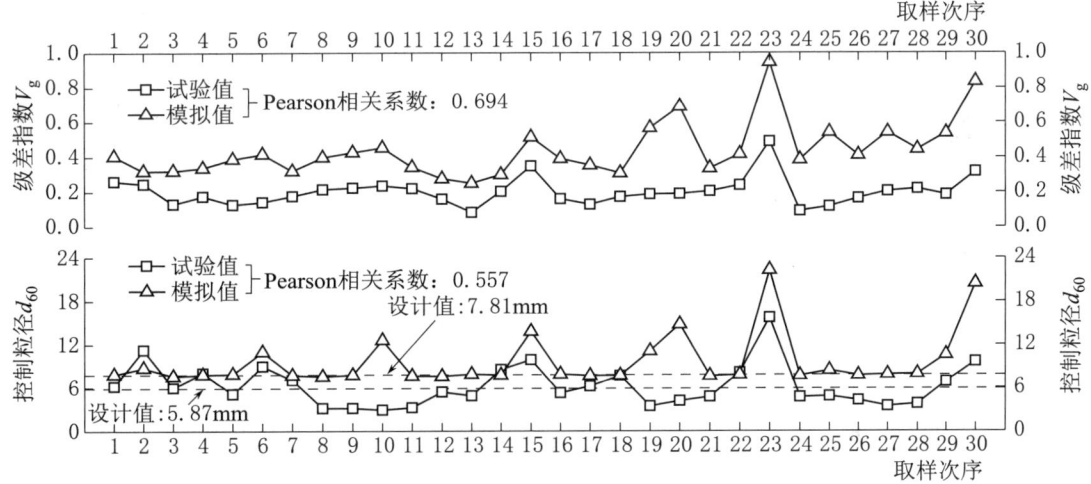

图 6.28 第 13 号堰塞体控制粒径 d_{60} 与级差指数 V_g 的试验值与模拟值分布

单一粒径指标往往受粒径范围而易出现波动状态，这无疑增加了离散元刻画级配特征变化规律难度。转换思路，采用 V_g 来量化堰塞体不同部位级配的整体变化特征。

采用 5.3.1 节中 V_g 计算方法得到了第 13 号堰塞体各取样次序下级差指数试验值与模拟值，如图 6.28 所示。从 V_g 试验曲线可知，第 1 次、第 2 次、第 15 次、第 23 次和第 30 次取样范围内颗粒级配整体变动较大，以第 23 次为最剧烈；与试验曲线相对应，各取样次序 V_g 的模拟值在第 15 次、第 19 次、第 20 次、第 23 次与第 30 次的数值较大；其中，对照图 6.23（b）可推测，第 19 次与第 20 次的增幅巨大可能是由于该测量球内存在大颗粒占据较大空间所致。整体上，V_g 试验值与模拟值的分布曲线形态相似程度较为显著。

从上述对比分析可知，控制粒径 d_{60} 对用离散元数值方法来反映堰塞体颗粒级配空间变化规律的刻画能力不足，与之相对，基于粒组整体变动的级差指数 V_g 能够匹配物理模型试验数据，两者分布规律与变化趋势均较为吻合。

6.5 堰塞体材料空间变异分析

6.5.1 空间变异成因溯源

从地质灾害链式过程的溯源分析可知，滑坡型堰塞体形成全过程划分为滑源启动、斜坡运动和河谷堆积三个顺接段，涉及滑源松散物质失稳、颗粒路径运动差异化和河谷堆积形态结构等，如图 6.29 所示。

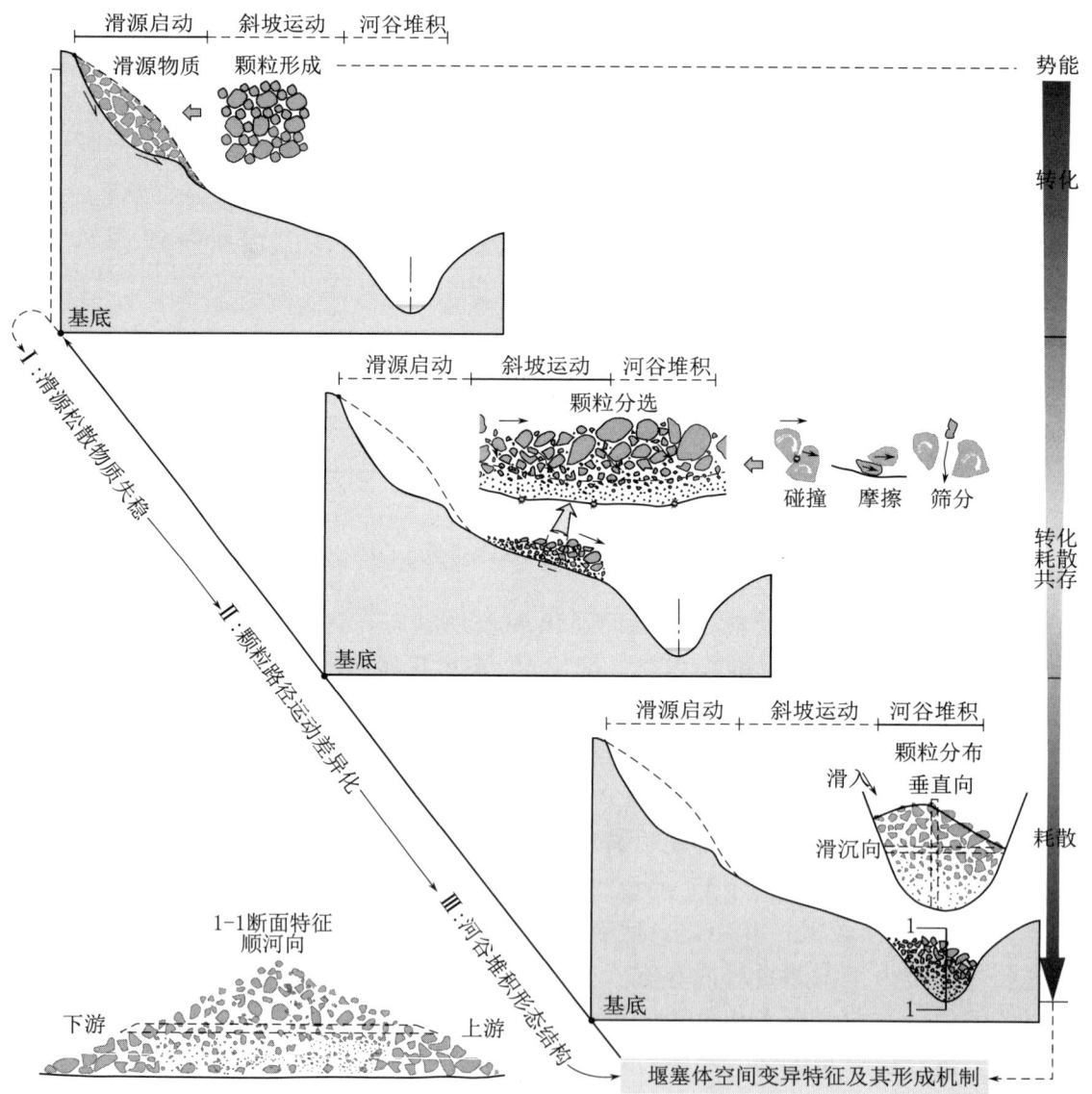

图 6.29 滑坡型堰塞体空间变异成因的溯源分析

从微观角度，堰塞体颗粒的形成、分选和分布伴随着势能的转化与耗散行为，是堰塞体形成全过程的缩影。因此，以成因链式动力过程为抓手，围绕颗粒特征展开讨论，剖析滑坡型堰塞体空间变异特征及其形成机制。

6.5.2 层序结构特征

受地震、降雨和风浪等内外动力作用触发，散体材料在外力驱动下形成"浊流"；随着坡度、流速和流量等流动强度改变，流体挟携能力减弱或消失；此时，"浊流"中颗粒因沉降速率差异性而按粒度从大至小先后沉积，从而形成了下部粗颗粒、上部细颗粒的原岩粒序层理结构特征。这在《构造地质学》中称之为正粒序沉积结构[193]。后续地质调查人员发现滑坡堆积体上部常被大块石、砾石等大颗粒覆盖，下部颗粒相对细小，在垂直方向呈现出与原岩"浊流"层理构造特征相反的粒序分布，称之为反粒序沉积结构[194-195]。

现有研究大多聚焦于堆积体垂直向的一维单向层序结构特征，与之相关物理模型试验也基于此开展堰塞体强度、变形、稳定性和溃决等分析。然而，颗粒流在地形内流动过程中存在路径运动分选与堆积差异性，造成了滑坡型堰塞体材料内部在不同方向上出现了一定的粒径层序结构特征。从物理模型试验和数值仿真计算结果可知，这种层序结构特征主要分布于垂直向、滑沉向（滑动与沉积方向）与顺河向。因此，滑坡型堰塞体内部结构和材料分布呈现出三维空间变异性特征。

依据试验与计算结果，结合原岩层理结构形成特征，从长度剖面与宽度剖面两个视角阐述堰塞体结构与材料层序分布的三维空间变异特征，如图 6.30 和图 6.31 所示。

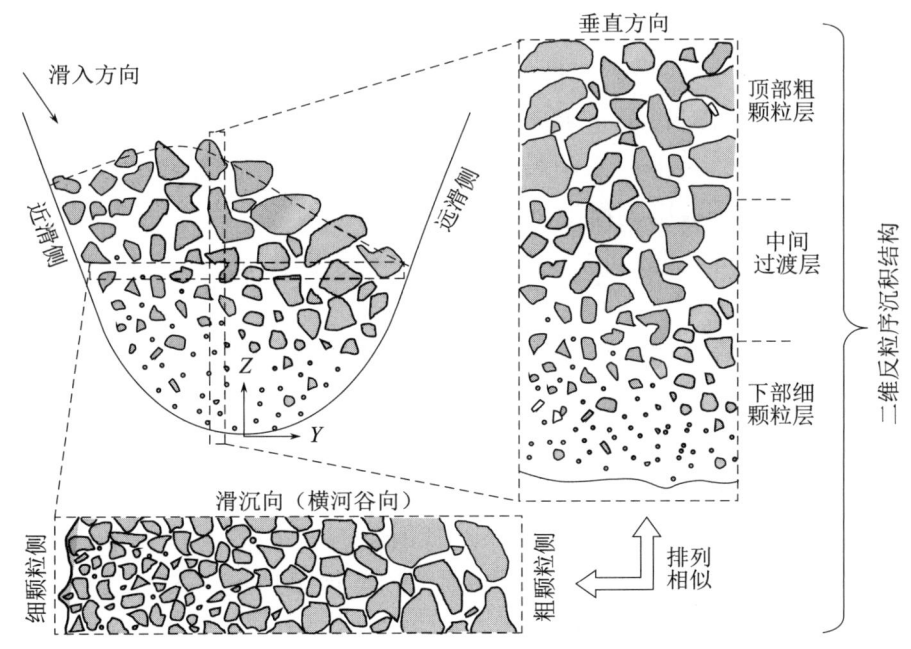

图 6.30 堰塞体长度剖面二维反粒序沉积结构

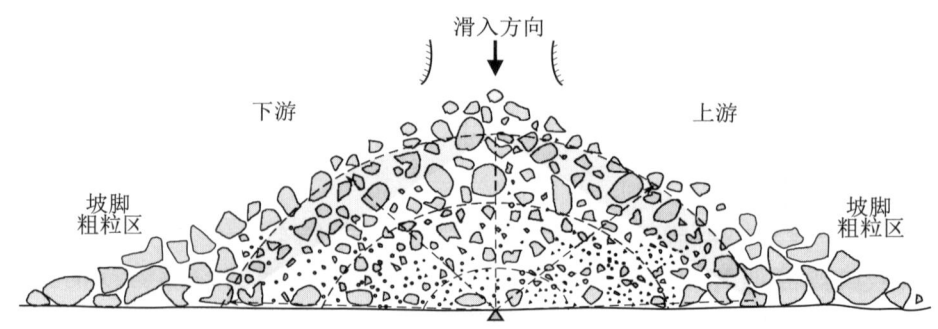

图 6.31 堰塞体宽度剖面扇形反粒序沉积结构

在图 6.30 中长度剖面上，将垂直向和滑沉向的层序特征概化为典型的二维反粒序沉积结构。二维沉积结构特征表现为：在垂直向为上部粗粒层、中间过渡层和下部细粒层的层序分布，在滑沉向为颗粒尺寸从近滑侧到远滑侧逐渐增大的分布，结构上从基质支撑演化为粗粒支撑型。两个方向上的颗粒粒径分布层序存在相似性，但垂直方向上颗粒尺寸差异程度比滑沉方向更显著。换而言之，结合 U 形与 V 形河谷上、中、下部的颗粒分布特征，滑沉向的反粒序沉积结构可视为垂直方向层理分布按顺时针旋转 90°后的弱化状态。

在图 6.31 中宽度剖面上，将垂直向与顺河向的层序特征概化为典型的扇形反粒序沉积结构。扇形沉积结构特征表现为：以颗粒流滑入口对称轴线所对应河谷底部为沉积中心向外部弧形扩展，从基质支撑演化为粗粒支撑型结构，垂直向一维反粒序结构仅为其特殊状态。外部几何形态复杂非线性和颗粒聚集区对扇形特征弧形扩展规律有所影响，即：此区域颗粒粒序分布不显著，如上下游坡脚粗粒（巨粒）区。另外，考虑到颗粒流最前端可能存在粗大颗粒（或巨石）全程快速滚动、脱离流体主体结构而提前运移至河谷堆积的特殊性，在沉积中心附近会出现大体积孤粒现象（如肖家桥、下咱日等堰塞体[42,196]），造成了此处粒径与周围形成断层式尺寸差，即为基质支撑型结构。

现有地质实测资料表明，许多高速滑坡的堆积体中都存在三维反粒序沉积结构，比如 Tramarecchia、天池和老鹰岩等堰塞体[1,6,43,197-198]。通过表面波分析和部分开挖方式，对天池堰塞体（形成于 2008 年汶川地震）的内部结构进行了相对完整的调查和分析，如图 6.32 所示。在图 6.32（a）中，颗粒级配曲线 P7 位于 P1 的上方，但处于 P10 的下方；曲线 P2 位于 P4 的上方；这说明天池堰塞体由三个颗粒层组成，即上部壳层、中部过渡层和下部基底层。

为了处置灾害险情和消除溃决风险，实地钻孔获取了红石岩堰塞体不同部位处颗粒级配组成［图 6.32（b）］。根据红石岩堰塞体颗粒级配分布曲线，经过缩尺处理超粒径得到了试验设计级配曲线 3 和设计级配曲线 4；由于试验所用粒组范围为 0.5~60mm，则试验曲线的间隙都比较小［图 6.32（c）和（d）］。对比自然形成的堰塞体级配曲线分布可知，因在滑坡堰塞体的形成过程中，颗粒料的流动受众多因素的影响，所采用的室内物理模型试验能够反映堰塞体材料从滑源经过斜坡运动-河谷堆积后所形成的内部结构特征，所揭示的材料空间变异特征与自然界中真实存在的堰塞体的沉积结构基本一致。

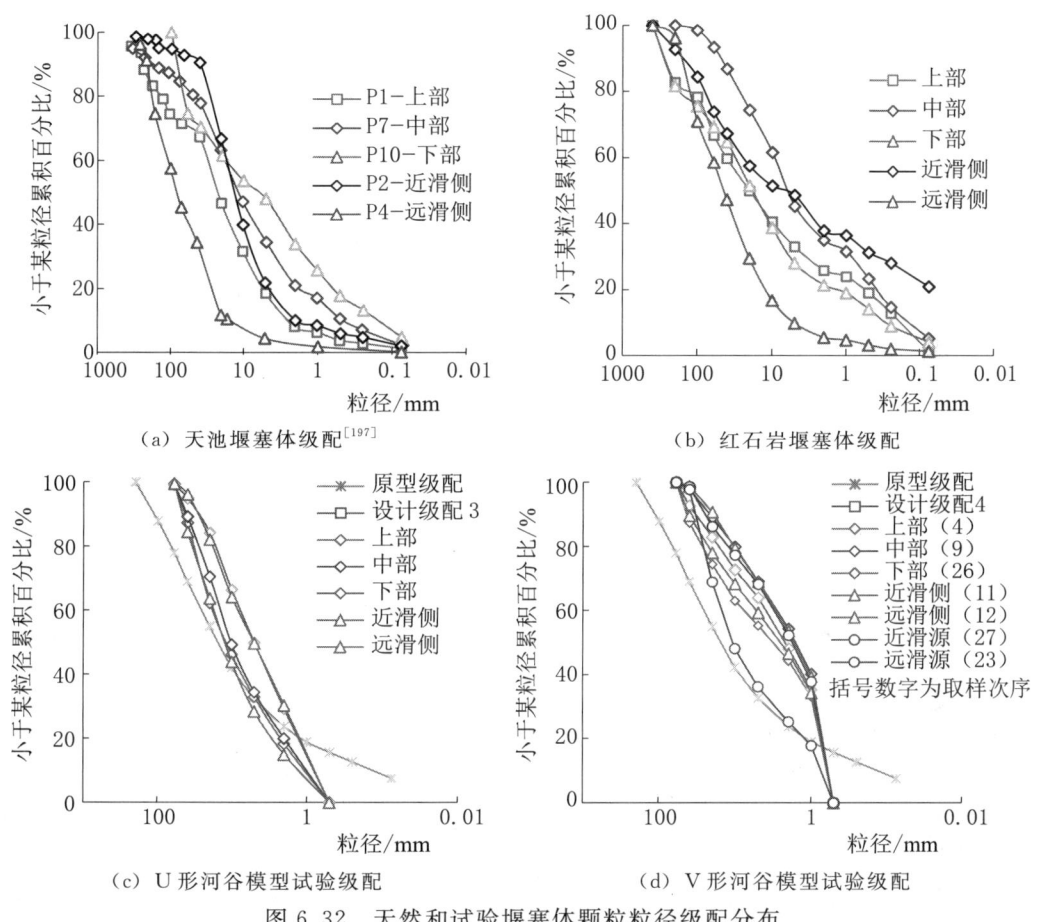

图 6.32 天然和试验堰塞体颗粒粒径级配分布

注：(a) 为天池堰塞体，源自文献 [197]；(b) 为红石岩堰塞体现场地勘结果；(c) 是以设计级配 3 为例，展示 U 形河谷第 2 号和 5 号堰塞体粒径级配试验曲线；(d) 是以设计级配 4 为例，V 形河谷第 13 号堰塞体部分粒径级配（试验）曲线。

近年来，诸多因素导致了频繁形成不同内部结构特征的堰塞体，如唐家山[39]（崩塌型）、白格[199]（碎屑流型）和红石岩[200]（滑坡型）等堰塞体。唐家山堰塞体整体短程高速下挫，其内部保留了"似层状"滑源地层序列；白格堰塞体滑源物质为碎裂岩块，远程高速滑向河谷，堆积层序特征不显著；红石岩堰塞体滑源土料以碎块石为主，因陡倾剖面和 V 形河谷形态限制，颗粒流主要堆积于河道，成为堰体主体组成部分，并表现出显著的空间层序特征。尽管前两类堰塞体最终发展演化为溃坝状态，但唐家山与红石岩堰塞体在形成时就处于相对稳定，白格堰塞体形成时就处于不稳定和易冲蚀状态。三者初始沉积结构特征的差异性导致了所形成堰塞体稳定性的有所不同,这很大程度上与滑源物性、运动分选和河谷形态等因素密切相关。

6.5.3 运动分选机制

沉积学指出地质体内粒度分布源于其动力形成过程。对于滑坡型堰塞体反粒序沉积结构而言,主要与滑源物质所成颗粒流的路径运动分选机制和堆积差异性密切相关。

图 6.33 为高速摄像机拍摄颗粒流斜坡滑动过程中不同时刻的运动截图。由于滚动摩擦作用和缺乏空间阻挡,流体前颗粒端在运动过程中存在频繁跳动、翻滚和强烈碰撞现象,如图 6.33(a)(1-1)所示。随着时间持续增加,颗粒流态逐渐趋于稳定。此时,颗粒流下部流速快于上部,造成了粗颗粒受到的不平衡的力和力矩得到进一步强化,出现了上部大颗粒滑移与滚动、紧贴尾随小颗粒挤压碰撞或翻越大颗粒的现象,如图 6.33(a)(3-1)所示;Heim[201]、王玉峰等[202]从动量角度将其概化为动量传递,即:后部流体通过动力挤压与撞击的方式将动量传递至前部、从而使得前部颗粒持续往前运移。随着滑移运动路径的增加,流体上部大粒径颗粒逐渐增多;与之相应,小颗粒转为向流体下部渗漏。这称之为颗粒流路径运动分选。它与土料颗粒粒度分布密切相关,多粒组混合是颗粒物质运动分选的内在因素与先决条件;且粒组分布范围越宽,分选现象越显著。

图 6.33 不同时刻颗粒流斜面运动特征

注:T_0 为挡板刚开始打开时刻。图(1)和(1-1)、(3)和(3-1)分别为土料划入斜坡后 1.65s 的俯视和侧视、2.97s 的俯视和侧视;图(6)为按颗粒级配曲线 1 配置后混合均匀后的堰塞料。

根据试验现象和数据结果,提出振动激励和振动筛分是颗粒流运动分选机制的主要动力源,前者发生在以细颗粒为主的剪切层,后者主要存在于以粗颗粒为主的迁移层。两者耦合作用使得大颗粒与小颗粒在颗粒流动过程中呈现不同运动模式。在滑源物料开始流动时,大颗粒运动所需能量大、启动慢,快速启动的小颗粒穿插于大颗粒间隙。由于坡面凹凸不平,颗粒流在快速流动过程中与坡面产生强烈的碰撞剪切,将动能和势能转为系统振动能,形成了振动激励源;在此振动作用下,随着运动路径增加,振动能量不断向上部传递,小颗粒沿大颗粒间隙逐渐向下部运移,产生了颗粒流运动分选现象。

顺承路径运动分选过程,颗粒流在滑入河谷堆积时因颗粒尺寸不同,所挟携能量存在差异性。当其与既有堆积表面运移时,强烈碰撞耗散大量动量,则小颗粒动能急剧降趋为零,迅速堆叠沉积;部分大颗粒直接滑移至小颗粒富集区、快速耗能并完成堆积;还有部分大颗粒在此过程能量耗散较少而沿堆积表面经碰撞、滑移和翻滚向外延运移,如图 6.34 所示。类比水位顶托,先完成沉积过程的堆积体对后续颗粒流产生"体积顶托"作用,激发大颗粒滑移,导致堰塞体近滑侧颗粒要比远滑侧更为细小。

图 6.34 不同时刻颗粒流河谷堆积特征

注:T_0 为挡板刚开始打开时刻。图中均为颗粒级配 4 混合土料所成颗粒流在河谷堆积过程俯视图;其中,浅灰色虚线圈为颗粒碰撞现象,白色虚线圈为颗粒以翻滚特征为主,也包含滑移;白色实线圈表征颗粒能量耗散殆尽、为堆积状态。

颗粒流分选产生了三个方面效应,使得堰塞体材料形成三维反粒序沉积结构。

具体表现为：①造成颗粒在运动过程能量耗散方式不同，小颗粒滑动耗能占比高于大颗粒；②促使干颗粒流断面产生了强烈的剪切变形特征，导致了颗粒流速存在差异分布，这是颗粒分选的主要驱动条件；③剪切层在一定程度为迁移层颗粒运动起到了"类气垫"功能，堆积时出现了大小颗粒运动路径差异性，如图 6.35 所示。

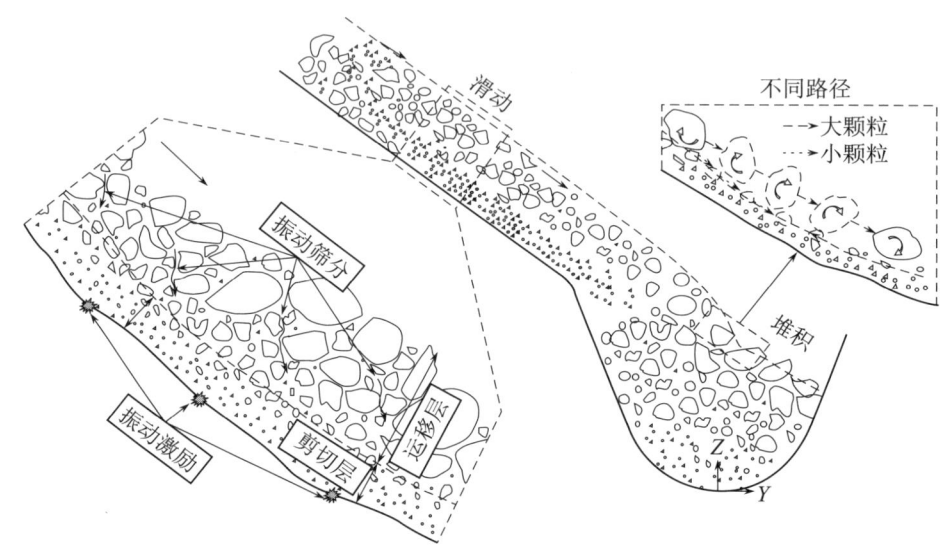

图 6.35　颗粒流路径运动-沉积分选机制

在快速运动时颗粒流底部与边界产生高频、高强度的振动激励，以压力波动和随机振动的形式为颗粒赋能，导致流体底部颗粒获得极高能量；高能粒子高速随机运动，使得一定范围内颗粒碰撞频度加剧，从而在基底形成了薄层的低密度波动区域，一定程度上承载了部分上覆荷载，形成了"气垫"效应。一方面，由于剪切层上部、迁移层底部流速较大，且大颗粒在运动过程逐渐向颗粒流上部运动；这使得大颗粒在类似"垫层"上部运动，降低了颗粒间碰撞等能量消耗。另一方面，因小颗粒运动过程中能量消耗大，沉积时能快速停止；大颗粒碰撞小颗粒"垫面"后仍有部分能量使其运动距离更远。颗粒越大，此效应越发显著，有时形成巨石颗粒"势能驱动"特征[203]，即巨型颗粒运动距离显著大于一般颗粒的现象。

6.5.4　滑源物性与河谷形态影响

6.5.4.1　滑源物性

颗粒分选是散体粒状材料中普遍存在的现象，其密度、粒径和形态等差异性都会激发分选效应[92,204]。当材料密度相同时，大小颗粒粒径差和相对含量影响颗粒分选速率和程度。就滑坡型堰塞体而言，滑源物性中颗粒粒径级配是较为重要的前提条件，尤其是关注于堰塞体堆积结构的成因机制。图 6.36 是物理模型试验中设计级配 1 和设计级配 4 的土料在斜坡槽中流态运动趋于稳定的某时刻图像。

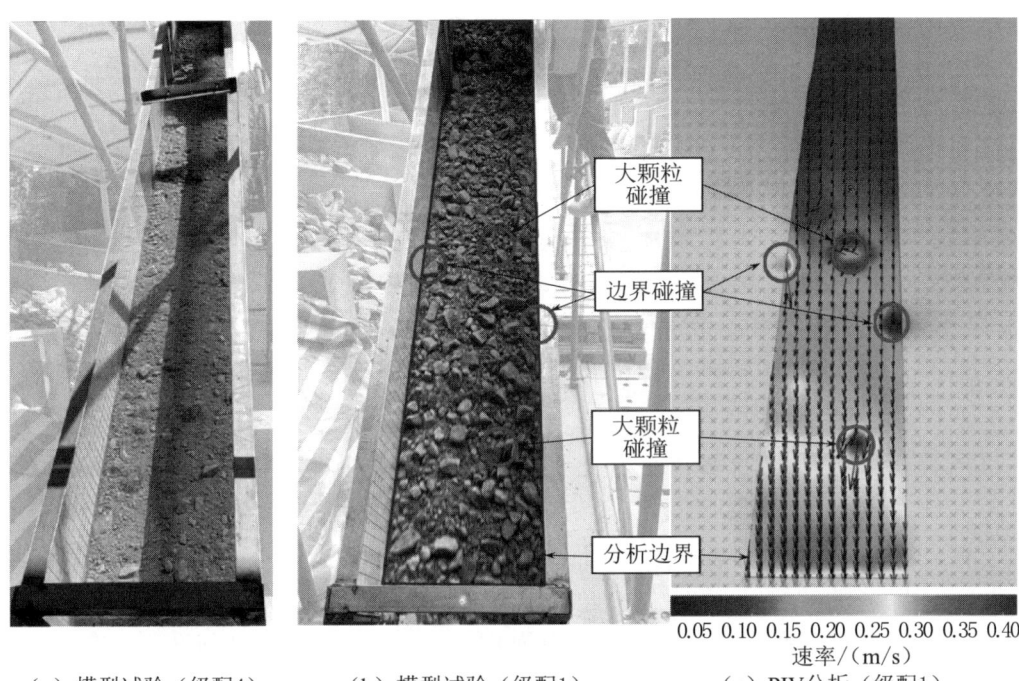

(a) 模型试验（级配4）   (b) 模型试验（级配1）   (c) PIV 分析（级配1）

图 6.36　粒径组成对颗粒流运动特性影响

在图 6.36 中，从试验图像的 PIV 速率分析可知，级配 1 土料所成颗粒流在斜面运动时不仅与边界发生碰撞等能量耗散行为，而且颗粒间存在高频碰撞、摩擦和振筛等现象；这使大颗粒更易于向流体前端和表层运移、小颗粒转移至下部和尾部，促使流体颗粒分选特征强烈。与之相应，级配 4 土料砾石组（粒径大于 5mm）含量为 42%，远低于级配 1 的 78%；土料所成颗粒流与边界以摩擦作用为主，所产生振动激励的频度与强度均低于级配 1 的流体，弱化了振动筛分作用，所呈现出"流态化"特征也更为显著。因此，在多组分散粒体中，大体积细化滑源物料更易形成碎屑流（如易贡堰塞体）；而粗粒含量越高，颗粒流抗"流态化"能力随颗粒粒径（固体惯性力）的增大而加强，分选作用越强烈，则所成堰塞体三维空间反粒序沉积特征也越显著。

滑坡堵江事件编录[146,205]中发现，花岗岩、玄武岩、变质砂岩和板岩等坚硬岩质地层内部易发育多组结构面，形成诸多锲形岩体结构，为堰塞体的形成提供了物质基础。

6.5.4.2　河谷形态

分析 V 形与 U 形河谷试验结果可知，河谷是滑源物质运移后期的堆积边界和空间，其形态对颗粒流主要有阻挡冲击屏障和阻滞顺河堆积的作用，如图 6.37 (a) 所示。若远滑源侧谷坡较陡（形状 1），颗粒流在快速冲撞过程耗散大量能量，使得流体整体沿河谷走向运移距离减小（颗粒运动路径概化为 ABC），堰体高度较高；若远滑源侧谷坡较缓（形状 2），则河谷阻挡作用较弱，颗粒流顺河谷堆积路线为 AB′C′。因产生相同堰高所需滑源物质体积相对较少，V 形河谷比 U 形滑源物质更容易形成堆积体[1,153]；比如堆积方量同为 $2.0\times10^6\mathrm{cm}^3$，U 形河谷中的罐子铺堰塞体平均高度为 25m、底宽为 450m；而 V 形河谷中所形成的小岗剑堰塞体平均高度为 95m、底宽仅为 300m[5]。

整理了红石岩堰塞体三维地形模型［图 6.37（a）］，因堆积体上游侧河谷较宽（为 286m）、下游侧狭窄（为 78m），前后宽窄比约为 3.7∶1，导致该堰塞体呈"前大后小"的锲形体[11]。考虑到处置难度、经济性与稳定性，此结构形式一定程度上也为改造堰塞湖为水利工程创设了条件[25]，更为治理地质灾害提供了转害为利的全新思路。

与河谷相关且影响堰塞体堆积过程的因素也较多，如宽深比、河床倾角和河道走向等。对于滑坡型堰塞体而言，若完全堵塞较宽河流，则所需滑坡物质体积较大；在高深狭窄河谷（谷深比小于 4.0）[156] 中，堰塞体体积与河流宽度（或谷宽）之间呈显著的线性相关性[147]，如图 6.37（b）所示。堵江型堰体所在河床倾角通常小于堵沟型，但也影响堰塞体顺河向底宽和上下游坡面倾角[89]。另外，坡体滑动方向与河谷走向的夹角也是影响堰塞体堆积形态的因素，此角度越接近 90°越有利于堰塞体的形成。

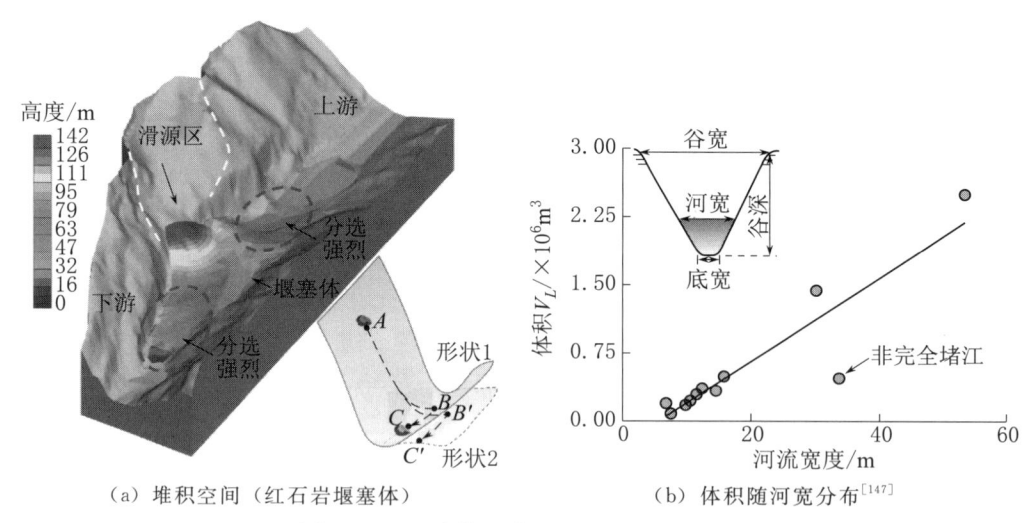

(a) 堆积空间（红石岩堰塞体）   (b) 体积随河宽分布[147]

图 6.37 堰塞体形态与河谷形态关系图

通过滑坡型堰塞体空间变异成因的溯源分析可知，由颗粒流所形成的堰塞体材料呈现出级配和孔隙比的三维空间变异特征。颗粒流分选作用是造成材料空间变异的主要原因，其内在机制是剪切层发生的振动激励和迁移层中存在的振动筛分两者共同作用所致。自然而言，不同成因下滑坡型堰塞体的内部结构形成过程还受到多种因素影响,如原始地形、地层岩性、水体和滑源体积等[206-207]。由于堰塞体复杂的空间结构性,后续还需进行多视角论证、深层次讨论和系统化分析三维变异对地质灾害链的影响。

6.6 本章小结

通过离散元数值模拟剖析了滑源物质所成颗粒流动化特性,将堆积特征与物理试验结果进行了对比分析,并厘清了颗粒流运动-堆积形成堰塞体全过程中流态特征与能量转化、发展与演化规律。在此基础上,提出了滑坡型堰塞体三维空间反粒序沉积结构分布,并分析了其形成机制,主要得到了以下结论:

(1) 随着流动时间增加,颗粒流整体流速逐渐增大、厚度逐渐减小;流体内部颗粒速度从初始较大波动状态趋于稳定,颗粒间接触的频度降低;前端粒间作用发展为摩擦与碰撞共同发挥作用的过渡状态,中部及尾部仍以摩擦为主。

(2) 从滑源散粒体至河谷堰塞体全过程中 99.89% 的重力势能以滑动摩擦、滚动摩擦和黏滞等能量类型耗散,其中滑动摩擦耗能占比为 50%~65%、滚动摩擦和黏滞耗散能占比差异不显著,分别为 10%~20%。动能是堰塞体形成过程中主要的能量传递方式,其峰值占比出现在颗粒流开始与远滑侧河谷碰撞时刻,且数值超过总输入的 50%,随后将呈单调下降趋势。

在重力作为驱动力的颗粒流运动过程中,小颗粒摩擦耗能占比高于大颗粒,大颗粒在滑动过程中重力势能转换为动能的比例大于小颗粒,这导致了大、小颗粒在颗粒流堆积阶段所携带的能量存在差异性。滑动摩擦能耗占比随滑坡角增加减小、随滑距增加而增加,滚动摩擦能、阻尼耗散能与黏滞耗散能的占比随滑坡角增加而增大,随滑距增加而降低。

(3) 受最小颗粒尺寸范围限制,数值模拟中难以反映物理模型试验中堰塞体材料颗粒级配"细化"现象,控制粒径 d_{60} 对堰塞体颗粒级配空间变化规律的刻画能力不足,基于粒组整体变动的级差指数 V_g 较为合适,且与物理模型试验结果较为吻合。

(4) 利用溯源分析,概化了滑坡型堰塞体形成过程,并将其作为主线用于剖析空间变异特征及形成机制。依据物理模型试验和数值模拟结果,基于原岩层序机理,在垂直向、滑沉向与顺河向上提出了二维和扇形反粒序沉积结构,揭示了滑坡型堰塞体内部结构和材料三维空间变异性特征。

长度剖面上二维沉积结构特征表现为:在垂直向为上部粗粒层、中间过渡层和下部细粒层的层序分布,在滑沉向为颗粒尺寸从近滑侧到远滑侧逐渐增大的分布,结构上从基质支撑演化为粗粒支撑型。两个方向上的颗粒粒径分布层序存在相似性,但垂直方向上颗粒尺寸差异程度比滑沉方向更显著。

宽度方向上扇形沉积结构特征表现为：以颗粒流滑入口对称轴线所对应河谷底部为沉积中心向外部弧形扩展，从基质支撑演化为粗粒支撑型结构，垂直向的一维反粒序结构仅为其特殊状态。

（5）由振动激励和振动筛分两部分组成的颗粒流分选机制是滑坡型堰塞体形成反粒序沉积结构的重要内在因素。振动激励发生在以细颗粒为主的剪切层，振动筛分主要存在于以粗颗粒为主的迁移层。两者共同产生了气垫作用加剧了滑坡型堰塞体材料级配和孔隙比的空间变异程度。

在多组分散粒体中，粗粒含量越高，颗粒流抗"流态化"能力随颗粒粒径（固体惯性力）的增大而加强，分选作用越强烈，则所成堰塞体三维空间反粒序沉积特征也越显著。河谷是滑源物质运移后期的堆积边界和空间，其形态对颗粒流主要有阻挡冲击屏障和阻滞顺河堆积的作用。

参 考 文 献

[1] COSTA J E, SCHUSTER R L. The formation and failure of natural dams [J]. Geological Society of America Bulletin, 1988, 100 (7): 1054-1068.

[2] 蔡正银, 钟启明, 何宁, 等. 堰塞体状态相关剪胀理论与坝体溃决演化规律研究构想 [J]. 工程科学与技术, 2021, 53 (6): 21-32.

[3] 刘宁. 堰塞湖应急处置实践与认识 [J]. 水科学进展, 2010, 21 (4): 541-549.

[4] ERMINI L, CASAGLI N. Prediction of the behaviour of landslide dams using a geomorphological dimensionless index [J]. Earth Surface Processes & Landforms, 2003, 28 (1): 31-47.

[5] 刘宁, 杨启贵, 陈祖煜. 堰塞湖风险处置 [M]. 武汉: 长江出版社, 2016.

[6] FAN X M, DUFRESNE A, SUBRAMANIAN S S, et al. The formation and impact of landslide dams-State of the art [J]. Earth-Science Reviews, 2020, 223 (2): 1-28.

[7] 石振明, 马小龙, 彭铭, 等. 基于大型数据库的堰塞坝特征统计分析与溃决参数快速评估模型 [J]. 岩石力学与工程学报, 2014, 33 (9): 1780-1790.

[8] 谢和平, 许唯临, 刘超, 等. 山区河流水灾害问题及应对 [J]. 工程科学与技术, 2018, 50 (3): 1-14.

[9] 柴贺军, 刘汉超, 张倬元. 中国滑坡堵江事件目录 [J]. 地质灾害与环境保护, 1995, 6 (4): 1-9.

[10] CUI P, ZHU Y Y, HAN Y S, et al. The 12 may Wenchuan earthquake-induced landslide-dammed lakes: distribution and preliminary risk evalution [J]. Landsides, 2009, 7 (6): 209-223.

[11] 刘宁. 红石岩堰塞湖排险处置与统合管理 [J]. 中国工程科学, 2014, 16 (10): 39-46.

[12] ZHANG S L, YIN Y P, HU X W, et al. Initiation mechanism of the Baige landslide on the upper reaches of the Jinsha River, China [J]. Landslides, 2020, 177 (2): 2865-2877.

[13] 单熠博, 陈生水, 钟启明. 堰塞体稳定性快速评价方法研究 [J]. 岩石力学与工程学报, 2020, 39 (9): 1847-1859.

[14] 年廷凯, 吴昊, 陈光齐, 等. 堰塞坝稳定性评价方法及灾害链效应研究进展 [J]. 岩石力学与工程学报, 2018, 37 (8): 1796-1812.

[15] ZHONG Q M, WANG L, CHEN S S, et al. Breaches of embankment and landslide dams-State of the art review [J]. Earth-Science Reviews, 2021, 216 (5): 1-17.

[16] EVANS S G, HERMANNS R L, STROM A, et al. Natural and artificial rockslide dams [M]. Berlin: Spring, 2011.

[17] PENG M, ZHANG L M. Breaching parameters of landslide dams [J]. Landslides,

2012, 9 (1): 13 - 31.

[18] 王兆印, 崔鹏, 刘怀湘. 汶川地震引发的山地灾害以及堰塞湖的管理方略 [J]. 水利学报, 2010, 41 (7): 757 - 763.

[19] SCHUSTER R L, ALFORD D. Usoi landslide dam and lake Sarez, Pamir Mountains, Tajikistan [J]. Environmental & Engineering Geoence, 2004, 10 (2): 151 - 168.

[20] HARRISON H B, DUNNING S A, WOODWARD J, et al. Post-rock-avalanche dam outburst flood sedimentation in Ram Creek, Southern Alps, New Zealand [J]. Geomorphology, 2015, 241 (7): 135 - 144.

[21] SCHNEIDER J F, GRUBER F E, MERGILI M. Recent Cases and Geomorphic Evidence of Landslide-Dammed Lakes and Related Hazards in the Mountains of Central Asia [C]. Berlin: Landslide Science and Practice, Springer, 2013: 57 - 64.

[22] 周宏伟, 杨兴国, 李洪涛, 等. 地震堰塞湖排险技术与治理保护 [J]. 四川大学学报（工程科学版）, 2009, 41 (3): 96 - 101.

[23] LI T C, WANG S M. Landslide hazards and their mitigation in China [M]. Beijing: Science Press, 1992.

[24] LUO J, PEI X, EVANS S G, et al. Mechanics of the earthquake-induced Hongshiyan landslide in the 2014 Mw 6.2 Ludian earthquake, Yunnan, China [J]. Engineering Geology, 2019, 251 (9): 197 - 213.

[25] 张宗亮, 何宁, 周彦章, 等. 堰塞坝险情处置与开发利用保障技术与装备研发 [J]. 岩土工程学报, 2022, 44 (7): 1175 - 1187.

[26] 石振明, 李建可, 鹿存亮, 等. 堰塞湖坝体稳定性研究现状及展望 [J]. 工程地质学报, 2010, 18 (5): 657 - 663.

[27] 石振明, 熊曦, 彭铭, 等. 存在高渗透区域的堰塞坝渗流稳定性分析——以红石河堰塞坝为例 [J]. 水利学报, 2015, 46 (10): 1162 - 1171.

[28] 庞林祥, 莫大源, 李爱华. 滑坡型堰塞坝的形成条件与过程分析 [J]. 人民长江, 2016, 47 (11): 94 - 97, 102.

[29] 钟启明, 钱亚俊, 单熠博. 崩滑堰塞湖的形成-孕灾-致灾机理与模拟方法 [J]. 人民长江, 2021, 52 (2): 90 - 98.

[30] DUMAN T Y. The largest landslide dam in Turkey: Tortum landslide [J]. Engineering Geology Amsterdam, 2009, 104 (2): 66 - 79.

[31] 郑鸿超, 石振明, 彭铭, 等. 崩滑碎屑体堵江成坝研究综述与展望 [J]. 工程科学与技术, 2020, 52 (2): 19 - 28.

[32] 中华人民共和国水利部. 堰塞湖风险等级划分标准: SL 450—2009 [S]. 北京: 中国水利水电出版社, 2009.

[33] VARNES D J. Landslide types and processes [R]. In: Landslides and Engineering Practice, Special Report, 1958, 29: 20 - 47.

[34] 殷跃平. 汶川八级地震地质灾害研究 [J]. 工程地质学报, 2008, 16 (4): 433 - 444.

[35] 崔鹏, 韩用顺, 陈晓清. 汶川地震堰塞湖分布规律与风险评估 [J]. 四川大学学报（工程科学版）, 2009, 41 (3): 35 - 42.

[36] 梁军. 地震堰塞湖对山区河流的影响与综合治理 [J]. 四川大学学报（工程科学版）,

2009，41（6）：13 - 17，40.

[37] SHEN D Y, SHI Z M, PENG M, et al. Longevity analysis of landslide dams [J]. Landslides, 2020, 17 (8): 1797 - 1821.

[38] LIU N, ZHANG J X, LIN W, et al. Draining Tangjiashan barrier lake after Wenchuan earthquake and the flood propagation after the dam break [J]. Science in China, 2009, 52 (4): 801 - 809.

[39] 胡卸文, 黄润秋, 施裕兵, 等. 唐家山滑坡堵江机制及堰塞坝溃坝模式分析 [J]. 岩石力学与工程学报, 2009, 28 (1): 181 - 189.

[40] 石定国, 王明涛, 银登林, 等. 唐家湾堰塞体形成机制及稳定性评价 [C] // 中国岩石力学与工程学会. 汶川大地震工程震害调查分析与研究. 北京: 科学出版社, 2009: 1091 - 1098.

[41] 常东升, 张利民, 徐耀, 等. 红石河堰塞湖漫顶溃坝风险评估 [J]. 工程地质学报, 2009, 17 (1): 50 - 55.

[42] 徐文杰, 陈祖煜, 何秉顺, 等. 肖家桥滑坡堵江机制及灾害链效应研究 [J]. 岩石力学与工程学报, 2010, 29 (5): 933 - 942.

[43] 陈淑婧. 梯级土石坝连溃洪水计算模型及小岗剑堰塞湖反演分析 [D]. 北京: 中国水利水电科学研究院, 2018.

[44] 蔡耀军, 杨启贵, 栾约生, 等. 2018年雅鲁藏布江米林县加拉堰塞湖考证 [J]. 工程地质学报, 2022, 30 (3): 784 - 793.

[45] 张永双, 曲永新, 王献礼, 等. 中国西南山区第四纪冰川堆积物工程地质分类探讨 [J]. 工程地质学报, 2009, 17 (5): 581 - 589.

[46] CHANG D S, ZHANG L M, XU Y, et al. Field testing of erodibility of two landslide dams triggered by the 12 May Wenchuan earthquake [J]. Landslides, 2011, 8 (3): 321 - 332.

[47] ZHAO H F, ZHANG L M, XU Y, et al. Variability of geotechnical properties of a fresh landslide soil deposit [J]. Engineering Geology, 2013, 166 (8): 1 - 10.

[48] 单熠博, 陈生水, 钟启明, 等. 考虑颗粒组成的堰塞体溃口峰值流量快速预测模型 [J]. 应用基础与工程科学学报, 2023, 31 (3): 584 - 598.

[49] MEYER W, SCHUSTER R L, SABOL M A. Potential for seepage erosion of landslide dam [J]. Journal of Geotechnical and Geoenvironmental Engineering, 1994, 120 (7): 1211 - 1228.

[50] XIONG X, SHI Z M, GUAN S G, et al. Failure mechanism of unsaturated landslide dam under seepage loading-Model tests and corresponding numerical simulations [J]. Soils and Foundations, 2018, 58 (5): 1133 - 1152.

[51] PATHAK K R, SUZUKI K, KADOTA A, et al. Experiment on initiation mechanism of debris flow: collapse of natural dam in a steep slope channel [J]. Proceedings of Hydraulic Engineering, 2003, 47: 577 - 582.

[52] ZHANG S J, XIE X P, WEI F Q, et al. A seismically triggered landslide dam in Honshiyan, Yunnan, China: from emergency management to hydropower potential [J]. Landslides, 2015, 12 (6): 1147 - 1157.

[53] 周公旦,孙其诚,崔鹏. 泥石流颗粒物质分选机理和效应 [J]. 四川大学学报（工程科学版）, 2013, 45 (1): 28-36.

[54] BAGNOLD R A. Experiments on a gravity-free dispersion of large solid particles in a Newtonian fluid under shear [J]. Proceedings of the Royal Society of London. Series A, 1954, 225: 49-63.

[55] PATTON J S, BRENNEN C E, SABERSKY R H. Shear flows of rapidly flowing granular materials [J]. Journal of Applied Mechanics, 1987, 54 (4): 801-805.

[56] CAMPBELL C S. Rapid granular flows [J]. The Annual Review of Fluid Mechanics, 1990, 22 (1): 57-92.

[57] CAMPBELL C S. Rapid granular flows-an overview [J]. Powder Technology, 2006, 162 (3): 208-229.

[58] DOLGUNIN V N, UKOLOV A A. Segregation modeling of particle rapid gravity flow [J]. Powder Technology, 1995, 83 (2): 95-103.

[59] SAVAGE S B. The mechanics of rapid granular flows [J]. Advances in Applied Mechanics, 1984, 24 (87): 289-366.

[60] OGAWA S. Multitemperature theory of granular materials [J]. Proc. US-Japan Seminar on Continuum-Mechanical and Statistical Approaches in the Mechanics of Granular Materials, 208, Gakujutsu Bunken Fukukai, Tokyo, 1978.

[61] SAVAGE S B, LUN C. Particle size segregation in inclined chute flow of dry cohesionless granular solids [J]. Journal of Fluid Mechanics, 1988, 189 (1): 311-335.

[62] GREVE R, HUTTER K. Motion of a granular avalanche in a convex and concave curved chute: experiments and theoretical predictions [J]. Philosophical Transactions of The Royal Society A, 1993, 342 (1666): 573-600.

[63] POULIQUEN O. Scaling laws in granular flows down rough inclined planes [J]. Physics of Fluids, 1999, 11 (3): 542-548.

[64] 王玉峰,程谦恭,朱圻. 汶川地震触发高速远程滑坡-碎屑流堆积反粒序特征及机制分析 [J]. 岩石力学与工程学报, 2012, 31 (6): 1089-1106.

[65] DOLGUNIN V N, KUDI A N, UKOLOV A A, et al. Rapid granular flows on a vibrated rough chute: behaviour patterns and interaction effects of particles [J]. Chemical Engineering Research & Design, 2017, 122: 22-32.

[66] DENLINGER R P, IVERSON R M. Flow of variably fluidized granular masses across three-dimensional terrain: 2. Numerical predictions and experimental tests [J]. Journal of Geophysical Research, 2001, 106 (B1): 553-566.

[67] FEDERICO F, CESALI C. Effects of granular collisions on the rapid coarse-grained materials flow [J]. Géotechnique Letters, 2019, 9 (4): 1-6.

[68] SAVAGE S B, HUTTER K. The motion of a finite mass of granular material down a rough incline [J]. Journal of fluid mechanics, 1989, 199 (1): 177-215.

[69] IVERSON R M, DENLINGER R P. Flow of variably fluidized granular masses across three-dimensional terrain: 1. coulomb mixture theory [J]. Journal of Geophysical Research Solid Earth, 2001, 106 (B1): 537-552.

[70] PUDASAINI S P, HUTTER K. Rapid shear flows of dry granular masses down curved and twisted channels [J]. Journal of Fluid Mechanics, 2003, 495 (1): 193-208.

[71] FEI M L, SUN Q C, ZHONG D Y, et al. Simulations of granular flow along an inclined plane using the Savage-Hutter model [J]. Particuology, 2012, 10 (2): 236-241.

[72] IVERSON R M. Scaling and design of landslide and debris-flow experiments [J]. Geomorphology, 2015, 244 (9): 9-20.

[73] 费建波, 介玉新, 张丙印, 等. 土的三维破坏准则在颗粒流模型中的应用 [J]. 岩土力学, 2016, 37 (6): 1809-1817.

[74] JOP P, FORTERRE Y, POULIQUEN O. A constitutive law for dense granular flows [J]. Nature, 2006, 441 (7094): 727-730.

[75] JOP P, FORTERRE Y, POULIQUEN O. Crucial role of sidewalls in granular surface flows: consequences for the rheology [J]. Journal of Fluid Mechanics, 2005, 541 (1): 167-192.

[76] 费建波. 基于 $\mu(I)$ 颗粒流本构关系的高速远程滑坡模拟方法研究 [D]. 北京: 清华大学, 2016.

[77] REN D, LESLIE L M, KAROLY D. Landslide risk analysis using a new constitutive relationship for granular flow [J]. Earth Interactions, 2008, 12 (4): 1-16.

[78] UMBANHOWAR P B, LUEPTOW R M, OTTINO J M. Modeling segregation in granular flows [J]. Annual review of chemical and biomolecular engineering, 2019, 10: 129-153.

[79] BARKER T, GRAY J M. Partial regularisation of the incompressible $\mu(I)$-rheology for granular flow [J]. Journal of Fluid Mechanics, 2017, 828 (20): 5-32.

[80] 刘超, 苏立君, 刘文静. 堆积层滑坡土石混合物细观结构特征研究综述 [J]. 山地学报, 2015, 33 (3): 348-355.

[81] COLI N, BERRY P, BOLDINI D, et al. The Contribution of Geostatistics to the Characterisation of Some Bimrock Properties [J] Engineering Geology, 2012, 137: 53-63.

[82] MEI S, CHEN S, ZHONG Q, et al. Effects of grain size distribution on landslide dam breaching-insights from recent cases in China [J]. Frontiers in Earth Science, 2021, 9 (4): 1-14.

[83] SHI Z M, GUAN S G, PENG M, et al. Cascading breaching of the Tangjiashan landslide dam and two smaller downstream landslide dams [J]. Engineering Geology, 2015, 193 (7): 445-458.

[84] 石振明, 张公鼎, 彭铭, 等. 非均质结构堰塞坝溃决机理模型试验 [J]. 工程科学与技术, 2023, 55 (1): 129-140.

[85] XIE X P, WANG X J, ZHAO S Z Z, et al. Experimental study on the accumulation characteristics and mechanism of landslide debris dam [J]. Frontiers in Earth Science, 2022, 10 (4): 1-14.

[86] 王忠福, 何思明, 刘汉东, 等. 不同岩崩碎屑颗粒尺寸运移堆积特性试验研究 [J]. 岩石力学与工程学报, 2015, 34 (S2): 3652-3657.

[87] 郝明辉, 许强, 杨兴国, 等. 高速滑坡-碎屑流颗粒反序试验及其成因机制探讨 [J].

岩石力学与工程学报，2015，34（3）：472-479.

[88] SCHEIDL C, MCARDELL B W, RICKENMANN D. Debris-flow velocities and superelevation in a curved laboratory channel [J]. Canadian Geotechnical Journal, 2014, 52 (3): 305-317.

[89] WU H, NIAN T K, CHEN G Q, et al. Laboratory-scale investigation of the 3-D geometry of landslide dams in a U-shaped valley [J]. Engineering Geology, 2019, 265 (2): 1-15.

[90] LI D Y, NIAN T K, WU H, et al. A predictive model for the geometry of landslide dams in V-shaped valleys [J]. Bulletin of Engineering Geology and the Environment, 2020, 79 (2): 1-14.

[91] ZHOU Y Y, SHI Z M, QIU T, et al. Experimental study on morphological characteristics of landslide dams in different shaped valleys [J]. Geomorphology, 2022, 400 (6): 1-11.

[92] 李坤，王玉峰，程谦恭，等. 分形粒径分布对颗粒流粒径分选的影响规律 [J]. 岩石力学与工程学报，2021，40（2）：330-343.

[93] 胡晓波，樊晓一，姜元俊. 运动场地地形条件对碎屑流动力特征的影响研究 [J]. 岩石力学与工程学报，2020，39（S1）：2940-2953.

[94] 王玉峰，许强，程谦恭，等. 复杂三维地形条件下滑坡-碎屑流运动与堆积特征物理模拟实验研究 [J]. 岩石力学与工程学报，2016，35（9）：1776-1791.

[95] 周月，廖海梅，甘滨蕊，等. 滑坡运动冲击破碎物理模型试验研究 [J]. 岩石力学与工程学报，2020，39（4）：726-735.

[96] ZHOU Y Y, SHI Z M, ZHANG Q Z, et al. Damming process and characteristics of landslide-debris avalanches [J]. Soil Dynamics and Earthquake Engineering, 2019, 121 (6): 252-261.

[97] 徐小蓉. 颗粒介质流动过程的物质点法模拟及其工程应用 [D]. 北京：清华大学，2018.

[98] 蔡正银，朱洵，黄英豪，等. 湿干冻融耦合循环作用下膨胀土裂隙演化规律 [J]. 岩土工程学报，2019，41（8）：1381-1389.

[99] 蔡正银，周宏磊，蔡国军，等. 土工测试与勘察技术研究进展 [J]. 土木工程学报，2020，53（5）：100-117.

[100] 王宇，李晓. 土石混合体细观分形特征与力学性质研究 [J]. 岩石力学与工程学报，2015，34（S1）：3397-3407.

[101] FAKHIMI A. A hybrid discrete - finite element model for numerical simulation of geomaterials [J]. Computers & Geotechnics, 2009, 36 (3): 386-395.

[102] 杨鸽，朱晟. 考虑堆石料空间变异性的土石坝地震反应随机有限元分析 [J]. 岩土工程学报，2016，38（10）：1822-1832.

[103] 艾啸韬，王光进，张超，等. 宽级配废石的高排土场稳定性研究 [J]. 岩土力学，2020，41（11）：3777-3788.

[104] 庞汉松，陈从新，夏开宗，等. 基于监测数据的分段崩落采矿法地表危险变形区边界确定方法研究 [J]. 岩石力学与工程学报，2020，39（4）：736-748.

[105] EGHBALL B, HERGERT G W, LESOING G W, et al. Fractal analysis of spatial and temporal variability [J]. Geoderma, 1999, 88 (3): 349-362.

[106] 朱晟, 王永明, 翁厚洋. 粗粒筑坝材料密实度的缩尺效应研究 [J]. 岩石力学与工程学报, 2011, 30 (2): 348-357.

[107] BI J, LUO X, SHEN H, et al. Fractal dimensions of granular materials based on grading curves [J]. Journal of Materials in Civil Engineering, 2018, 30 (6): 1-10.

[108] WEIBULL W. A statistical distribution function of wide applicability [J]. Journal of Applied Mechanics, 1951, 18 (3): 293-297.

[109] JU X N, JIA Y H, LI T C, et al. Morphology and multifractal characteristics of soil pores and their functional implication [J]. Catena, 2021, 196 (7): 1-12.

[110] 王德, 傅伯杰, 陈利顶, 等. 不同土地利用类型下土壤粒径分形分析-以黄土丘陵沟壑区为例 [J]. 生态学报, 2007, 27 (7): 3081-3089.

[111] 朱晟, 卢知是. 考虑级配空间随机特性的堆石坝变形应力分析 [J]. 河海大学学报（自然科学版）, 2021, 49 (6): 543-549.

[112] PEREIRA G G, CLEARY P W. Segregation due to particle shape of a granular mixture in a slowly rotating tumbler [J]. Granular Matter, 2017, 19 (3): 1-12.

[113] VANMARCKE E H. Probabilistic modeling of soil profiles [J]. Journal of Geotechnical Engineering Division, 1977, 103 (11): 1227-1246.

[114] 陈永康. 红石岩新堆积体的三轴试验及参数随机场研究 [D]. 大连: 大连理工大学, 2021.

[115] 闫澍旺, 朱红霞, 刘润. 天津港土性相关距离的计算研究和统计分析 [J]. 岩土力学, 2009, 30 (7): 2179-2185.

[116] MATHERON G. Principles of geostatistics [J]. Economic Geology, 1963, 58 (8): 1246-1266.

[117] 李晓军, 王长虹, 朱合华. Kriging 插值方法在地层模型生成中的应用 [J]. 岩土力学, 2009, 30 (1): 157-162.

[118] 孙洪泉. 地质统计学及其应用 [M]. 北京: 中国矿业大学出版社, 1990.

[119] FENTON G A, GRIFFITHS D V. Risk assessment in geotechnical engineering [C] New Jersey: Geotechnical Special Publication, 2008: 161-201.

[120] 周小文, 付晖, 吴昌瑜. 地层特性随机场插值方法应用研究 [J]. 岩土力学, 2005, 26 (2): 221-224.

[121] IVERSON R M. Scaling and design of landslide and debris-flow experiments [J]. Geomorphology, 2015, 244 (9): 9-20.

[122] SAVAGE S B. The mechanics of rapid granular flows [J]. Advances in Applied Mechanics, 1984, 24: 289-366.

[123] IVERSON R M, LOGAN M, DENLINGER R P. Granular avalanches across irregular three-dimensional terrain: 2 experimental tests [J]. Journal of Geophysical Research Earth Surface, 2004, 109 (F01015): 1-16.

[124] 葛云峰, 周婷, 霍少磊, 等. 高速远程滑坡运动堆积过程中的能量传递机制 [J]. 地球科学, 2019, 44 (11): 3939-3949.

[125] 中华人民共和国住房和城乡建设部. 土工试验方法标准：GB/T 50123—2019 [S]. 北京：中国计划出版社，2019.

[126] 史彦文. 大粒径砂卵石最大密度的研究 [J]. 土木工程学报，1981，14 (2)：53-58.

[127] 朱俊高，翁厚洋，吴晓铭，等. 粗粒料级配缩尺后压实密度试验研究 [J]. 岩土力学，2010，31 (8)：2394-2398.

[128] 朱晟，王京，钟春欣，等. 堆石料干密度缩尺效应与制样标准研究 [J]. 岩石力学与工程学报，2019，38 (5)：1073-1080.

[129] 郭庆国，刘贞草. 超径粗粒土最大干密度的近似测定方法 [J]. 水利学报，1993，23 (10)：70-78.

[130] 赵婷婷，周伟，常晓林，等. 堆石料缩尺方法的分形特性及缩尺效应研究 [J]. 岩土力学，2015，36 (4)：1093-1101.

[131] 赵春. 堰塞坝空间结构识别及材料参数空间变异特性与试验技术 [R]. 北京：中国水利水电科学研究院，2021.

[132] SAVAGE S B, HUTTER K. The motion of a finite mass of granular material down a rough incline [J]. Journal Fluid Mechanics, 1989, 199 (1): 177-215.

[133] 王昌汉. 放矿学 [M]. 北京：冶金工业出版社，1982.

[134] 孙浩. 基于颗粒元理论的崩落矿岩运移演化机理研究 [D]. 北京：北京科技大学，2019.

[135] IVERSON R M. The physics of debris flows [J]. Reviews of Geophysics, 1997, 35 (3): 245-296.

[136] DENLINGER R P, IVERSON R M. Granular avalanches across irregular three-dimensional terrain: 1. Theory and Computation [J]. Journal of Geophysical Research Earth Surface, 2004, 109 (F101014): 1-14.

[137] 宋东日，周公旦，CHOI C E，等. 土工离心机模拟泥石流问题的相似性考虑 [J]. 岩土工程学报，2019，41 (12)：2262-2271.

[138] 殷跃平，高少华. 高位远程地质灾害研究：回顾与展望 [J/OL]. 中国地质灾害与防治学报，2024 (1)：1-21. https://doi.org/10.16031/j.cnki.issn.1003-8035.202309040.

[139] WESTOBY M J, BRASINGTON J, GLASSER N F, et al. Structure-from-Motion' photogrammetry: a low-cost, effective tool for geoscience applications [J]. Geomorphology, 2012, 179 (11): 300-314.

[140] 文喜南，马刚，王峰，等. 基于颗粒堆积模型预测粗粒土最小孔隙比 [J]. 水力发电学报，2020，39 (3)：76-85.

[141] FAN X M, ROSSITER D G, WESTEN C J, et al. Empirical prediction of coseismic landslide dam formation [J]. Earth Surface Processes and Landforms, 2014, 39 (3): 1913-1926.

[142] LAI Z Q, VALLEJO L E, ZHOU W, et al. Collapse of granular columns with fractal particle size distribution: implications for understanding the role of small particles in granular flows [J]. Geophysical Research Letters, 2017, 44 (24): 1-15.

[143] HASHEMI H M B, AMOUDI O S B. A review on the angle of repose of granular materials [J]. Powder Technol, 2018, 330 (5): 397-417.

[144] 谢湘平,王小军,王莹莹,等. 松散土坡结构特征与滑坡堰塞体堆积特征之间的关系试验研究[J]. 工程地质学报,2022,30(4):1337-1349.

[145] CHEN K T, CHEN T C, CHEN X Q, et al. An experimental determination of the relationship between the minimum height of landslide dams and the run-out distance of landslides[J]. Landslides, 2021, 18(1): 2111-2124.

[146] 王珊珊,胡瑞林,童立强. 中国喜马拉雅山地区滑坡堵江编目及空间特征分析[J]. 工程地质学报,2015,23(3):361-372.

[147] FAN X M, WESTEN C J, XU Q, et al. Analysis of landslide dams induced by the 2008 Wenchuan earthquake[J]. Journal of Asian Earth Sciences, 2012, 57(1): 25-37.

[148] KORUP O. Geomorphometric characteristics of New Zealand landslide dams[J]. Engineering Geology, 2004, 73(1): 13-35.

[149] 石振明,沈丹祎,彭铭,等. 崩滑型堰塞坝危险性快速评估研究进展[J]. 工程科学与技术,2021,53(6):1-20.

[150] TACCONI S C, SEGONI S, CASAGLI N, et al. Geomorphic indexing of landslide dams evolution[J]. Engineering Geology, 2016, 208(4): 1-10.

[151] 王兆印,张晨笛. 西南山区河流河床结构及消能减灾机制[J]. 水利学报,2019,50(1):124-134,154.

[152] 吴昊,裴向军,崔圣华,等. 强震山区滑坡发育分布的地形地质控制作用研究[J]. 岩石力学与工程学报,2021,40(5):972-986.

[153] 柴贺军,刘汉超,张倬元. 滑坡堵江的基本条件[J]. 地质灾害与环境保护,1996,7(1):41-46.

[154] YAO S Y, LEI Y, LIU D Z, et al. Assessment risk of evolution process of disaster chain induced by potential landslide in Woda[J]. Natural Hazards, 2023, 135(10): 1-24.

[155] 李郎平,兰恒星. 滑坡运动路径复杂度研究:综述与展望[J]. 地球科学,2022,47(12):4663-4680.

[156] 王珊珊,童立强. 基于河谷横剖面形态特征的滑坡体堵江易发性评价研究[J]. 地理与地理信息科学,2016,32(5):97-102,109.

[157] 郑光,许强,彭双麒. 岩质滑坡-碎屑流的运动距离计算公式研究[J]. 岩土力学,2019,40(12):4897-4906.

[158] 李哈滨,王政权,王庆成. 空间异质性定量研究理论与方法[J]. 应用生态学报,1998,9(6):93-99.

[159] 刘爱利,王培法,丁园圆. 地统计学概论[M]. 北京:科学出版社,2012.

[160] 李程. 深部地质地球化学三维定量矿产预测方法研究[D]. 成都:成都理工大学,2021.

[161] 王翔,焦俊,聂志红,等. 基于地统计学的路基连续压实均匀性评价[J]. 岩土力学,2016,37(12):3545-3552.

[162] 刘永坤,陈放,汤春节,等. 顾及各向异性的三维克里金空间插值[J]. 科技通报,2019,35(4):31-36.

[163] 姚凌青,潘懋,成秋明,等. 三维Kriging方法中的变异函数套合[J]. 地球科学

(中国地质大学学报),2009,34(2):294-298.

[164] LOPHAVEN S N, NIELSEN H B, SONDERGAARD J. Aspects of the matlab toolbox dace [R/OL]. Denmark: Technical University of Denmark, 2008: 1-28.

[165] 朱俊高,郭万,王元龙,等. 连续级配土的级配方程及其适用性研究 [J]. 岩土工程学报, 2015, 37 (10): 1931-1936.

[166] GLINCHEY D M. Quantifying segregation in heaps: an experimental study [J]. Powder Technology, 2004, 145 (2): 106-112.

[167] 郭万里,鲁洋. 粗粒土颗粒破碎与本构模型 [M]. 北京: 中国水利水电出版社, 2021.

[168] CLARK I. Statistics or geostatistics? Sampling error or nugget effect? [J]. Journal of the Southern African Institute of Mining and Metallurgy, 2010, 110 (6): 13-18.

[169] 高帮飞,李红兵,张书琛,等. 块金效应地质意义及其对品位估值影响 [J]. 黄金, 2021, 42 (11): 6-13.

[170] JIANG M J, YU H S, HARRIS D. A novel discrete model for granular material incorporating rolling resistance [J]. Computers and Geotechnics, 2005, 32 (5): 340-357.

[171] 王胤,艾军,杨庆. 考虑粒间滚动阻力的CFD-DEM流-固耦合数值模拟方法 [J]. 岩土力学, 2017, 38 (6): 1771-1780.

[172] IWASHITA K, ODA M. Rolling resistance at contacts in simulation of shear band development by DEM [J]. Journal of Engineering Mechanics, 1998, 124 (3): 285-292.

[173] ZHOU Y Y, SHI Z M, ZHANG Q Z, et al. 3D DEM investigation on the morphology and structure of landslide dams formed by dry granular flows [J]. Engineering. Geology, 2019, 258 (8): 1-11.

[174] ZHOU G G D, SUN Q C. Three-dimensional numerical study on flow regimes of dry granular flows by DEM [J]. Powder Technology, 2013, 239 (4): 115-127.

[175] LO C M, LIN M L, TANG C L, et al. A kinematic model of the Hsiaolin landslide calibrated to the morphology of the landslide deposit [J]. Engineering. Geology, 2011, 123 (1): 22-39.

[176] GIANI G P, BALKEMA A A. Rock slope stability analysis [M]. Netherlands: Rotterdam, 1992.

[177] 蒋明镜,张望城,王剑锋. 密实散粒体剪切破坏能量演化的离散元模拟 [J]. 岩土力学, 2013, 34 (2): 551-558.

[178] 王怡舒. 考虑接触摩擦与应力路径影响的粗粒料宏细观力学行为研究 [D]. 南京: 河海大学, 2021.

[179] POULIQUEN, O. Scaling laws in granular flows down rough inclined planes [J]. physics of fluids, 1999, 11 (3): 542-548.

[180] ANCEY C. Dry granular flows down an inclined channel: experimental investigations on the frictional-collisional regime [J]. Physical Review E, 2002, 65 (1): 1-19.

[181] DELANNAY R, VALANCE A, MANGENEY A, et al. Granular and particleladen flows: from laboratory experiments to field observations [J]. Journal of Physics D: Applied Physics, 2017, 50 (5): 053001.

[182] ROVERATO M, CRONIN S, PROCTER J, et al. Textural features as indicators of debris avalanche transport and emplacement, Taranaki volcano [J]. Geological Society of America Bulletin, 2015, 127 (1): 3-18.

[183] 李坤, 程谦恭, 林棋文, 等. 高速远程滑坡颗粒流研究进展 [J]. 地球科学, 2022, 47 (3): 893-912.

[184] PUDASAINI S P, DOMNIK B. Energy considerations in accelerating rapid shear granular flows [J]. Nonlinear Processes Geophys, 2009, 16 (3): 399-407.

[185] LUO H Y, ZHANG L M, HE J, et al. Energy transfer mechanisms in flow-like landslide processes in deep valleys [J]. Engineering Geology, 2022, 308 (6): 1-12.

[186] 高燕, 余骏远, 陈庆, 等. 侧限条件下密实砂土蠕变的颗粒运动特征 [J]. 岩土力学, 2023, 44 (5): 1385-1394.

[187] 季顺迎. 计算颗粒力学及工程应用 [M]. 北京: 科学出版社, 2018.

[188] 高杨, 殷跃平, 李壮, 等. 高位远程岩质滑坡动力解体效应研究 [J]. 岩石力学与工程学报, 2022, 41 (10): 1958-1970.

[189] 胡晓波, 樊晓一, 唐俊杰. 基于离散元的高速远程滑坡运动堆积特征及能量转化研究——以三溪村滑坡为例 [J]. 地质力学学报, 2019, 25 (4): 527-535.

[190] 刘广煜, 徐文杰, 佟彬, 等. 基于块体离散元的高速远程滑坡灾害动力学研究 [J]. 岩石力学与工程学报, 2019, 38 (8): 1557-1566.

[191] 胡国琦, 涂洪恩, 厚美瑛. 二维颗粒气体在堆积过程中的能量耗散 [J]. 物理学报, 2009, 58 (1): 341-346.

[192] 罗伟韬. 基于离散元方法的堰塞体堆积性质研究 [D]. 北京: 清华大学, 2015.

[193] BLASIO F V. Introduction to the physics of landslides [M]. Netherlands: Springer, 2011.

[194] 郑光, 许强, 彭双麒. 滑坡-碎屑流的堆积特征及机理分析 [J]. 工程地质学报, 2019, 27 (4): 842-852.

[195] FAN, X M, DUFRESNE A, WHITELEY J, et al. Recent technological and methodological advances for the investigation of landslide dams [J]. Earth-Science Reviews 2021, 218 (4): 1-29.

[196] 王自高. 西南地区深切河谷大型堆积体工程地质研究 [D]. 成都: 成都理工大学, 2015.

[197] WANG G H, HUANG R Q, KAMAI T, et al. The internal structure of a rockslide dam induced by the 2008 Wenchuan (Mw7.9) earthquake China [J]. Engineering Geology, 2013, 156 (4): 28-36.

[198] FAN X M, XU Q, WESTEN C J, et al. Characteristics and classification of landslide dams associated with the 2008 Wenchuan earthquake [J]. Geoenvironmental Disasters, 2017, 4 (1): 1-15.

[199] ZHONG, Q M, CHEN S S, WANG L, et al. Back analysis of breaching process of Baige landslide dam [J]. Landslides, 2020, 17 (3): 1681-1692.

[200] 陈晓利, 常祖峰, 王昆. 云南鲁甸 M_s6.5 地震红石岩滑坡稳定性的数值模拟 [J]. 地震地质, 2015, 37 (1): 279-290.

[201] HEIM A. Bergsturz und Menschenleben [M]. Zutich: Nayurforschenden Gesellschaft, 1932.

[202] 王玉峰, 林棋文, 李坤, 等. 高速远程滑坡动力学研究进展 [J]. 地球科学与环境学报, 2021, 43 (1): 164-181.

[203] 杨峥, 崔圣华, 覃亮, 等. 滑坡颗粒图像识别的投影校正方法与应用研究 [J]. 岩石力学与工程学报, 2022, 41 (2): 362-376.

[204] THOMAS N. Reverse and intermediate segregation of large beads in dry granular media [J]. Physical Review E, 2000, 62 (1): 961-974.

[205] 文宝萍, 曾启强, 闫天玺, 等. 青藏高原东南部大型岩质高速远程崩滑启动地质力学模式初探 [J]. 工程科学与技术, 2020, 52 (5): 38-49.

[206] YIN Y P, LI BIN, GAO Y, et al. Geostructures, dynamics and risk mitigation of high-altitude and longrunout rockslides [J]. Journal of Rock Mechanics and Geotechnical Engineering, 2023, 15 (1): 66-101.

[207] JIAN F X, CAI Z Y, GUO W L. Laboratory-scale investigation of the material distribution characteristics of landslide dams in U-shaped valleys [J]. Journal of Mountain Science, 2023, 20 (3): 688-704.